AF733390

Am Schlusse dieses Bandes befindet sich ein

Nachweis wichtiger Gesetzesausgaben,

in dem die meisten Bände der jetzt über 240 **Nummern** umfassenden

Guttentagschen Sammlung Deutscher Reichs- und Preußischer Gesetze

sowie größere und kleinere Kommentare, Lehrbücher, Sammelwerke, Entscheidungssammlungen und Zeitschriften verzeichnet sind.

Guttentagsche Sammlung
Nr. 178. Deutscher Reichsgesetze. Nr. 178
Textausgaben mit Anmerkungen und Sachregister.

Die beiden Aufwertungsnovellen vom 18. Juli 1930.

(Hypotheken-Fälligkeits- und -Verzinsungsgesetz; Grundbuchbereinigungsgesetz.)

Erläutert

von

Richard Michaelis
Reichsgerichtsrat i. R.

Berlin und Leipzig 1930.

Walter de Gruyter & Co.

vormals G. J. Göschen'sche Verlagshandlung — J. Guttentag, Verlagsbuchhandlung — Georg Reimer — Karl J. Trübner — Veit & Comp.

Druck von Walter de Gruyter & Co., Berlin W 10.

Inhaltsverzeichnis.

Abkürzungen:

F. u. VGes. = Fälligkeits- und Verzinsungsgesetz. GBGes. = Grundbuchbereinigungsgesetz. DVO. = Durchführungsverordnung. Im Übrigen auch Maas-Magnus, Abkürzungsverzeichnis.

Einleitung.

Die Entwicklung der Aufwertungsgesetzgebung seit dem Aufwertungsgesetze.

Die beiden Gesetze vom 16. Juli 1925 über die Aufwertung von Hypotheken und anderen Ansprüchen und über die Ablösung öffentlicher Anleihen hatten unter Berufung auf die Notwendigkeit der Erhaltung des Staates, der Währung und der Wirtschaft mit rauher Hand in rechtlich bestehende Verhältnisse eingegriffen und die Rechtssätze, deren Geltung im allgemeinen bürgerlichen Rechte aus den Grundsätzen von Treu und Glauben durch die Rechtsprechung dargelegt war, außer Kraft gesetzt, nachdem ihnen bereits die 3. Steuernotverordnung vom 14. Februar 1924 auf diesem Wege vorangegangen war — vgl. darüber die Einleitung zu meinem AufwRecht unter V und VI S. 23 ff. — Diese Gesetze wurden von Anfang an, namentlich in den Kreisen der davon betroffenen Gläubiger, deren Ansprüche sie zumeist einseitig zugunsten der privaten und öffentlichen Schuldner vernichtet oder doch erheblich eingeschränkt hatten, aber auch von weiteren Kreisen, welche die dadurch verursachte Erschütterung des Rechts und des Rechtsgefühls als untragbar empfanden, nicht als endgültige Lösung und als letztes Wort in den Fragen des Ausgleichs der durch die Inflation hervorgerufenen Geldentwertung angesehen. Es entstand vielmehr gleich nach ihrem Inkrafttreten eine mit großer Leidenschaftlichkeit geführte Bewegung, welche unter Zuhilfenahme des in der Verfassung vorgesehenen Gesetzgebungsweges des Volksentscheides einen Umsturz oder doch eine radikale Abänderung dieser Gesetzgebung erstrebte. Dieser Bewegung trat die Reichsregierung entgegen, indem sie sich mit Erfolg auf den formalen Standpunkt stellte, daß darüber, weil es sich um Fragen handle, die mit dem Haushaltsplane zusammenhingen, gemäß Art. 73 Abs. 4 RVerf. ein Volksentscheid auf dem Wege des Volksbegehrens nicht herbeigeführt werden könne. Vgl. Näheres darüber bei Wunderlich, in der Einleitung zu Mügel, Das gesamte Aufwertungsrecht, 5. Aufl. S. 31 ff. Die Bewegung war damit zwar nicht erloschen, sondern wird bis in die neueste Zeit durch Propaganda mittels Volksversammlungen und Flugschriften sowie durch eine besonders für sie gegründete Partei, die „Volksrechtspartei“, die allerdings in den Parlamenten des Reichs und der Länder bis jetzt nur mit verschwindend geringen Mitgliederzahlen vertreten und deshalb dort so gut wie einflußlos ist, fortgesetzt; sie ist aber, soweit sie immer noch eine umstürzende Änderung der Aufwertungsgesetzgebung erstrebt, durch die Entwicklung der Verhältnisse und die in immer steigendem Maße sich ergebende Unmöglichkeit, die zum größten Teile durchgeführte sogenannte „Aufwertung“ rückgängig zu machen und mit großen Mühen und Kosten festgelegte Rechtsverhältnisse wieder aufzurollen, wohl auf die Dauer zur Erfolglosigkeit verurteilt.

Aber auch in dieser Bewegung fernstehenden Kreisen sowohl der zur Ausführung und Handhabung der Gesetze berufenen Gerichte und Verwaltungsbehörden wie der Rechtswissenschaft und der wirtschaftlichen Praxis erkannte man bald, daß namentlich das in überstürzter Weise zustande gekommene Aufwertungsgesetz, auch wenn man den von ihm zur Geltung gebrachten grundsätzlichen Standpunkt als unabänderlich hinnahm, doch im einzelnen eine ganze Reihe von Bestimmungen enthielt, die nicht aufrechterhalten werden könnten und deren Änderung deshalb in Aussicht genommen werden müsse. In diesem Sinne hat insbesondere die aus den hervorragendsten juristischen

Fachorganisationen gebildete „Juristische Arbeitsgemeinschaft für Gesetzgebungsfragen“ einen Entwurf ausgearbeitet und (in der DJZ. 1927 Sp. 259 ff.) veröffentlicht, welcher unter Aufrechterhaltung der grundsätzlichen Regelung der Aufwertung durch das Aufwertungsgesetz eine große Zahl bedeutsamer Änderungen von Einzelbestimmungen durch eine Novelle empfahl. Unter den von ihr vorgeschlagenen Änderungen sind namentlich die folgenden hervorzuheben:

1. Durch Abänderung des § 2 sollten die Zweifel beseitigt werden, die für die Berechnung des Goldmarkbetrags in der Richtung sich geltend gemacht hatten, ob unter dem „Erwerb“ eines dinglichen Rechts unter allen Umständen die Vollendung dieses Erwerbs durch die zu der Einigung hinzukommende Eintragung erforderlich sei, was bei längerem Zwischenraum zu sehr unbilligen Ergebnissen führen mußte (vgl. darüber Mügel S. 353 ff.); und zwar sollte bestimmt werden, daß hierfür der Tag der Einigung sowie zum Erwerbe einer persönlichen Forderung aus einem Vertrage der Tag des Antrags maßgebend sei.

2. Die von vornherein als höchst unglücklich empfundene Bestimmung des § 4, derzufolge die Hypothek nicht höher aufgewertet wird als die durch sie gesicherte Forderung — eine Bestimmung, die vorzugsweise mit rein theoretischen Gründen der Rechtskonsequenz gerechtfertigt wurde —, sollte beseitigt und an deren Stelle bestimmt werden, daß, falls die Hypothek höher aufgewertet werde als die persönliche Forderung, auf den Mehrbetrag die Vorschriften über Grundschulden Anwendung finden. Es sollte dadurch die Unbilligkeit vermieden werden, daß eine auf Grund der Härteklauseln der §§ 8, 9 dem persönlichen Schuldner nach Maßgabe seiner Verhältnisse gewährte Herabsetzung der Aufwertung ohne weiteres auch dem Eigentümer zugute kommt, der den Sachwert des Grundstücks sich erhalten hat, ohne daß seine persönlichen Verhältnisse eine Herab-

setzung rechtfertigen. Im Zusammenhange damit sollten frühere Eigentümer, die wegen nicht erfolgter Genehmigung der Schuldübernahme noch als persönliche Schuldner hafteten, gegen unbillige Härten bei Inanspruchnahme als solche geschützt werden.

3. Zu § 7 wurden einige abändernde Bestimmungen vorgeschlagen, die teils auf Grund der von den Grundbuchämtern bei der Handhabung dieser Vorschrift gemachten Erfahrungen einer allzu verwickelten und unübersichtlichen Gestaltung der Grundbucheintragungen durch den Rangvorbehalt des Eigentümers vorbeugen, teils eine ungerechtfertigte Ausnutzung dieser Befugnis des Eigentümers verhindern sollten.

4. Durch Änderungen des § 10 sollte erreicht werden: a) daß die Aufwertung nach allgemeinen Vorschriften nicht nur für Kaufgeldforderungen für den Erwerb des mit der Hypothek belasteten Grundstücks zugelassen werde (Nr. 5), sondern auch für Kaufgeldforderungen für ein anderes Grundstück, zu deren Sicherung die aufgewertete Hypothek bestellt worden ist; b) daß die Aufwertung solcher Kaufgeldforderungen nicht auf einen bestimmten Höchstsatz eingeschränkt werde (Absatz 3).

5. Durch entsprechende Änderungen des § 17 und des § 21 sollte der Rangrücktritt des früheren Gläubigers auf den Fall der Abtretung beschränkt werden und nur gegenüber dem Rechte des gegenwärtigen Gläubigers und der ihm gleichstehenden oder unmittelbar folgenden Hypotheken und Grundschulden stattfinden.

6. Durch Änderungen des § 18 sollten die Vorschriften des AufwGesetzes über die Anrechnung geleisteter Zahlungen, welche zu sehr unbilligen Ergebnissen führen — vgl. darüber mein AufwRecht zu §§ 18 Anm. 1, 2; 17 Anm. 3 —, im Sinne größerer Billigkeit geändert werden.

7. Durch entsprechende Abänderungen des § 20 sollte bei Wiedereintragungen eine Vereinfachung der Grundbuchführung ermöglicht und die Wiedereintragung in bestimmten Ausnahme-

fällen, in denen es billig erschien, auch gegenüber dem öffentlichen Glauben des Grundbuchs zugelassen werden.

8. Der Entwurf wollte ferner gewisse Härteklauseln zugunsten des Gläubigers (§§ 24a—c) einführen, indem er in einzelnen Fällen die Rückwirkung auch bei Annahme von Leistungen vor dem 15. Juni 1922 zuließ, falls diese Leistungen nur einen ganz geringen Teil des Goldmarkbetrags der Forderung (weniger als 5 v. H.) erreicht hatten.

9. Die Anordnung vorzeitiger Zahlung des Aufwertungsbetrags im Sinne des § 27 sollte erweitert und erleichtert werden.

10. Die über den Beginn der Verzinsung gelöschter, kraft Rückwirkung aufgewerteter Hypotheken (§ 28 Abs. 2) entstandene Streitfrage — vgl. darüber mein AufwRecht zu § 28 Anm. 3; Mügel S. 816 — sollte durch besondere Vorschrift geregelt werden.

Infolge dieser wohldurchdachten und eingehend begründeten Abänderungsvorschläge, die von sachkundigster Stelle ausgingen, sah sich die Reichsregierung, welche bis dahin jeder Änderung des AufwGes. sich energisch widersetzt hatte, veranlaßt, nunmehr einen Gesetzentwurf einzubringen, der, ohne sich als Novelle zum AufwGesetz kundzugeben, von den Anregungen der Juristischen Arbeitsgemeinschaft zwei einzelne Punkte herausgriff. Die bei der Beratung im Reichstage hervortretenden Bestrebungen, noch weitere Punkte dieser Vorschläge in die Novelle aufzunehmen (vgl. darüber Wunderlich a. a. O. S. 35 f.) scheiterten in der Hauptsache an dem Widerstande der Reichsregierung. So kam denn die Novelle unter der Bezeichnung: „Gesetz über die Verzinsung aufgewerteter Hypotheken und ihre Umwandlung in Grundschulden sowie über Verzugszinsen vom 9. Juli 1927" (RGBl. I, 171) mit einigen Abänderungen im wesentlichen nach dem Regierungsentwurf zustande. Dieses Gesetz behandelt von den

Vorschlägen der Juristischen Arbeitsgemeinschaft lediglich die Frage des Beginns der Verzinsung kraft Rückwirkung aufgewerteter gelöschter Hypotheken (oben Punkt 10) und die der Unabhängigkeit der Aufwertungshöhe der Hypothek von derjenigen der persönlichen Forderung (oben Punkt 2), wobei aber nicht nur die juristische Konstruktion eine weit verwickeltere geworden, sondern auch dem Gläubiger das Erlangen der höheren Aufwertung der Hypothek dadurch erschwert worden ist, daß er auf die Haftung des persönlichen Schuldners, die unter Umständen immerhin doch eine wertvolle Nebensicherung bildet, bei Umwandlung der Hypothek in eine Grundschuld verzichten muß. Außerdem enthält das Gesetz eine Abänderung des Ablösungsgesetzes durch geringfügige Erhöhung der in § 19 daselbst vorgesehenen Vorzugsrente. Das Gesetz ist als Anhang 1 zu diesem Buche abgedruckt. Vgl. über seinen Inhalt Näheres in Anm. 3 zu § 1 des Verzinsungs- und Fälligkeitsgesetzes.

Ein anderes Problem, das in den Vorschlägen der Juristischen Arbeitsgemeinschaft noch nicht berührt worden war, wuchs im Laufe der Jahre heran durch die Annäherung an das in § 25 AufwGesetz allgemein auf Ende Dezember 1931 bestimmte Ende der Befristung der aufgewerteten Hypotheken. Es wurde darauf hingewiesen, daß dadurch zu Beginn des Jahres 1932 hypothekarisch angelegte Kapitalien in gewaltigen Beträgen fällig werden würden und daß eine solche Zusammendrängung von Fälligkeiten für die deutsche Volkswirtschaft nicht tragbar sein könnte. In der Begründung zu dem Verzinsungs- und Fälligkeitsgesetz (S. 5 unter A) ist der Betrag der „im Jahre" (allerdings nicht zu Beginn des Jahres) 1932 fälligen Hypotheken der Hypothekenbanken, öffentlich-rechtlichen Kreditanstalten, Versicherungsunternehmungen und Sparkassen auf 3,5 Milliarden Goldmark angegeben, wozu noch die im Jahre 1932 fällig werdenden Privathypotheken kämen, die auch auf Milliarden zu veranschlagen seien. Um die durch eine solche

Zusammenballung von Fälligkeiten dem deutschen Wirtschaftsleben drohenden Gefahren zu beseitigen, wurden sofortige Schutzmaßnahmen für erforderlich erklärt, da eine „Umschuldung“ auf dem Wege privater Initiative nicht in ausreichendem Maße erwartet werden könne. Unter Ablehnung des Gedankens eines allgemeinen Zahlungsaufschubs, durch den die Schwierigkeiten nur vertagt werden würden, ging der von der Reichsregierung vorgelegte Entwurf davon aus, daß das Recht des Gläubigers, vom 1. Januar 1932 an die Rückzahlung des Aufwertungsbetrags zu verlangen, grundsätzlich gewahrt bleiben müsse, daß andererseits durch einen bloßen zeitweiligen Vollstreckungsschutz der Grundstückseigentümer nicht die erforderliche Erleichterung erhalten würde. Der Entwurf bezeichnete es daher als sein Bestreben, „die Fälligkeiten der erststelligen und nachstelligen Hypotheken gegen Gewährung eines angemessenen Zinsertrags auf einen längeren Zeitraum zu verteilen und im Einzelfalle dem kapitalschwachen Schuldner Schutz zu gewähren, wobei Eingriffe in die vertraglichen Beziehungen der Beteiligten auf das Mindestmaß beschränkt werden sollten, das im Gesamtinteresse der Bevölkerung notwendig sei (Begr. S. 6). Diese Ziele suchte der Entwurf, der mit unwesentlichen Änderungen Gesetz geworden ist, zu erreichen einerseits durch eine Erhöhung des Zinssatzes für die Zeit nach dem 1. Januar 1932 in solcher Weise, daß dadurch dem Gläubiger ein angemessener Ertrag gewährt und er von Zurückforderung seines Kapitals abgehalten werde; andererseits durch Einführung einer gesetzlichen Verpflichtung des Gläubigers, das Kapital unter Einhaltung einer längeren Kündigungsfrist zu kündigen, wenn er es einfordern wollte, sowie durch die Möglichkeit für den Schuldner, nötigenfalls noch nach Ablauf der Kündigungsfrist, eine weitere Zahlungsfrist zugebilligt zu erhalten. Der Entwurf wurde in dem Arbeitsausschusse des vorläufigen Reichswirtschaftsrates auf Grund eines von den Mitgliedern Dr. Hachenburg und Humar erstatteten Berichts beraten. Der Entwurf wurde alsdann nach Zustimmung des Reichsrates am 21. Juni 1930 dem Reichstage vorgelegt (Reichstagsdrucksache Nr. 2183), in dessen Rechtsausschusse und in zweiter und dritter Lesung im Plenum des Reichstags beraten und mit einigen Änderungen angenommen. Zugleich wurden zwei Entschließungen angenommen, die bezweckten zu vermeiden, daß durch die Erhöhung des Zinssatzes der Aufwertungshypotheken (§ 1 des Gesetzes) eine weitere Belastung des Hausbesitzes eintrete, die dann durch Erhöhung der gesetzlichen Miete auf die Mieter abgewälzt werden müßte. Die Entschließungen gingen dementsprechend dahin, daß:

1. eine Erhöhung der gesetzlichen Miete wegen einer auf Grund des Gesetzes über die Fälligkeit der Aufwertungshypotheken erfolgenden Erhöhung des Hypothekenzinses nicht stattfinden soll;

2. die auf Grund dieses Gesetzes eintretende Erhöhung des gesetzlichen Zinsfußes durch eine entsprechende Senkung der Hauszinssteuer ausgeglichen werde. Das Gesetz über die Fälligkeit und Verzinsung der Aufwertungshypotheken wurde sodann am 18. Juli 1930 (RGBl. I S. 300) verkündet. Seine Erläuterung bildet den ersten Gegenstand des vorliegenden Buches (unter I).

Ein ähnliches Problem wie für die Hypotheken besteht aber auch für die Fälligkeit und die Verzinsung der Industrieobligationen über den 1. Januar 1932 hinaus. Für die Rückzahlung, Verzinsung und Tilgung des Aufwertungsbetrags dieser Schuldverschreibungen sind durch § 36 AufwGes. die Vorschriften der §§ 25, 26, 28, 29 AufwGes., die diese Fragen für die Hypotheken regeln, für entsprechend anwendbar erklärt. Auch für sie ist daher das Verlangen der Rückzahlung vor dem

1. Januar 1932 ausgeschlossen und ohne Zeitgrenze eine Verzinsung zu einem sehr niedrigen Zinssatze, zurzeit von 5 v. H., gesetzlich bestimmt. Eine durch Zusammendrängung der Rückforderungen zu Beginn des Jahres 1932 sich ergebende Gefahr ist hier freilich wohl nicht in dem gleichen Maße zu befürchten wie bei den Hypotheken, da die Anleihen der meisten industriellen Gesellschaften für lange Jahre hinaus abgeschlossen und von seiten der Gläubiger unkündbar sind. Um so mehr mußte es als Aufgabe des Gesetzgebers erscheinen, diesen Gläubigern, die bereits durch die geringere Höhe der Aufwertung (zum Normalsatze von 15 v. H. mit dem wenig wertvollen Genußrechte) erheblich schlechter gestellt sind als die Hypothekengläubiger, eine einigermaßen angemessene Verzinsung des geringen Aufwertungsbetrags wenigstens vom 1. Januar 1932 ab zu gewährleisten. Nach einigen bei der Beratung des Hypotheken-Fälligkeits-und-Verzinsungsgesetzes im Reichstage gefallenen Äußerungen sollte die Vorlage eines besonderen Gesetzes über diesen Gegenstand in Aussicht genommen werden. Es wurde jedoch schließlich bei der Verabschiedung dieses Gesetzes nur eine Entschließung gefaßt, die dahin ging, daß die Reichsregierung ersucht wurde, unverzüglich einen Gesetzentwurf vorzulegen, durch welchen die Genußrechte (§ 37 AufwGes.) kapitalisiert, angemessen verzinst und in Frist von wenigen Jahren getilgt werden. Bevor die Aufgabe einer angemessenen Regelung der Aufw. der Industrieobligationen gelöst ist, wird man keinesfalls von einem vollständigen und endgültigen Abschluß der Aufwertungsgesetzgebung sprechen können.

Ein weiterer Mißstand zeigte sich bei fortschreitender Durchführung der Aufwertung der Hypotheken und sonstigen dinglichen Rechte in der Richtung, daß durch die vielen anläßlich der Aufwertung erforderlich werdenden Eintragungen die Grundbücher einerseits in hohem Maße überfüllt und unübersichtlich, andererseits aber dadurch, daß die Aufwertung, die sich außerhalb des Grundbuches vollzogen hatte, nicht in allen Fällen im Grundbuch ersichtlich gemacht wurde, ihr Inhalt unvollständig geworden war und daß ferner die Vorschriften über den öffentlichen Glauben der Grundbücher durch die Aufwertungsgesetzgebung in mehreren Beziehungen zeitweise, aber ohne Bestimmung eines festen Endtermines, außer Kraft gesetzt worden waren. Es erschien deshalb, um die Ordnung im Grundbuchverkehr und das Vertrauen auf den Inhalt der Grundbücher wiederherzustellen, erforderlich, für die Eintragung der Aufwertung und der damit zusammenhängenden Rechtsverhältnisse Endfristen zu bestimmen und den öffentlichen Glauben des Grundbuchs von einem bestimmten Zeitpunkt ab wieder in volle Kraft zu setzen. Zugleich erschien es angemessen, damit eine allgemeine Bereinigung der Grundbücher, soweit sie unklar und unübersichtlich geworden waren, zu verbinden. Zu diesem Zwecke legte die Reichsregierung nach längeren Verhandlungen mit den Landesjustizverwaltungen und nach Anhörung des Reichswirtschaftsrates im Juni 1929 dem Reichstage einen Entwurf mit Begründung vor (Reichstagsdrucksachen 4. Wahlperiode Nr. 1172), der von diesem seinem Rechtsausschusse überwiesen und nach dessen Beschlüssen, durch welche die Regierungsvorlage in einigen Punkten abgeändert war, angenommen wurde. Das Gesetz über die Bereinigung der Grundbücher ist sodann, gleichzeitig mit dem Fälligkeits- und Verzinsungsgesetz, am 18. Juli 1930 im Reichsgesetzblatt (I 305) verkündet worden. Die Erläuterung dieses Gesetzes bildet den zweiten Gegenstand dieses Buches (unter II).

I. Gesetz über die Fälligkeit und Verzinsung der Aufwertungshypotheken.

Vom 18. Juli 1930.

(Reichsgesetzblatt I S. 300.)

Der Reichstag hat das folgende Gesetz beschlossen, das mit Zustimmung des Reichsrats hiermit verkündet wird:

Vorbemerkung.

Das Gesetz ist in drei Abschnitte gegliedert.

1. Der **erste Abschnitt** (§§ 1—28) ist nach Umfang und Inhalt der bedeutsamste. Er enthält die Vorschriften über die Fälligkeit und Verzinsung der Hypotheken und der durch Hypothek gesicherten Forderungen im Anschlusse an das Aufwertungsgesetz, jedoch bemerkenswerterweise in umgekehrter Reihenfolge wie dieses und wie die Überschrift des Gesetzes selbst sie noch festhält. Es wird nämlich zunächst unter I (§ 1) die Verzinsung des Aufwertungsbetrags behandelt; sodann folgen unter II mit der Überschrift „Kündigung" (§§ 2—5) und unter III mit der Überschrift „Zahlungsfrist" (§§ 6—15) die Vorschriften, durch welche das Fälligwerden des Aufwertungsbetrags geregelt wird. Es hängt das anscheinend damit zusammen, daß man (vgl. die Einleitung) die dem Gläubiger durch Erhöhung des Zinssatzes für die Zeit vom 1. Januar 1932 ab gewährte Verbesserung in erster Linie hervorheben und die damit verknüpfte Verschlechterung ihrer Lage durch Einführung der Kündigung als Erfordernis des

Fälligwerdens und durch Gewährung einer weiteren Zahlungsfrist für den Schuldner in die zweite Linie rücken wollte.

Unter IV (§§ 16—26) ist das Verfahren vor der Aufwertungsstelle geregelt, und zwar sind in §§ 16—18 (unter 1) allgemeine Vorschriften gegeben, in §§ 19—22 (unter 2) einige besondere Verfahrensvorschriften, in §§ 16—24 (unter 3) die Vorschriften über Rechtsmittel, in § 25 (unter 4) über Rechtskraft und Vollstreckbarkeit, in § 26 (unter 5) über die Kosten. Die beiden letzten Unterabschnitte bringen dann noch Bestimmungen über Eintragungen in das Grundbuch (V, § 27) und über Zwischenzins bei vorzeitiger Zahlung (VI, § 28).

Der **zweite Abschnitt** (§§ 29, 30) ordnet unter der Überschrift „Grundschulden, Rentenschulden, Reallasten, Schiffs- und Bahnpfandrechte" in § 29 die entsprechende Anwendung der in Abschn. 1 gegebenen Vorschriften auf diese dinglichen Rechte an und gibt in § 30 für einen Sonderfall Rahmenvorschriften über die Verzinsung anderer dinglicher Rechte.

Der **dritte Abschnitt** (§§ 31—34) bringt unter der Überschrift „Schlußvorschriften" Bestimmungen über das sachliche Geltungsgebiet und die Durchführung des Gesetzes.

1. Abschnitt.

Hypotheken und durch Hypothek gesicherte persönliche Forderungen[2].

I. Verzinsung des Aufwertungsbetrags[1].

§ 1.

(1) Der Aufwertungsbetrag[1] der Hypothek und der persönlichen Forderung (§§ 4, 9 des Aufwertungs-

gesetzes)[2,3] ist vom 1. Januar 1932 ab über 5 vom Hundert hinaus zu einem Hundertsatze zu verzinsen, den die Reichsregierung bei Inkrafttreten dieses Gesetzes mit Zustimmung des Reichsrats festsetzt[4,4a]. Diese Festsetzung gilt auch als Festsetzung im Sinne des § 28 Abs. 1 Satz 4 des Aufwertungsgesetzes[5]. Entgegenstehende Vereinbarungen sind nur gültig, wenn sie nach Inkrafttreten des Aufwertungsgesetzes getroffen sind und als regelmäßige Verzinsung einen höheren oder geringeren Satz als 5 vom Hundert festsetzen[6].

(2) Die Mehrzinsen der Hypothek haben den Rang des aufgewerteten Rechtes, vereinbarte Mehrzinsen jedoch nur, soweit sie den nach Abs. 1 Satz 1 festgesetzten Hundertsatz nicht übersteigen[7].

(3) Die aufgewertete Hypothek kann ohne Zustimmung der im Range gleich- oder nachstehenden Berechtigten schon vor dem 1. Januar 1932 dahin erweitert werden, daß das Grundstück für Zinsen über 5 vom Hundert hinaus bis zu dem nach Abs. 1 festgesetzten Hundertsatze haftet[8].

(4) Die Reichsregierung wird ermächtigt, für Tilgungshypotheken den über 5 vom Hundert hinaus gemäß Abs. 1 Satz 1 festgesetzten Zinsfuß mit Wirkung vom 1. Januar 1938 ab zu ändern.[9,10]

1 Über den Begriff „Aufwertungsbetrag" vgl. mein Aufwertungsrecht zu § 4 Anm. 4. Danach bezeichnet das AufwGes. als Aufwbetrag denjenigen Betrag, auf welchen ein Anspruch aufgewertet wird, also den Gesamtbetrag des aufgewerteten Anspruchs, einschließlich des ursprünglichen Nennbetrages, nicht etwa (was sprachlich näher läge) den Betrag, um welchen sich der Nennbetrag durch die Aufw. erhöht hat. In diesem Sinne ist der Ausdruck auch hier gebraucht.

2 Der Begriff der „Hypothek" und derjenige der „persönlichen Forderung" sind hier, wie die Bezugnahme auf die §§ 4 und 9

AufwGes. klarstellt, in dem gleichen Sinne gebraucht wie in den §§ 4, 9 AufwGes. Vgl. mein AufwRecht zu § 4 Anm. 2 und zu § 9 Anm. 2. Danach versteht das Gesetz unter „Hypothek" das dingliche Recht, aus einem Grundstück eine bestimmte Geldsumme zur Befriedigung für eine Forderung beizutreiben, unter der „persönlichen Forderung" den schuldrechtlichen Anspruch, zu dessen Befriedigung die Hypothek dienen soll, die „durch die Hypothek gesicherte Forderung". Auch für unser Gesetz kommen demnach nur solche Forderungen in Betracht, die durch eine Hypothek gesichert sind. Das ergibt sich auch aus der Überschrift dieses Abschnitts: „Hypotheken und durch Hypothek gesicherte persönliche Forderungen". In der Begründung unseres Gesetzes (S. 8) ist bemerkt, durch den entsprechenden Hinweis im Texte (auf § 9 AufwGes.) solle klargestellt werden, daß die Frage, ob eine Forderung durch Hypothek gesichert sei, nach den „anerkannten Grundsätzen" geregelt werden solle, die durch Rechtsprechung und Rechtslehre zu § 9 AufwGes. entwickelt worden seien. Diese Grundsätze sind jedoch keineswegs durchweg allgemein anerkannt, vielmehr haben sich in manchen Punkten erhebliche Meinungsverschiedenheiten herausgestellt. Die gleichen Streitfragen werden sich auch für die Anwendung unseres § 1 auf die Verzinsung der „persönlichen Forderung" ergeben. Anerkannt ist, daß als durch eine Hypothek gesicherte persönliche Forderungen nur diejenigen anzusehen sind, für welche die Hypothek besteht (§ 1180 BGB.), nicht etwa auch solche, zu deren Sicherung eine für eine andere Forderung bestehende Hypothek von dem Hypothekengläubiger verpfändet oder abgetreten oder ein Nießbrauch an ihr bestellt ist (RG. 16. 2. 26 bei Warn. 1926 Nr. 53); ferner daß es nur auf die rechtliche Haftung der Hypothek für die Sicherung der Forderung ankommt, nicht darauf, ob die Hypothek tatsächlich — wirtschaftlich — eine Sicherung für die Forderung darstellt, daß also auch Forderungen, für die eine mehr oder weniger oder auch ganz wertlose Hypothek besteht, dadurch den Beschränkungen des AufwGesetzes, sonach auch der §§ 28 ff. hinsichtlich der Verzinsung, unterworfen sind (RG. 31. 7. 26, JW. 1926, 2632). Streitig ist aber, zu welchem Zeitpunkte die Hypothek bestanden haben muß, damit die Forderung als eine durch sie gesicherte gelten könne. Nach Mügel (zu

§ 9 AufwGes. Anm. 3) soll der Stichtag hierfür der 15. Juli 1925 (der Tag des Inkrafttretens des AufwGes.) sein, während andere Schriftsteller (namentlich Lehmann-Boesebeck S. 129, Neukirch S. 176, Quassowski S. 145, Schlegelberger-Harmening Anm. 1 zu § 9, Nadler JW. 1925, 2574, und JR. 26, 9, Abraham JW. 1927, 953 und andere, sowie mehrere Gerichte (BayOLG. in JR. 1926, 1963; LG. II Berlin in DJZ. 1927, 326) der Ansicht sind, daß der Tag des Inkrafttretens der 3. Steuernotverordnung (14. Februar 1924) maßgebend sei. Mügel beruft sich darauf, daß das AufwGes., so wie es zustande gekommen, entgegen der ursprünglichen Fassung (vgl. darüber mein AufwRecht S. 28) ein selbständiges Gesetz darstelle und daß deshalb, soweit es einen Zustand als bestehend voraussetze, nur der bei seinem Inkrafttreten bestehende Zustand maßgebend sein könne. Es ist indessen nicht anzuerkennen, daß das AufwGes. für die Frage, ob eine Forderung hypothekarisch gesichert sei, den zur Zeit seines Inkrafttretens oder des Inkrafttretens der 3. StNVO. bestehenden Zustand vorausgesetzt und als maßgebend habe angesehen wissen wollen. Das RG. hat denn auch in mehreren Entscheidungen (AufwRechtspr. Bd. 1 S. 6; JW. 1926, 2357) diese Frage dahingestellt sein lassen, dagegen (was sachlich jedenfalls zutrifft) ausgesprochen, daß Forderungen, deren dingliche Sicherung bereits vor Beginn des Währungsverfalls weggefallen gewesen sei, für die Aufwertung nur als ungesicherte in Betracht kommen können. Es dürfte aber kein durchschlagendes Bedenken bestehen, auch Forderungen, deren hypothekarische Sicherung nach Inkrafttreten der AufwGesetzgebung wegfällt, als ungesicherte zu behandeln, so daß der Gläubiger es in der Hand hat, durch einen Verzicht auf die Hypothek die Forderung gegenüber dem persönlichen Schuldner den Beschränkungen des AufwGesetzes zu entziehen, was der Billigkeit entsprechen dürfte. So Probst JW. 1925, 2216 und 2589; a. M. Mügel JW. 1925, 2216 und AufwRecht zu § 9 Anm. 5 und die dort von ihm Angeführten. Auch Mügel vertritt übrigens (zu § 9 Anm. 4) die Ansicht, daß, soweit Aufwertung kraft Rückwirkung stattfindet (§§ 15 ff. AufwGes.) nicht der Tag des Inkrafttretens der AufwGesetzgebung entscheidend sei, sondern der Zeitpunkt, an welchem die für die Rückwirkung entscheidende Tatsache (Zahlung, Abtretung) eingetreten ist, und folgert daraus, daß die Beschränkungen der Aufwertung durch das AufwGes. auch dann eintreten, wenn die Rückwirkung nur hinsichtlich der persönlichen Forderung, nicht auch hinsichtlich der Hypothek wirksam werde, z. B. wenn der Wiedereintragung der Hypothek der öffentliche Glaube des Grundbuchs entgegensteht; ebenso auch, wenn es sich nicht um Aufwertung kraft Rückwirkung, sondern um Aufwertung auf Grund Vorbehalts nach § 14 handelt und der Gläubiger auf seine Rechte auf Aufwertung der Hypothek ausdrücklich verzichtet hatte. Andrerseits hat das RG. (JW. 1926, 2357) angenommen, daß in den Fällen der §§ 14, 15 (Vorbehalt oder Zahlung in der Rückwirkungszeit) die Hypothek trotz ihrer Löschung in Höhe des Aufw-Betrags fortbesteht und deshalb die Forderung nach wie vor als eine durch Hypothek gesicherte anzusehen sei; daß sie dagegen als nicht gesicherte frei aufgewertet werden könne, wenn weder Vorbehalt noch Rückwirkung Platz greifen. In RGZ. 118, 345 hat jedoch auch das RG., allerdings in einer Nebenbemerkung, auf welcher die Entscheidung nicht beruht, die Auffassung vertreten, es komme für die Frage, ob die Forderung eine durch Hypothek gesicherte sei, nur darauf an, ob sie zur Zeit der Leistung hypothekarisch gesichert war; sei das der Fall, so könne sie nur nach den Vorschriften der §§ 14, 15 AufwGes. aufgewertet werden; eine Aufwertung sei also überhaupt ausgeschlossen, wenn nach diesen Vorschriften Aufwertung weder auf Grund Vorbehalts noch kraft Rückwirkung stattfinde. Dem Schlußsatze dürfte beizustimmen sein. Wenn jedoch kraft Vorbehalts oder Rückwirkung die persönliche Forderung nach der Leistung fortbesteht, die Hypothek aber gelöscht ist und nicht mehr wiederhergestellt werden kann, so sollte wohl die Forderung als ungesicherte der freien Aufwertung nicht entzogen sein. So Lehmann-Boesebeck S. 179; dagegen im Sinne Mügels OLG. Karlsruhe JW. 1926, 2637; Breslau AufwRechtspr. 2, 178. Die besonderen einschränkenden Vorschriften des AufwGesetzes für hypothekarisch gesicherte persönliche Forderungen finden ihren Rechtfertigungsgrund lediglich in den Beziehungen solcher Forderungen zu dem dinglichen Rechte; werden diese Beziehungen zu irgendeiner Zeit und auf irgendeine Weise gelöst, so besteht auch im Sinne des AufwGesetzes kein Grund mehr zur Abweichung von dem, was Treu und Glauben nach allgemeinen Rechtsgrundsätzen erfordern.

Auch das vorliegende Gesetz steht allerdings (ebenso wie schon Art. 118 DurchfVO. zum AufwGes.) augenscheinlich nicht auf dem hier vertretenen Standpunkte, da es in § 17 Abs. 1 Satz 2 (vgl. Anm. 3 zu § 17) die sachliche Zuständigkeit der Aufwertungsstelle für die persönliche Forderung auch in dem Falle voraussetzt, daß eine Wiedereintragung des dinglichen Rechts nicht stattfindet, und dementsprechend die örtliche Zuständigkeit für diesen Fall ordnet. — Ist die Hypothek nur zur Sicherung eines Teiles einer Forderung bestellt, so ist die Forderung für den anderen Teil eine ungesicherte und unterliegt daher insoweit der freien Aufwertung, also auch nicht den die Verzinsung und Tilgung einschränkenden Vorschriften der §§ 28 ff. Das trifft jedoch nicht zu, wenn bei einer durch Hypothek gesicherten Forderung die persönliche Forderung höher aufgewertet wird, als die Hypothek. So zutreffend Mügel a. a. O. und die dort Angeführten; auch die Begr. zu § 1 unseres Gesetzes S. 8. War die Bestellung einer Hypothek schuldrechtlich vereinbart, ist sie aber unterblieben, so ist die Forderung eine ungesicherte; doch soll nach RG. in AufwRechtspr. 1, 307 bei Bestimmung der Höhe der Aufwertung darauf (offenbar in einem für den Gläubiger ungünstigen Sinne) Rücksicht genommen werden, daß hypothekarische Sicherung vereinbart war. — Streitig ist namentlich auch, inwiefern Forderungen, für welche eine Höchstbetragshypothek besteht, als durch Hypothek gesicherte Forderungen im Sinne des § 9 AufwGes. anzusehen sind. Mügel hatte in seinem Kommentar zur 3. StNVO. die entsprechende Frage für diese VO. verneint, wegen der „nur losen" Verbindung, in welcher eine bestimmte Forderung mit der Höchstbetragshypothek stehe, da bei dieser nach § 1190 BGB. die Feststellung der Forderungen, für die das Grundstück hafte, vorbehalten bleiben und die Forderung ohne die Hypothek übertragen werden könne. In meinem AufwRechte (zu § 10 Anm. 2c S. 75) habe ich die Auffassung vertreten, daß ein Unterschied gemacht werden muß, je nachdem (was die Regel bildet) bei Bestellung der Höchstbetragshypothek der Kreis der Forderungen, für die sie haften soll, bereits bestimmt ist — z. B. daß sie für alle zurzeit bestehenden oder künftig entstehenden Forderungen aus einer bestimmten Geschäftsverbindung haften soll — oder ob die Bestimmung der

Forderungen überhaupt vorbehalten ist; im letzteren Falle wird eine Forderung erst von dem Zeitpunkte ab, in welchem in der vertraglich vorgesehenen Weise festgestellt wird, daß die Höchstbetragshypothek für sie haften soll, als durch sie gesichert gelten können. Dieser Ansicht hat sich das BayObLG. in AufwRechtspr. 1, 329 und das RG. in RGZ. 120, 402 angeschlossen und auch Mügel erkennt in der 5. Aufl. seines AufwRechts (Anm. 8 zu § 9 AufwGes.) an, daß seine bisher vertretene Ansicht einer „näheren Bestimmung" in ähnlichem Sinne bedarf. Daß auch durch Zwangshypotheken gesicherte Forderungen grundsätzlich unter § 9 AufwGes. fallen, ist unbestritten; Mügel (a. a. O. Anm. 9) will aber Forderungen, für die nur eine auf Grund eines vorläufig vollstreckbaren Schuldtitels eingetragene Zwangshypothek oder eine Arresthypothek besteht, als ungesicherte Forderungen ansehen, weil solche Hypotheken der Höchstbetragshypothek nahe verwandt seien. Dem dürfte nicht zuzustimmen sein, da solche Hypotheken von vornherein zur Sicherung einer bestimmten Forderung, soweit sie endgültig besteht, zu dienen bestimmt sind.

3 Als **Aufwertungsbetrag** kann sich für die persönliche Forderung ein höherer Betrag ergeben, als für die Hypothek, wenn diese auf Grund der in § 8 AufwGes. vorgesehenen Härteklausel wegen der persönlichen Verhältnisse des Eigentümers auf weniger als den „normalen Höchstsatz" von 25 v. H. aufgewertet wird. Dagegen kann nach § 4 AufwGes. die Hypothek niemals höher aufgewertet werden, als die persönliche Forderung. Dieser, auf der theoretischen Erwägung, daß eine Hypothek für den Gläubiger nur insoweit bestehen kann, als ihr eine Forderung zugrunde liegt, beruhende Satz hat dazu geführt, daß eine auf Grund der besonderen Verhältnisse des persönlichen Schuldners diesem gemäß der in §§ 9, 8 auch für ihn vorgesehenen Härteklausel gewährte Herabsetzung des Aufwertungsbetrags ohne weiteres auch dem Eigentümer zugute kam, auch wenn durch dessen Verhältnisse, insbesondere, falls er sich den Wert des Grundstücks über die Inflationszeit erhalten hatte, dazu keine Veranlassung gegeben war. Die Beseitigung dieser als höchst unbillig empfundenen Abhängigkeit der Aufwertung der Hypothek von der Aufwertung der persönlichen Forderung (vgl. darüber mein AufwRecht zu § 4 Anm. 3 S. 53) wurde

bald nach Inkrafttreten des AufwGesetzes von vielen Seiten verlangt. In dem Entwurfe der Jur. Arbeitsgemeinschaft für Gesetzgebungsfragen zur Abänderung des AufwGesetzes wurde vorgeschlagen, daß der in Rede stehende Satz beseitigt und an dessen Stelle bestimmt werden solle, daß, falls die Hypothek höher aufgewertet werde, als die persönliche Forderung, auf den Mehrbetrag die Vorschriften über Grundschulden Anwendung finden sollten. Die Reichsregierung hielt jedoch diesen einfachen Weg nicht für gangbar und suchte deshalb den auch von ihr anerkannten Mißstand auf einem reichlich verwickelten Umwege zu beseitigen, der durch die Novelle zum AufwGes. vom 9. Juli 1927 (RGBl. I, 171; abgedruckt als Anhang 1 zu diesem Kommentar) Gesetz geworden ist. Dieses Gesetz gewährt in seinem Artikel II (§§ 4—9) dem Gläubiger einer aufgewerteten Hypothek das Recht, zu beantragen, daß die Hypothek bei der Eintragung des Aufwertungsbetrages in eine Grundschuld umgewandelt werde (§ 4). Auch nach Eintragung des Aufwertungsbetrages der Hypothek kann der Gläubiger die Umwandlung beantragen, wenn ein Verfahren zur Festsetzung einer geringeren Aufwertung der persönlichen Forderung anhängig ist oder wird (§ 5). Für den Fall, daß infolge geringerer Aufwertung der persönlichen Forderung gemäß § 4 AufwGes., dessen Bestimmung grundsätzlich aufrechterhalten ist, auch die Hypothek zu einem geringeren Satze als 25 v. H. aufgewertet ist, ist in § 6 der Novelle ein Verfahren angeordnet, das unter gewissen Voraussetzungen die Erhöhung des Aufwertungsbetrags unter Umwandlung der Hypothek in eine Grundschuld mit erhöhtem Betrage oder Eintragung einer Zusatzgrundschuld ermöglicht. In diesem Falle beginnt die Verzinsung des über den Aufwertungsbetrag der bisherigen Hypothek hinausgehenden Betrages der Grundschuld am 1. April 1927 (§ 6 Abs. 4). Die Befugnis des Eigentümers, auf Grund seiner persönlichen Verhältnisse gemäß § 8 AufwGes. (Härteklausel) eine Herabsetzung des Aufwertungsbetrags zu seinen Gunsten zu beantragen, wird durch die Umwandlung in eine Grundschuld nicht berührt (§ 7). Mit der Eintragung der Grundschuld erlischt in Höhe des eingetragenen Aufwertungsbetrages die persönliche Forderung. Dem Gläubiger bleibt sonach nur das dingliche Recht gegenüber dem

Eigentümer, und zwar in der Form der Grundschuld, jedoch unter Aufrechterhaltung der Einreden, die der Eigentümer zur Zeit der Umwandlung gegen die Hypothek geltend machen konnte, also auch derjenigen, die sich gegen die bis dahin bestehende persönliche Forderung richteten (§§ 4 Abs. 2 der Novelle, 1137 BGB.). Auf die aus der Umwandlung entstandene Grundschuld bzw. die Zusatzgrundschuld finden die Vorschriften unseres Gesetzes über die Fälligkeit und die Verzinsung der Aufwertungshypotheken gemäß § 29 des Gesetzes (vgl. die Anm. zu diesem Paragraphen) entsprechende Anwendung.

4 Das AufwGes. gewährt dem Schuldner einer aufgewerteten Hypothek außer der Stundung des Kapitalbetrags bis zum 1. Januar 1932 (§ 25; vgl. zu § 2 unseres Gesetzes Anm. 2) weitere Vorteile hinsichtlich der **Verzinsung** in der Weise, daß der Aufw-Betrag bis zum 1. Januar 1925 ganz unverzinslich war, sodann der Zinssatz vom 1. 1. 25 ab 1,2 v. H., vom 1. 7. 1925 ab $2^1/_2$ v. H., vom 1. 1. 1926 ab 3 v. H. und vom 1. 1. 1928 ab 5 v. H. betrug, also auch in der mit dem 1. Januar 1928 begonnenen Periode noch sehr erheblich hinter dem im deutschen Wirtschaftsverkehr üblichen Zinssatze, der in der Nachinflationszeit namentlich für nicht erststellige Hypotheken zeitweise bis zu 18 v. H. betragen hat und auch jetzt noch 10—12 v. H. beträgt, zurückblieb. Bei den Erwägungen, ob und in welcher Art die Fälligkeit des Kapitals zur Vermeidung wirtschaftlicher Schwierigkeiten über den 1. Januar 1932 hinaus aufgeschoben werden müsse und könne (vgl. die Einleitung), war man sich klar darüber, daß dem Gläubiger nicht noch weiter die Gewährung eines den wirtschaftlichen Verhältnissen einigermaßen entsprechenden Zinssatzes verweigert werden könne. Die Begründung (S. 6) führte dazu aus, es ergebe sich schon aus § 25 AufwGes., daß dem Gläubiger vom 1. Januar 1932 ab wieder der volle Wert seiner Forderung habe verschafft werden sollen. Da ferner ein zwangsweises Moratorium über den 1. Januar 1932 hinaus so weit als möglich vermieden werden sollte (vgl. die Einleitung) kam (wie die Begründung weiter hervorhebt) auch der Gesichtspunkt in Betracht, daß die Gläubiger sich bei Gewährung eines angemessenen Zinsfußes eher bereit finden würden, von der Forderung der Rückzahlung des Kapitals am 1. Januar 1932 freiwillig Abstand zu nehmen. Deshalb bestimmt das Gesetz, daß vom 1. Januar 1932 der Aufwertungsbetrag zu einem Zinssatze zu verzinsen ist, der über den bisher zu zahlenden Satz von 5 v. H. hinausgehe. Im übrigen ist der Zinssatz im Gesetze selbst nicht festgelegt, die Festsetzung vielmehr einer Verordnung der Reichsregierung, die der Zustimmung des Reichsrats bedarf, überlassen. Und zwar soll die Festsetzung bei Inkrafttreten des Gesetzes erfolgen. Dafür war maßgebend, daß es sich empfehle, die Entwicklung der Zinsverhältnisse noch während der Vorbereitung des Gesetzes zu beobachten (Begr. a. a. O.). Gerade im gegenwärtigen Augenblick befindet sich der allgemeine wirtschaftsübliche Zinsfuß in einer fast stürmisch zu nennenden Bewegung nach unten zu, wie die wiederholten Diskontherabsetzungen der Reichsbank erkennen lassen. Es ist das eine im Interesse der Erleichterung der Kapitalbeschaffung für die Wirtschaft, die durch den in Deutschland im Verhältnis zu anderen Ländern herrschenden, allerdings durch die Kapitalknappheit Deutschlands in der Nachkriegszeit erklärlichen hohen Zinsfuß sehr erschwert war, sehr zu begrüßende Erscheinung. Wie lange sich diese Entwicklung noch fortsetzen wird, ist nicht zu übersehen; doch ist anzunehmen, daß sie in den nächsten Monaten noch fortdauern wird. Wohl aus diesem Grunde ist bei der zweiten Beratung im Reichstage beschlossen, daß das Gesetz nicht, wie im Regierungsentwurfe und in den Beschlüssen des Ausschusses vorgesehen war, sofort mit seiner Verkündung, sondern erst am 1. Oktober 1930 in Kraft tritt; vgl. § 34 des Gesetzes und die Anmerkung dazu. Nach welchen Gesichtspunkten die Reichsregierung den Zinssatz festzusetzen hat, ist im Gesetze nicht gesagt; insbesondere ist nicht, wie in § 28 Abs. 1 Satz 4 AufwGes. für die gemäß § 26 daselbst durch die Aufwertungsstelle über den 1. Januar 1932 hinaus bewilligten Stundungen (vgl. darüber mein AufwRecht zu § 28 Anm. 2), ausdrücklich vorgeschrieben, daß die Bestimmung „unter Berücksichtigung der allgemeinen Wirtschaftslage" zu erfolgen habe. Die Reichsregierung ist sonach ganz frei, den Zinssatz nach ihrem Ermessen zu bestimmen. Nach der Begründung (S. 7) soll ein Zinssatz gewählt werden, der „als angemessen gelten kann", um dem

Gläubiger vom 1. Januar 1932 den vollen Wert seiner Forderung zu gewährleisten. Anträge, den Zinssatz im Gesetze selbst zu bestimmen, die im Reichstage gestellt waren, wurden abgelehnt. Die Bestimmung des Zinssatzes durch die Reichsregierung hat um so größere Bedeutung, als sie nur einmal zu dem festgesetzten Zeitpunkte erfolgen und (abgesehen von dem Falle der Tilgungshypotheken, Abs. 4, vgl. Anm. 9) durch die Reichsregierung auch bei sich weiter ändernden Zinsverhältnissen nicht abgeändert werden kann; es bedürfte dazu eines neuen gesetzgeberischen Eingriffes. Die Begründung (S. 7) rechtfertigt das durch die Erwägung, es sei nicht angängig, mit der Festsetzung des Zinsfußes noch länger zu warten, da die Ungewißheit in der Zinsfrage sich im Grundstücksverkehr „wie eine Grundbuchsperre auswirken würde"; auch würden Vereinbarungen über eine Verlängerung der Aufwertungshypotheken nicht zustande kommen; aus dem gleichen Grunde könne auch die Einführung eines gleitenden Zinsfußes, der sich etwa nach dem Reichsbankdiskont zu richten hätte, nicht in Betracht gezogen werden. Allerdings haben die Gläubiger es in ihrer Hand, falls der festgesetzte Zinsfuß sich als unzureichend erweist, durch Kündigung gemäß § 2 des Gesetzes die Fälligkeit des Kapitals herbeizuführen, jedoch immer nur nach Verlauf eines Jahres von der Kündigung ab. Andrerseits sind die Eigentümer und persönlichen Schuldner rechtlich in der Lage, falls der festgesetzte Zinsfuß sich als zu hoch herausstellt, gemäß § 3 zu kündigen und nach Ablauf von drei Monaten das Kapital zurückzuzahlen; ob der einzelne Schuldner dazu wirtschaftlich in der Lage, ist eine andere Frage. — Zweifelhaft ist, ob die Festsetzung nur für alle aufgewerteten Hypotheken einheitlich erfolgen oder dabei Unterschiede gemacht werden können, namentlich (was sachlich wohl gerechtfertigt sein würde) zwischen erststelligen und nachstelligen Hypotheken. Die Begründung (S. 7) erklärt zwar eine Differenzierung in dieser Richtung nicht für durchführbar, da „eine ausreichend klare Abgrenzung zwischen erststelligen und zweitstelligen Rechten nicht möglich sei". Dieser Ausspruch dürfte indessen nicht überzeugend sein; im hypothekenrechtlichen Verkehr wird eine solche Unterscheidung vielfach durchgeführt. Einen die Regierung bindenden Ausdruck hat die Meinung der Begründung im Gesetzestexte jedenfalls nicht gefunden[1]).

4a Wie nach richtiger Ansicht für die Zeit bis zum 1. Januar 1932 durch § 28 AufwGes. die im Falle des Verzugs geschuldeten Zinsen nicht betroffen werden (vgl. darüber Mügel zu § 28 Anm. 1 Abs. 3 S. 815), so stehen auch die Vorschriften des § 1 unseres Gesetzes für die Zeit nach dem 1. Januar 1932 dem Verlangen einer höheren Verzinsung als Schadenersatz im Falle des Verzugs gemäß § 288 Abs. 2 BGB. (vgl. RGZ. 101, 113) oder der Geltendmachung eines sonstigen Verzugsschadens nicht entgegen. Der Verzug kann gemäß § 2 eintreten nach Kündigung durch Ablauf der Kündigungsfrist oder durch Eintritt des gesetzlichen Fälligkeitstermines vom 1. Januar 1935; vgl. zu § 2 Anm. 2.

5 In § 26 AufwGes. ist eine Härteklausel zugunsten des Eigentümers oder persönlichen Schuldners hinsichtlich der Fälligkeit der aufgewerteten Hypothek in der Weise gegeben, daß die Aufwertungsstelle auf seinen Antrag die Zahlung in Teilbeträgen, spätestens bis zum 1. Januar 1938, gestatten kann; in § 28 ist sodann bestimmt, daß in diesem Falle, soweit die Stundung sich über den 1. Januar 1932 hinaus erstreckt, der Zinssatz sich um einen Betrag erhöht, „den die Reichsregierung unter Berücksichtigung der allgemeinen Wirtschaftslage bestimmt". Vgl. darüber mein AufwRecht zu § 28 Anm. 2. Die hier vorgesehene Bestimmung war bisher noch nicht erfolgt. Nachdem nunmehr laut § 1 Abs. 1 Satz 1 unseres Gesetzes bestimmt ist, daß der Hundertsatz der Verzinsung für die Zeit der durch dieses Gesetz erfolgten weiteren Hinausschiebung der Fälligkeit über den 1. Januar 1932 hinaus durch die Reichsregierung bei Inkrafttreten des Gesetzes festgesetzt wird, lag es nahe, daß diese Festsetzung auch auf die nach § 28 Abs. 1 Satz 4 AufwGes. eintretende Erhöhung des Zinssatzes erstreckt wird. Das ist in § 1 Abs. 1 Satz 2 unseres Gesetzes geschehen. Der zur Ausführung des § 1 Abs. 1 Satz 1 festzusetzende Zinssatz findet sonach ohne weiteres Anwendung auch auf solche

[1]) Die Bestimmung des Zinssatzes wird, sobald sie erfolgt, in einem Nachtrage zu diesem Buche mitgeteilt werden.

Fälle, in denen, vor oder nach dem Inkrafttreten unseres Gesetzes, durch die Aufwertungsstelle in Anwendung des § 26 AufwGes. eine über den 1. Januar 1932 sich erstreckende Stundung gewährt worden ist, und zwar gilt der neue Zinssatz für die Zeit vom 1. Januar 1932 ab.

6 Nach § 67 Abs. 3 AufwGes. sind **Vereinbarungen über die Aufwertung**, die vor dem Inkrafttreten des AufwGes. getroffen worden sind, wirksam und können „auch in Zukunft", d. h. nach Inkrafttreten des AufwGes. getroffen werden; nur für Vergleiche über die Aufwertung ist, soweit sie in der sog. Rückwirkungszeit (d. h. vom Stichtage, 15. Juni 1922, bis zum Inkrafttreten der 3. Steuernotverordnung, 14. Februar 1924) geschlossen worden sind, in § 67 Abs. 2 eine Ausnahme gemacht. Es ist dadurch der grundsätzlich dispositive Charakter des AufwGes. anerkannt. Vgl. Näheres in meinem AufwRechte Anm. 1, 5, 7 vor bzw. zu § 67. Dementsprechend waren auch von dem Gesetze abweichende Vereinbarungen über die Verzinsung des Aufwertungsbetrags von Hypotheken, die vor oder nach dem Inkrafttreten des AufwGes. getroffen waren und sich als Vereinbarung über die Aufwertung darstellten, auch nicht als Vergleich in die Rückwirkungszeit fielen, bisher unbeschränkt zulässig und wirksam. Vgl. a. a. O. zu § 25 Anm. 5 Abs. 2. Der Abs. 1 Satz 3 unseres Gesetzes enthält eine Einschränkung insofern, als Vereinbarungen über die Verzinsung, die inhaltlich diesem Gesetze entgegenstehen, nur wirksam sind, wenn sie a) nach dem Inkrafttreten des AufwGes. getroffen sind und b) als regelmäßige Verzinsung einen höheren oder geringeren Satz als 5 v. H. festsetzen. Vor dem Inkrafttreten des AufwGes. — also vor dem 15. Juli 1925 — über die Verzinsung des gesetzlichen oder vereinbarten Aufwertungsbetrags getroffene Vereinbarungen werden also nur insoweit Gültigkeit behalten, als sie die Verzinsung für die Zeit bis zum 1. Januar 1932 betreffen, während für die Zeit von da ab die Vorschriften unseres Gesetzes maßgebend sein werden. Ferner werden dem Gesetze gegenüber Vereinbarungen nicht mehr gültig sein, die nicht eine regelmäßige Verzinsung von mehr oder weniger als 5 v. H. festgesetzt haben, sondern eine Zinslosigkeit oder eine „unregelmäßige", d. h. nur vorübergehend oder für be-

stimmte Teilperioden eintretende Verzinsung. Ganz klar ist es allerdings nicht, was das Gesetz unter einer „regelmäßigen" Verzinsung verstanden wissen will. Der Gültigkeit einer Vereinbarung dürfte es keinesfalls entgegenstehen, wenn zwar für die ganze Zeit bis zur Fälligkeit Verzinsung vereinbart ist, aber der Zinssatz für einen Teil dieser Zeit höher festgesetzt ist, als für einen anderen. Ungenau ist die Bemerkung der Begründung (S. 9), es solle nicht darauf ankommen, ob die „vertragliche Zinserhöhung" den neuen auf Grund des § 1 festgesetzten Zins erreicht oder darüber hinausgeht. Auch solche Vereinbarungen, welche gegenüber dem bisher geltenden gesetzlichen Zinssatze von zuletzt 5 v. H. eine Zinsermäßigung bedeuten, bleiben in Kraft. Vereinbarungen über die Verzinsung, die sich nicht als Vereinbarungen über die Aufwertung darstellen, bleiben gegenüber den Vorschriften des vorliegenden Gesetzes in Kraft, auch wenn sie vor dem Inkrafttreten des AufwGesetzes geschlossen worden sind; eine vertragsmäßig von vornherein unverzinsliche Hypothek bleibt deshalb auch nach 1. 1. 1932 unverzinslich (vgl. RGZ. 121, 150). — Durch Vereinbarungen, welche die Verzinsung auf 5 v. H. (also den bis 1. 1. 1932 geltenden gesetzlichen Zinssatz) festgesetzt haben, wird der Eintritt der Zinserhöhung nicht ausgeschlossen.

7 Unter **„Mehrzinsen"** versteht das Gesetz den Unterschied zwischen dem für die Zeit vom 1. Januar 1932 ab eintretenden und dem bis dahin kraft Gesetz oder Vereinbarung geltenden geringeren Zinssatze der Hypothek und der persönlichen Forderung (Begründung S. 9). Nach § 6 AufwGes. behält die aufgewertete Hypothek ihren bisherigen Rang, vorbehaltlich der dort bezeichneten Einschränkungen. Einer Eintragung der gesetzlichen Verzinsungsbedingungen oder einer Bezugnahme auf die entsprechenden gesetzlichen Vorschriften bei der Eintragung bedarf es laut Art. 1 der VO. vom 18. Juni 1926 (RGBl. I 273, abgedruckt als Anhang 2 zu diesem Kommentar) nicht. Das muß ebenso, wie von den bisherigen gesetzlichen Vorschriften, auch von den neuen Vorschriften unseres Gesetzes über die Verzinsung gelten, steht übrigens im Einklang mit dem allgemeinen bürgerlichen Rechte (§ 1118 BGB.; vgl. RGRKomm. Anm. 5 zu § 1115). Um aber „jeden Zweifel auszuschließen" (Begründung S. 9), ist in Abs. 3 des § 1 ausdrück-

lich bestimmt, daß die „Mehrzinsen" — d. h. die vom 1. Januar 1932 ab eintretende Erhöhung des Zinssatzes — den Rang des aufgewerteten Rechts haben, und zwar (wie zu ergänzen ist) ohne daß es einer Eintragung des erhöhten Zinssatzes bedarf. — Auch „vereinbarte Mehrzinsen" — d. h. Zinsen, die auf Grund einer nach Abs. 1 Satz 3 (vgl. Anm. 6) gültigen Vereinbarung für die Zeit vom 1. Januar 1932 ab über den durch die Regierung festgesetzten Zinssatz hinaus geschuldet werden — sollen (wie sich aus Halbsatz 2 des Absatzes indirekt ergibt) ohne Eintragung des Zinssatzes den Rang des aufgewerteten Rechts insoweit haben, als sie den nach Abs. 1 Satz 1 von der Regierung festgesetzten Hundertsatz nicht übersteigen; einer Eintragung des vereinbarten Zinssatzes oder einer Bezugnahme auf die Eintragung wird es insoweit auch für sie nicht bedürfen; ebensowenig einer Zustimmung der in gleichem oder nachgehendem Range eingetragenen Berechtigten. Soweit aber die vereinbarten Zinsen den festgesetzten Hundertsatz übersteigen, stellt die Vereinbarung eine Erweiterung der Hypothek dar, welche, da sie über den Zinssatz von 5 v. H. hinausgeht, gemäß § 1119 BGB. (vgl. die nächste Anmerkung) der Zustimmung der im Range gleich oder nachstehend eingetragenen Berechtigten bedarf.

8 Während die Absätze 1 und 2 die Verzinsung für die Zeit vom 1. 1. 32 ab betreffen, bezieht sich Abs. 3 auf die Verzinsung für die Zeit bis zum 1. Januar 1932 (Begründung S. 9). Der Wortlaut bringt das allerdings nicht zu klarem Ausdruck insofern, als danach angenommen werden könnte, daß es auf den Zeitpunkt ankomme, an dem die Vereinbarung getroffen ist, nicht auf den Zeitraum, für welchen sie Geltung haben soll, was ersichtlich gemeint ist. Nach § 1119 BGB. kann eine Hypothek, die unverzinslich oder zu einem niedrigeren Zinssatze als 5 v. H. verzinslich ist, ohne Zustimmung der im Range gleich- oder nachstehend Berechtigten dahin erweitert werden, daß das Grundstück für Zinsen bis zu 5 v. H. haftet. Diese Vorschrift, die bezweckt, die Gläubiger niedrig verzinslicher Hypotheken von einer Kündigung wegen der niedrigen Verzinslichkeit abzuhalten, fand auch Anwendung auf eine aufgewertete Hypothek, bei welcher der Gläubiger und der Eigentümer einen niedrigeren Zinssatz als den nach § 28 AufwGes. ge-

schuldeten vereinbart hatten (LG. Kassel in JW. 1926, 624[3]). Durch § 1 Abs. 3 unseres Gesetzes wird die Vorschrift dahin ausgedehnt, daß sie auf **Erweiterungen der Hypothek** Anwendung findet, die über 5 v. H. bis zu dem durch die Regierung gemäß § 1 Abs. 1 festzusetzenden Zinssatze für die Zeit bis zum 1. 1. 32 hinausgehen. Die Erweiterung bedarf der Einigung zwischen dem Gläubiger und dem Eigentümer, die auf Bewilligung des Eigentümers hin in das Grundbuch einzutragen ist (§§ 877, 873 BGB.). Die Einigung kann vor oder nach dem Inkrafttreten unseres Gesetzes erfolgt sein (a. M. anscheinend die Begründung S. 9); ist jedoch nach § 1 Abs. 1 Satz 3 (vgl. Anm. 6) nur gültig, wenn sie nach Inkrafttreten des Aufwertungsgesetzes stattgefunden hat. Die Erweiterung kann sich auch auf die bereits vorher verfallenen Zinsen beziehen (vgl. RGRKomm. zu § 1119 Anm. 3). Soweit die Erweiterung über den festgesetzten Zinssatz hinausgeht, bedarf sie der Zustimmung der gleich- oder nachstehend Berechtigten; andernfalls kann der weitergehende Zinssatz nur mit dem Range nach diesen eingetragen werden (RGRKomm. zu § 1119 Anm. 4). Die Erweiterung bedarf der nach §§ 877, 873 für die Änderung von Rechten an Grundstücken erforderlichen Form, also der dinglichen Einigung zwischen dem Gläubiger und dem Eigentümer und der Eintragung in das Grundbuch. Sie kann sich auch auf die vor ihrer Eintragung verfallenen rückständigen Zinsen erstrecken; vgl. RGR-Komm. zu § 1119 Anm. 3.

9 Der Absatz 4 des § 1 ist erst durch den Reichstag in das Gesetz eingefügt worden. Er betrifft die Verzinsung der sog. **„Tilgungshypotheken"**. Das sind solche Hypotheken, bei denen die Befriedigung des Gläubigers für die Forderung nicht durch einmalige oder mehrmalige Leistung von Kapitalbeträgen zu erfolgen hat, sondern durch allmähliche Abtragung (Tilgung) mittels Leistungen, die periodisch als Zuschläge zu den Zinsen wiederkehren und wie diese nach Hundertsätzen des Kapitals berechnet sind (Tilgungsbeträge, Amortisationsquoten; vgl. § 197 BGB.). Infolge dieser Berechnungsweise vollzieht sich die Aufwertung der Tilgungsbeträge durch Erhöhung ihres Nennbetrags automatisch mit der Aufwertung des Kapitals. Hinsichtlich ihrer Fälligkeit sind die aufgewerteten Tilgungsbeträge durch das Aufwertungsgesetz (§ 29) einer besonderen Regelung unterworfen worden in der Weise, daß die Verpflichtung zur Leistung von solchen Beträgen bis zum 1. Januar 1926 ruhte, während sie von da ab wieder zu leisten sind, und zwar zu dem vertragsmäßig bestimmten Tilgungssatze, jedoch mit der Maßgabe, daß auf Antrag des Gläubigers die Aufwertungsstelle unter Umständen die Leistung eines höheren Tilgungssatzes anordnen kann. Anläßlich der geplanten Erhöhung des Zinssatzes der aufgewerteten Hypotheken für die Zeit über den 1. Januar 1932 hinaus (vgl. oben Anm. 4) wurden Bedenken dagegen erhoben, daß diese Erhöhung auch auf die Tilgungshypotheken erstreckt werde. Es wurde namentlich im Interesse der Landwirtschaft, deren Hypotheken vorzugsweise Tilgungshypotheken sind, verlangt, daß für solche Hypotheken keine Erhöhung des Zinssatzes über den bis zum 1. Januar 1932 zu zahlenden Satz von 5 v. H. stattfinde. Die Begründung des Gesetzentwurfs (S. 7 ff.) erklärte eine solche unterschiedliche Behandlung für nicht gerechtfertigt, weil das AufwGes. „grundsätzlich alle Gläubiger gleichmäßig behandle" (?) und davon ausgehe, daß alle Gläubiger ohne Unterschied vom 1. Januar 1932 ab den vollen Wert ihrer Forderungen erhalten sollen, und weil es unbillig sein würde, mit Rücksicht auf die Schwierigkeiten, in denen die Landwirtschaft sich allgemein befindet, nur denjenigen Landwirten, die Tilgungshypotheken haben, eine wirtschaftliche Erleichterung auf Kosten der Gläubiger solcher Hypotheken zu gewähren. Ferner wurde in der Begründung gegen die besondere Behandlung der Tilgungshypotheken geltend gemacht, daß die Hypothekenbanken, welche Pfandbriefe ausgegeben haben, „bald mehr bald weniger Tilgungshypotheken in ihrem Bestande haben" und daß daher die Deckung der Liquidationspfandbriefe (die von den Hypothekenbanken gemäß Art. 84 DurchfVo. zum AufwGes. auszugeben sind) von Bank zu Bank verschieden sein würde, wodurch unerwünschte Unterschiede in der Verzinsung der Liquidationspfandbriefe eintreten könnten. Die in der Presse und im Reichstage mit Lebhaftigkeit betriebenen Bestrebungen, in Abänderung des Entwurfs eine Zinserhöhung für die Tilgungshypotheken zu beseitigen oder zu mildern, hatten keinen Erfolg, auch nicht in der Form, daß (wozu sich der Reichsjustizminister bereit erklärte) die Bestimmung des Zinssatzes für

Tilgungshypotheken der öffentlichen Kreditanstalten den Ländern überlassen werden sollte. Doch wurde schließlich, um wenigstens bei diesen die Grundstücke auf lange Zeit hinaus belastenden Hypotheken etwaige im Laufe der Jahre eintretende wesentliche Änderungen des allgemein im Wirtschaftsleben üblichen Zinssatzes berücksichtigen zu können, der Absatz 4 beigefügt, welcher der Reichsregierung die Möglichkeit gibt, den von ihr festgesetzten Zinssatz (vgl. oben Anm. 4) für Tilgungshypotheken mit Wirkung vom 1. Januar 1938 ab zu ändern. Die Fassung läßt einigermaßen im unklaren, ob die Änderung auch in der Weise erfolgen kann, daß ein nicht über 5 v. H. hinausgehender Zinssatz festgesetzt wird. Keinesfalls wird ein Zinssatz von weniger als 5 v. H. festgesetzt werden dürfen, da dieser Zinssatz nach § 25 AufwGes. schon bis zum 1. Januar 1932 gilt und nicht eine Ermäßigung, sondern nur die Nichterhöhung für Tilgungshypotheken durch Abs. 4 ermöglicht werden soll.

10 Gemäß § 29 unseres Gesetzes finden die Vorschriften des § 1 über die Verzinsung des Aufwertungsbetrags von Hypotheken entsprechende Anwendung auf den Aufwertungsbetrag von **Grundschulden.** Das gilt insbesondere auch für solche Grundschulden, die nach der Novelle zum AufwGes. vom 9. 7. 1927 (Anhang 1 dieses Kommentars) aus der dort vorgesehenen Umwandlung aufgewerteter Hypotheken oder durch Eintragung einer Zusatzgrundschuld zu solchen entstanden sind, und zwar auch hinsichtlich des über den Aufwertungsbetrag der persönlichen Schuld hinausgehenden Aufwertungsbetrages, dessen Verzinsung mit dem 1. April 1927 begonnen hat; vgl. oben Anm. 3. Die Vorschriften finden ferner (wie die Begründung S. 9 hervorhebt) auch Anwendung auf eine Eigentümergrundschuld, die an Stelle einer aufgewerteten Hypothek kraft Gesetzes (§ 1163 BGB.) entstanden ist, also namentlich, wenn die Forderung durch Zahlung des Eigentümers oder auf andere Weise erloschen ist, und zwar ohne Unterschied, ob der Übergang auf den Eigentümer vor oder nach dem 1. Januar 1932 erfolgt ist. Die Begründung (a. a. O.) bemerkt ferner, daß die Zinserhöhung nicht gelte „für die **neue Hypothek,** die an Stelle der aufgewerteten Hypothek getreten ist". Sie hat dabei wohl den Fall im Auge, daß für eine aufgewertete Forderung an Stelle der zu ihrer Sicherung dienenden aufgewerteten Hypothek eine andere, nicht aufgewertete Hypothek gesetzt wird. Die Verzinsung dieser neuen Hypothek wird selbstverständlich durch die Vorschriften unseres Gesetzgebers ebensowenig wie durch die des AufwGesetzes betroffen. Auch auf die Forderung werden die Vorschriften dieser Gesetze in solchem Falle von der Bestellung der neuen Hypothek ab keine Anwendung mehr finden können, da sie nicht mehr durch eine aufgewertete Hypothek gesichert ist. Wird dagegen im Falle des § 1180 BGB. an die Stelle der Forderung, für welche die aufgewertete Hypothek besteht, eine andere Forderung gesetzt, so bleibt die Hypothek als aufgewertete den Verzinsungsvorschriften des § 1 unterworfen, und diese werden von da ab auch für die Forderung zu gelten haben, da sie nunmehr eine durch eine aufgewertete Hypothek gesicherte ist. Zutreffend hebt die Begründung dann noch hervor, daß durch einen rechtsgeschäftlich oder kraft Gesetzes eintretenden Gläubigerwechsel oder durch eine Änderung des Inhalts der Hypothek der Charakter der Hypothek als aufgewertete Hypothek nicht geändert wird; die Identität der Hypothek wird dadurch nicht berührt; es finden deshalb ungeachtet dieser Änderung die Vorschriften unseres Gesetzes über die Verzinsung aufgewerteter Hypotheken nach wie vor auf sie Anwendung.

II. Kündigung.

§ 2.

(1) Der Gläubiger der aufgewerteten Hypothek und der persönlichen Forderung (§§ 4, 9 des Aufwertungsgesetzes)[1] kann die Zahlung des Aufwertungsbetrags von dem Eigentümer oder dem persönlichen Schuldner vor dem 1. Januar 1935 nur verlangen, wenn er nach Inkrafttreten dieses Gesetzes schriftlich gekündigt hat[2,2a,2b]. Die Kündigungsfrist beträgt ein Jahr[2c]. Die Kündigung ist nur für den Schluß eines Kalendervierteljahrs zulässig, erstmalig zum 31. Dezember 1931; sie hat spätestens am dritten Werktag der Frist zu erfolgen[2c,3].

(2) Entgegenstehende Vereinbarungen zuungunsten des Schuldners sind unwirksam[4].

1 Über die Begriffe: „Aufgewertete Hypothek", „persönliche Forderung", „Aufwertungsbetrag" gilt das zu § 1 Anm. 1, 2, 3 Gesagte. Insbesondere kommen auch für die Vorschriften der §§ 2 ff. über die Kündigung nur solche persönliche Forderungen in Betracht, welche durch eine Hypothek gesichert sind; vgl. darüber zu § 1 Anm. 2.

2 Nach § 25 AufwGes. kann der Gläubiger einer aufgewerteten Hypothek die Zahlung des Aufwertungsbetrags vor dem 1. Januar 1932 weder von dem Eigentümer des belasteten Grundstücks noch von dem persönlichen Schuldner verlangen. Mit dem 1. Januar 1932 würde die hierdurch gewährte Stundung weggefallen und der Gläubiger ohne weiteres befugt gewesen sein, soweit die Hypothek zu diesem oder einem späteren Zeitpunkte laut Vertrag oder Gesetz nach allgemeinem bürgerlichen Rechte fällig war, die Zahlung des Aufwertungsbetrags zu verlangen. Diese Rechtslage ist durch § 2 in der Weise geändert worden, daß einem solchen Verlangen, sofern es auf Zahlung vor dem 1. Januar 1935 gerichtet ist, eine **Kündigung** vorausgehen muß, deren Formen und Fristen in dem Gesetze näher geregelt sind. Kündigung ist die einseitige, empfangsbedürftige rechtsgeschäftliche Verfügung (Willenserklärung), die auf Beendigung eines Rechtsverhältnisses, hier auf Zahlung des kraft Gesetzes gestundeten Aufwertungsbetrages, gerichtet ist (RGJW. 1919, 2429). Sie muß den Willen, daß der Aufwertungsbetrag nach Ablauf der Kündigungsfrist gezahlt werden soll, bestimmt zum Ausdrucke bringen. Sie darf nicht von einer (eigentlichen) Bedingung, d. h. von einem zukünftigen ungewissen Ereignisse, abhängig gemacht sein (RGWarn. 1915 Nr. 103); andernfalls ist sie wirkungslos. Die Beifügung des Termins, an welchem gezahlt werden soll, ist nicht unbedingt erforderlich, da sich die Kündigungsfrist aus dem Gesetze (§ 2 Satz 2) ergibt und im Zweifel anzunehmen ist, daß die Zahlung unmittelbar nach Ablauf der gesetzlichen Kündigungsfrist verlangt wird (RGWarn. 08 Nr. 336). Die Kündigung kann auch durch einen bevollmächtigten Vertreter erfolgen;

Vorlage der Vollmacht bei der Kündigung ist nicht erforderlich, doch kann der andere Teil eine ohne solche Vorlage erfolgende Kündigung unverzüglich zurückweisen (§ 174 BGB.); auch muß der Vertretene im Falle des Bestreitens nachweisen, daß der Vertreter bevollmächtigt war (RGZ. 26, 190). Kündigung durch einen vollmachtlosen Vertreter ist unzulässig, kann jedoch Wirksamkeit erlangen, wenn der andere Teil sie nicht beanstandet (§ 180 BGB.). Die Kündigung der Hypothek, d. h. des dinglichen Anspruchs auf Befriedigung aus dem Grundstücke, muß gegenüber dem Eigentümer erfolgen (§ 1141 BGB.); die Kündigung der persönlichen Forderung gegenüber dem persönlichen Schuldner. Durch eine nur dem Eigentümer gegenüber, der nicht persönlicher Schuldner ist, erklärte Kündigung wird die Hypothek, ungeachtet ihrer akzessorischen Natur, ohne die persönliche Forderung fällig (RGRKomm. zu § 1141 Anm. 1). Diese Vorschrift findet aber keine Anwendung auf Sicherungshypotheken (§ 1185 Abs. 2 BGB.). Bei ihnen ist die Kündigung des Gläubigers auch für die Hypothek nur wirksam, wenn sie dem persönlichen Schuldner gegenüber erklärt wird; der von diesem verschiedene Eigentümer muß die so erklärte Kündigung gegen sich gelten lassen (RGRKomm. zu § 1185 Anm. 4). Doch erscheint fraglich, ob nicht auch bei der Verkehrshypothek der Eigentümer dem Gläubiger, jedenfalls wenn dieser nicht gutgläubiger Erwerber (§ 1138) ist, gemäß § 1137 BGB. die Einrede entgegensetzen kann, daß die Forderung in Ermangelung einer dem persönlichen Schuldner gegenüber erfolgten Kündigung nicht fällig sei. — Die Kündigung wird wirksam in dem Zeitpunkte, in welchem sie dem anderen Teile zugeht; sie wird nicht wirksam, wenn ihm gleichzeitig ein Widerruf zugeht (§ 130). Über den Begriff des Zugehens vgl. RGRKomm. zu § 130 Anm. 1 Abs. 2. Späterer Widerruf ist ausgeschlossen. Für die Kündigung des Aufwertungsbetrags stellt das Gesetz noch folgende besondere Erfordernisse auf:

a) Die Kündigung muß schriftlich erfolgen. Über die Erfordernisse der durch Gesetz vorgeschriebenen Schriftform vgl. § 126 BGB. und RGRKomm. zu diesem Paragraphen Anm. 1—5. Danach muß die Kündigungsurkunde von dem Gläubiger eigenhändig durch Namensunterschrift oder mittels gerichtlich oder notariell beglaubigten Handzeichens unterzeichnet sein. Telegraphische Übermittelung genügt nicht (arg. § 127 Satz 2 BGB.; vgl. RGRKomm. Anm. 2 dazu). Ein bevollmächtigter Vertreter kann die Urkunde mit dem Namen des von ihm Vertretenen unterzeichnen (RGZ. 74, 69; 81, 2; RGRKomm. zu § 126 Anm. 2). Unterzeichnet er nur mit seinem eigenen Namen, so muß die Stellvertretung aus der Urkunde selbst irgendwie hervorgehen (RGRKomm. zu § 126 Anm. 2 c und die dort angeführten Entscheidungen des RG.).

b) Die Kündigung muß nach dem Inkrafttreten des Gesetzes erfolgt sein. Das Gesetz tritt nach § 34 „am 1. Oktober 1930" in Kraft. Nach § 187 Abs. 1 BGB. wird, wenn für den Anfang einer Frist ein Ereignis maßgebend ist, der Tag nicht mitgerechnet, in welchen das Ereignis fällt. Diese Bestimmung wird auch hier, jedenfalls entsprechend, anwendbar sein. Danach wird eine Kündigung nicht vor dem 2. Oktober 1930 wirksam erfolgen können.

c) Die Kündigung ist nur unter Einhaltung einer Kündigungsfrist zulässig, die ein Jahr beträgt, und zwar ist sie nur für den Schluß eines Kalendervierteljahres, erstmalig zum 31. Dezember 1931, zulässig und hat spätestens am dritten Werktage der Frist zu erfolgen (Abs. 1 Satz 2, 3). Sie muß sonach spätestens an diesem Tage dem anderen Teile zugegangen sein[1]) (vgl. oben S. 32). Eine Kündigung zum 30. September 1932 muß daher, falls die drei ersten Oktobertage des Jahres 1931 Werktage waren, spätestens am 3. Oktober 1931 dem anderen Teile zugegangen sein. Eine verspätete, d. h. für einen bestimmten Termin ohne Einhaltung der gesetzlichen Kündigungsfrist erfolgte Kündigung gilt für den nächsten zulässigen Termin (RGWarn. 08 Nr. 336). Hat also ein Gläubiger Anfang April 1931 für Ende Dezember 1931 gekündigt, so wird der Aufwertungsbetrag Anfang April 1932 fällig. Der Gläubiger kann sonach, sofern nicht dem Eigentümer oder persönlichen Schuldner eine Zahlungsfrist nach §§ 6 ff. bewilligt wird, die Fälligkeit des Aufwertungsbetrags zu dem-

[1]) Anders bestimmt durch §§ 1, 3 DurchfVO. vom 28. 8. 1930 (Anhang 5), nach welcher der „erste Werktag der Frist" jeweils der letzte Tag eines Kalendervierteljahrs sein soll, falls er ein Werktag ist; andernfalls der ihm zunächst folgende Werktag.

selben Zeitpunkte herbeiführen, zu welchem sie nach dem bisherigen Rechte auch ohne Kündigung eintrat, nämlich zum 1. Januar 1932, indem er spätestens am dritten Werktage des Jahres 1931 kündigt. Es wird aber erwartet, daß infolge der Erhöhung des Zinssatzes (vgl. zu § 1) und dadurch, daß dem Gläubiger in jedem der drei Übergangsjahre (1932—34) vier Termine zur Verfügung stehen, die Gläubiger das Kapital nicht allgemein schon zum 31. Dezember 1931 kündigen werden (Begr. S. 7 unter II 1). Ein zwangsweises allgemeines Moratorium sollte vermieden werden.

3 Auf **Zinsen und Tilgungsbeträge** erstreckt sich die gesetzliche Stundung des § 2 nicht. Auch das AufwGesetz hatte eine Stundung der Zinsen nur bis 1. 1. 25 (§ 28 Abs. 1 Satz 1) und ein Ruhen der Tilgungsbeträge nur bis zum 1. Januar 1926 (§ 29 Satz 1) angeordnet; seitdem wurden Zinsen und Tilgungsbeträge zu den vereinbarten Terminen periodisch fällig, und zwar die Zinsen zu niedrigerem Zinssatze, die Tilgungsbeträge aber zum vollen Aufwertungsbetrage. Vgl. mein AufwRecht zu § 28 Anm. 2 und zu § 29 Anm. 1. Daran wird durch das vorliegende Gesetz nichts geändert. Deshalb bedarf es wegen dieser Leistungen keiner Kündigung des Gläubigers und kann auch eine Zahlungsfrist für sie nicht bewilligt werden; vgl. zu § 6 Anm. 1.

4 Absatz 2 erklärt **entgegenstehende Vereinbarungen zuungunsten** des Schuldners für unwirksam. Den Vorschriften des § 7 ist damit, insoweit sie zugunsten des Schuldners getroffen sind, der Charakter zwingenden Rechts beigelegt, und zwar, wie die Begr. (S. 9 unter II zu § 2) ausführt, „um in der Zeit bis zum 1. Januar 1935 eine einheitliche Rechtslage zu schaffen", was freilich erfordert hätte, daß auch Vereinbarungen zuungunsten des Gläubigers für unwirksam erklärt worden wären. Der wirkliche Grund liegt wohl mehr in der der Aufwertungsgesetzgebung überhaupt zugrunde liegenden Tendenz, den Schuldner vor zu schwerer Belastung zu schützen. Das Gesetz macht keinen Unterschied, ob die Vereinbarungen vor oder nach dem Inkrafttreten des Gesetzes oder (insofern anders als für Vereinbarungen über die Verzinsung bestimmt ist, vgl. § 1 Abs. 1 Satz 3 und Anm. 6 zu § 1) des Aufwertungsgesetzes getroffen worden sind. Dagegen bleiben Vereinbarungen über die Fälligkeit, die

dem Schuldner günstiger sind als das Gesetz, indem sie eine längere Kündigungsfrist vorschreiben oder eine Kündigung bis zu einem über den 1. Januar 1932 hinaus liegenden Termine ausschließen, sei es daß sie nach oder vor Inkrafttreten unseres Gesetzes oder des Aufwertungsgesetzes getroffen worden sind, wirksam. Die Fälligkeit auf Grund einer nach § 2 unseres Gesetzes erfolgten Kündigung tritt daher nicht ein, bevor der Aufwertungsbetrag auf Grund der vertraglichen Vereinbarungen auch ohne diese Kündigung fällig geworden sein würde. Eine laut Vertrag am 1. Juni 1933 fällige Hypothek kann deshalb nicht zu einem früheren Zeitpunkte gekündigt werden. Für die Zeit nach dem 1. Januar 1935 treten die Vertragsbestimmungen und die Bestimmungen des allgemeinen bürgerlichen Rechts über die Fälligkeit wieder unbeschränkt in Kraft.

§ 3.

Der Eigentümer und der persönliche Schuldner sind berechtigt, den Aufwertungsbetrag nebst den fälligen Zinsen drei Monate nach Kündigung auch vor Eintritt der vereinbarten Fälligkeit zu zahlen[1]. Die Kündigung ist nur für den Schluß eines Kalendervierteljahrs zulässig; sie hat spätestens am dritten Werktag der Frist zu erfolgen[2]. Dieses Kündigungsrecht kann nicht durch Vertrag ausgeschlossen oder beschränkt werden, es sei denn, daß der Ausschluß oder die Beschränkung die Dauer von fünf Jahren nicht übersteigt oder in einer Vereinbarung festgesetzt ist, die nach § 1 Abs. 1 Satz 3 gültig bleibt[3,4].

1 Während § 2 unseres Gesetzes die Frage behandelt, wann und unter welchen Voraussetzungen der Gläubiger die Zahlung des Aufwertungsbetrages verlangen kann, regelt § 3 die andere Seite der Fälligkeit, nämlich die Frage, wann und unter welchen Voraussetzungen der Eigentümer und der persönliche Schuldner berechtigt sind, den Aufwertungsbetrag zu zahlen. Die Regel des bürgerlichen Rechts, daß die Befristung einer Forderung im Zweifel nur zugunsten des Schuldners wirke (§ 271 Abs. 2 BGB.),

kann bei hypothekarischen Anlagen, die auch im Interesse des Gläubigers liegen, nicht dazu führen, daß der Eigentümer oder persönliche Schuldner berechtigt wären, schon vor dem durch Vertrag oder Gesetz bestimmten Fälligkeitstermine den Betrag der Hypothek dem Gläubiger gegen dessen Willen zurückzuzahlen. Die Fassung der 3. StNVO. (§ 5: „Die Zahlung kann nicht vor dem 1. Januar 1932 verlangt werden") hatte aber Zweifel erregt, ob nicht die durch die VO. vorgesehene Stundung lediglich dem Gläubiger zugute kommen dürfe, und das RG. hatte in diesem Sinne entschieden. Demgegenüber hat schon das AufwGes. in Abs. 2 des § 25 ausgesprochen, daß der Eigentümer und der Schuldner berechtigt seien, den Aufwertungsbetrag schon vor dem 1. Januar 1932 zu zahlen, jedoch nicht ohne weiteres, sondern drei Monate nach Kündigung. Es blieb aber bestritten, ob das auch für die Fälle gelte, in denen nach Vereinbarung oder Gesetz die Hypothek vor dem 1. Januar 1932 nicht gekündigt werden konnte. Vgl. darüber mein AufwRecht zu § 25 Anm. 2 S. 112. Angesichts der durch unser Gesetz (§ 1) dem Schuldner für die Zeit vom 1. Januar 1932 ab auferlegten Zinserhöhung erschien es erforderlich, ihm auch die Möglichkeit zu geben, seinerseits die Fälligkeit des Aufwertungsbetrags vor dem 1. Januar 1935 durch Kündigung herbeizuführen, falls die Entwicklung des Zinssatzes im wirtschaftlichen Verkehr ihm eine Rückzahlung der Hypothek vorteilhaft erscheinen lasse, und zwar auch für den Fall, daß die im Vertrage vereinbarte Fälligkeit noch nicht eingetreten ist. Das ist durch Satz 1 des § 3 unseres Gesetzes geschehen. Der Eigentümer und der persönliche Schuldner sind danach berechtigt, den Aufwertungsbetrag nebst den fälligen Zinsen drei Monate nach Kündigung — d. h. nach einer von ihnen gegenüber dem Gläubiger erklärten Kündigung — auch vor Eintritt der vereinbarten Fälligkeit zu zahlen. — Darüber, in welcher Höhe Zinsen zu zahlen sind und wann sie fällig sind, vgl. zu § 1 Anm. 4. Der Eigentümer und der persönliche Schuldner können jeder unabhängig von dem andern kündigen. Doch ist bei einer Verkehrshypothek gemäß § 1141 BGB. die Kündigung für die Hypothek nur wirksam, wenn sie von dem Eigentümer dem Gläubiger gegenüber erklärt wird; andrerseits wird durch die Kündigung des Eigentümers die persönliche Forderung nicht fällig (RGZ. 104, 357). Bei der Sicherungshypothek dagegen ist die Kündigung auch für die Hypothek nur wirksam, wenn sie von dem persönlichen Schuldner dem Gläubiger gegenüber erklärt wird; der Eigentümer kann durch seine Kündigung nicht die persönliche Forderung und deshalb auch nicht die Sicherungshypothek, deren Fälligkeit von der der persönlichen Forderung abhängt, fällig machen; vgl. RGZ. 111, 397; RGRKomm. zu § 1185 Anm. 4. Hat aber der persönliche Schuldner gekündigt, so ist, sobald er zur Leistung berechtigt ist, auch der Eigentümer berechtigt, den Gläubiger zu befriedigen, ohne selbst gekündigt zu haben (§ 1142 BGB.). Durch das Angebot des Aufwertungsbetrages und der fälligen Zinsen nach Ablauf der Kündigungsfrist gerät der Gläubiger, wenn er es nicht annimmt, in Annahmeverzug und der Schuldner, der gekündigt hat, kann sich durch Hinterlegung der Beträge befreien (§§ 293, 378 BGB.); auch kann der Eigentümer, der gekündigt hat, die Umschreibung der Hypothek auf ihn oder die Löschung verlangen (§ 1144 BGB.). Ist die persönliche Forderung höher aufgewertet als die Hypothek, so kann, wenn die Hypothek eine Verkehrshypothek ist, der Eigentümer, der gekündigt hat, nach Ablauf der Kündigungsfrist die Aushändigung des Hypothekenbriefs und der sonstigen zur Berichtigung des Grundbuchs oder zur Löschung der Hypothek erforderlichen Urkunden schon gegen Zahlung des geringeren Aufwertungsbetrags der Hypothek verlangen (RGZ. 116, 247, abweichend von der vor Inkrafttreten der 3. StNVO. ergangenen Entscheidung 107, 93). Anders, wenn die Hypothek eine Sicherungshypothek ist; bei einer solchen kann der Eigentümer, mag er persönlicher Schuldner sein oder nicht, nur gegen Zahlung des höheren Aufwertungsbetrags der Forderung die ihm nach § 1144 zustehenden Rechte ausüben (RGZ. 111, 397).

2 Über das Wesen und die allgemeinen Erfordernisse der Kündigung gilt das zu § 2 Anm. 2 Gesagte. Wie dort für die Kündigung des Gläubigers, so stellt hier für die Kündigung des Eigentümers und persönlichen Schuldners das Gesetz einige besondere Erfordernisse auf (Satz 2 u. 3). Darunter befindet sich aber nicht das Erfordernis der Schriftlichkeit; die Kündigung wird deshalb im Falle des § 3 auch mündlich erfolgen können. Die Kündigungsfrist beträgt hier (wie bisher schon nach § 25 Abs. 2 AufwGes.)

drei Monate. Die Kündigung auf Grund der neuen Vorschrift kann schon unmittelbar nach Inkrafttreten des Gesetzes, also vom 1. Oktober 1930 ab, jedoch nur zum Schlusse eines Kalendervierteljahres erfolgen, was bisher (durch § 25 Abs. 2 AufwGes.) nicht vorgeschrieben war[1]).

3 Dem in § 3 geregelten Kündigungsrechte des Eigentümers und persönlichen Schuldners ist durch Satz 3 des Paragraphen in beschränktem Maße der Charakter zwingenden Rechts verliehen, indem bestimmt wird, daß es durch Vertrag nicht ausgeschlossen oder beschränkt werden kann, es sei denn, daß der Ausschluß oder die Beschränkung entweder die Dauer von fünf Jahren nicht übersteigt oder in einer Vereinbarung festgesetzt ist, die nach § 1 Abs. 1 Satz 3 gültig bleibt. In der Begr. (S. 9) wird diese Vorschrift mit der Erwägung gerechtfertigt, es solle vermieden werden, daß der Schuldner auf übermäßig lange Zeit gehindert werde, eine Veränderung der allgemeinen Zinslage zu seinen Gunsten durch Umschuldung oder Rückzahlung auszunutzen. Eine das Kündigungsrecht ausschließende oder beschränkende Vereinbarung wird sonach gültig sein, wenn sie für eine die Dauer von fünf Jahren nicht übersteigende Zeit getroffen ist; ferner aber auch, wenn sie den Bestandteil einer nach § 1 Abs. 1 Satz 3 (vgl. Anm. 6 zu § 1) über die Verzinsung getroffenen Vereinbarung bildet, die nach Inkrafttreten des Aufwertungsgesetzes getroffen ist und als regelmäßige Verzinsung einen höheren oder geringeren Satz als 5 v. H. festsetzt. Solche Vereinbarungen über die Verzinsung sind nach § 1 Abs. 1 Satz 3 (vgl. a. a. O.) auch dann gültig, wenn sie nach Inkrafttreten unseres Gesetzes getroffen werden. Hier in § 3 Satz 3 scheint aber nur an Vereinbarungen gedacht zu sein, die vor dem Inkrafttreten dieses Gesetzes getroffen worden sind. Dafür spricht der Ausdruck „gültig bleibt" sowie die dies bestätigende Bemerkung der Begründung: „nur wenn es sich um eine vor Inkrafttreten des Entwurfs getroffene Vereinbarung handelt". Einen präzisen Ausdruck im Gesetze hat aber diese Einschränkung, für die auch ein innerer Grund nicht ersichtlich ist, nicht gefunden. Es wird deshalb wohl anzu-

[1]) Als „erster Werktag der Frist" ist durch §§ 2, 3 DurchfVO. vom 28. 8. 1930 (Anhang 5) jeweils der letzte Tag eines Kalendervierteljahrs bestimmt, falls er ein Werktag ist; andernfalls der ihm zunächst folgende Werktag.

nehmen sein, daß der Ausschluß oder die Beschränkung des Kündigungsrechts des Eigentümers und persönlichen Schuldners auch für einen Zeitraum von mehr als fünf Jahren wirksam sind, wenn sie in einer nach Inkrafttreten des Aufwertungsgesetzes, sei es vor oder nach Inkrafttreten unseres Gesetzes, getroffenen Vereinbarung enthalten sind, die als regelmäßige Verzinsung einem höheren oder geringeren Satz als 5 v. H. festsetzt. Ein hinreichender Grund dafür, daß der Eigentümer und der Schuldner in diesem Falle auf unverhältnismäßig lange Zeit auch an einem den Verhältnissen nicht mehr entsprechenden höheren Zinssatze festgehalten werden sollen, ist freilich nicht erkennbar.

4 Hat der Gläubiger auf Grund des § 1 des Gesetzes wirksam gekündigt, so ist diese Kündigung unwiderruflich und wirkt auch gegen ihn; vgl. RG. in JW. 1911, 39[21] und RGRKomm. zu § 609 Anm. 2. In diesem Falle sind deshalb nach Ablauf der Kündigungsfrist der Eigentümer und der persönliche Schuldner berechtigt, den Aufwertungsbetrag zu zahlen, ohne ihrerseits nach § 3 des Gesetzes gekündigt zu haben.

§ 4.

Vorschriften in Gesetzen, Satzungen oder Verträgen, die für besondere Fälle eine vorzeitige Fälligkeit der Schuld anordnen, bleiben unberührt[1]. Bestimmungen, die eine vorzeitige Fälligkeit der Schuld für den Fall der Rangänderung der Hypothek vorsehen, finden auf Rangänderungen, die auf der Zinserhöhung (§ 1) beruhen, keine Anwendung[2].

1 Der § 4 entspricht dem § 25 Abs. 1 Satz 2 AufwGes. Vgl. über diesen mein AufwRecht zu § 25 Anm. 5 Abs. 2 S. 111. Es handelt sich danach insbesondere um gesetzliche oder vertragsmäßige **Verfallklauseln**, wie die in den Hypothekenverträgen üblichen, denen zufolge im Falle nicht pünktlicher Zahlung der Zinsen oder bei Verzug des Schuldners mit der Zinszahlung die Hypothek fällig wird. Wie nach allgemeinen Rechtsgrundsätzen, so ist auch hier ein Verschulden des Schuldners der Regel nach Voraussetzung für den Eintritt des Verfalls (RGZ. 121, 51; RG. in AufwRechtspr. 4, 616, 634). Ein besonderer Fall vorzeitiger Fälligkeit

liegt auch vor, wenn bei seinem Eintritt der Gläubiger nicht unmittelbar Zahlung verlangen, sondern ein außerordentliches Kündigungsrecht ausüben kann (RGZ. 121, 269). Zwischenzins gemäß Art. 21 DurchfVO. z. Aufw. kann auch bei vorzeitiger Fälligkeit bis 1. Januar 1932 abgezogen werden; später nicht mehr (RG. in AufwRechtspr. 4, 634; vgl. zu § 28 Anm. 1). Eine gesetzliche Verfallklausel enthält die Bestimmung des § 1133 BGB., wonach der Gläubiger sofortige Befriedigung aus dem Grundstücke suchen kann, wenn die Sicherheit der Hypothek infolge einer Verschlechterung des Grundstücks (die nicht vom Eigentümer verschuldet zu sein braucht, vgl. RGRKomm. Anm. 1 zu § 1133) gefährdet ist und der Eigentümer nicht innerhalb einer ihm vom Gläubiger gestellten Frist die Gefährdung beseitigt. Ferner § 111 ZwVerstGes. Solche Bestimmungen bleiben auch gegenüber den Vorschriften des vorliegenden Gesetzes unberührt und führen sonach, wenn ihre Voraussetzungen eintreten, die Fälligkeit des Aufwertungsbetrags vor dem 1. Januar 1935, ohne daß es einer Kündigung nach § 2 bedarf, herbei.

2. Doch sollen nach Satz 2 des § 4 Bestimmungen, die eine vorzeitige Fälligkeit der Schuld für den Fall der **Rangänderung**, d. h. der Rangverschlechterung, der Hypothek vorsehen, keine Anwendung finden auf Rangänderungen, die auf der in § 1 bestimmten Zinserhöhung beruhen. Was damit gemeint sein kann, ist nicht klar und wird auch durch die Begr. (S. 9 zu § 4) nicht klargestellt. Nach § 1 Abs. 2 haben die „Mehrzinsen", d. h. der erhöhte Zinssatz, der nach den Bestimmungen des Gesetzes für die Zeit vom 1. Januar 1932 ab zu zahlen ist, den Rang des aufgewerteten Rechts; ebenso vereinbarte Mehrzinsen, soweit sie den festgesetzten erhöhten Zinssatz nicht übersteigen. Eine Rangverschlechterung der Hypothek findet deshalb infolge der auf dem Gesetze beruhenden Zinserhöhung weder für die Hauptsumme noch für die Zinsen statt. Die Vorschrift ist ersichtlich dem § 25 Abs. 1 Satz 3 AufwGes. nachgebildet, wo sie einen guten Sinn hatte, da auf Grund der Vorschriften des AufwGes. Rangverschlechterungen der Hypothek unter Umständen vorkommen konnten; vgl. näheres in meinem AufwRechte zu § 25 Anm. 5 Abs. 2. Möglicherweise ist an Vereinbarungen über den Verfall nicht „der" aufgewerteten Hypothek, die ja durch die Zinserhöhung im Range nicht verschlechtert, vielmehr verbessert wird, sondern einer ihr im Range nachgehenden Hypothek gedacht; doch hat dieser Gedanke in dem Gesetze keinen Ausdruck gefunden.

§ 5.

Hypothekenbanken, sonstige Grundkreditanstalten und öffentliche oder unter Staatsaufsicht stehende Sparkassen sowie Versicherungsgesellschaften aller Art sind trotz einer etwa bestehenden besonderen Verpflichtung nicht gehalten, zur Teilungsmasse gehörende oder als Deckung für Pfandbriefe dienende aufgewertete Hypotheken zu einem vor dem 1. Januar 1935 liegenden Zeitpunkt zu kündigen[1].

1 Während § 2 des Gesetzes das Recht des Gläubigers, die Zahlung des Aufwertungsbetrags zu verlangen, von einer durch ihn zu bewirkenden Kündigung abhängig macht, die Vornahme der Kündigung aber in sein Belieben stellt, setzt § 5 Fälle voraus, in denen eine „**besondere Verpflichtung**" des Gläubigers zur Kündigung besteht. Daß eine Verpflichtung des Gläubigers zur Kündigung gegenüber dem dinglichen oder persönlichen Schuldner bestehen könnte, ist schwerlich denkbar; soweit diese das Recht haben sollen, eine Fälligkeit der Schuld herbeizuführen, wird ihnen dieses Recht wohl ausnahmslos auf dem einfacheren Wege einer von ihnen gegenüber dem Gläubiger vorzunehmenden Kündigung gegeben werden. Es läßt sich deshalb nur annehmen und wird durch den Wortlaut der Vorschrift keineswegs ausgeschlossen, daß das Gesetz an eine Dritten gegenüber bestehende Verpflichtung des Gläubigers zur Kündigung denkt. Diese Auffassung wird besonders nahegelegt durch die Aufzählung derjenigen Gläubigerkategorien, für welche das Gesetz das Bestehen einer solchen Verpflichtung voraussetzt. Es sind das laut Entwurf Hypothekenbanken, sonstige Grundkreditanstalten und öffentliche oder unter Staatsaufsicht stehende Sparkassen, zu welchen

bei den Beratungen im Reichstag noch die „Versicherungsgesellschaften aller Art“ hinzugefügt worden sind, also sämtlich Anstalten, die von anderen entliehene Gelder hypothekarisch anlegen. Es ist deshalb recht wohl denkbar, daß sie diesen ihren Geldgebern — Pfandbriefgläubigern, Darlehensgebern, Spareinlegern, Versicherten — gegenüber die besondere Verpflichtung haben, in gewissen Fällen die Hypotheken, in denen sie die fremden Gelder angelegt haben, zu kündigen. Eine solche Verpflichtung soll nach dem Gesetze für die Zeit bis zum 1. Januar 1935 hinsichtlich der zur Teilungsmasse der betreffenden Anstalten gehörenden oder als Deckung für Pfandbriefe dienenden aufgewerteten Hypotheken außer Kraft treten. Es sind demnach solche Anstalten vorausgesetzt, bei denen die Aufwertung ihrer Schuldverschreibungen durch Bildung einer Teilungsmasse erfolgt, wie das für Hypothekenbanken und sonstige Grundkreditanstalten durch die §§ 47 ff., für Sparkassen durch die §§ 55 ff., für Versicherungsanstalten durch die §§ 59 ff. AufwGes. (bei diesen bildet der dem Treuhänder überwiesene „Aufwertungsstock“ die Teilungsmasse) vorgeschrieben ist, woselbst auch bestimmt ist, welche Werte zu den Teilungsmassen gehören. Vgl. Näheres darüber in meinem AufwRecht an den betreffenden Stellen. Bei den Hypothekenbanken und sonstigen Grundkreditanstalten, welche Pfandbriefe ausgeben, gehören zur Teilungsmasse diejenigen Werte, die bei Ablauf des 15. Februar 1924 als Deckung für die Pfandbriefe gedient haben; die Vorschrift unseres Paragraphen ergreift aber auch die nicht zur Teilungsmasse gehörenden, die aus ihr ausgeschieden sind, um als Deckung für die ausgegebenen Liquidationspfandbriefe zu dienen; vgl. zu § 30 Anm. 2. — Der gesetzgeberische Grund der Vorschrift wird in der Begr. (zu § 5 S. 9/10) dahin dargelegt, daß für die in § 5 genannten Anstalten besondere Verhältnisse gegeben seien, indem sie im allgemeinen bereit sein würden, von einer Kündigung der Aufwertungshypotheken abzusehen, da sie durch die Erhöhung des gesetzlichen Zinssatzes und durch die Bewegungsfreiheit, die für Vereinbarungen über eine Zinserhöhung bei solchen gegeben werde, die Möglichkeit erlangen, diese Hypotheken mit erhöhtem Zinsfuße als Deckung für ihre eignen Aufwertungsverpflichtungen (z. B. für Liquidationspfandbriefe) zu verwenden, die entsprechend höher verzinst werden könnten, wodurch eine wesentliche Entlastung des Fälligkeitstermins herbeigeführt werden könne. Dem gleichen Zwecke der Entlastung des Fälligkeitstermines solle es auch dienen, daß diese Anstalten nicht verpflichtet sind, die Aufwertungshypotheken zu einem vor dem 1. Januar 1935 liegenden Zeitpunkte zu kündigen, „selbst wenn man eine dahingehende besondere Verpflichtung feststellen könnte".

III. Zahlungsfrist[1, 2].

1 Enthalten schon die Vorschriften über die Kündigung (unter II dieses Abschnitts, §§ 2—5) weitgehende Einschränkungen der Rechte der Gläubiger aufgewerteter Hypotheken, so werden diese Rechte weiter eingeschränkt durch die Vorschriften über die Zahlungsfrist (unter III dieses Abschnitts, §§ 6—15). Nach ihnen erreicht der Gläubiger durch die Kündigung, ungeachtet der sehr langen Kündigungsfrist von einem Jahre und der sonstigen Einschränkungen der Kündigung, keineswegs mit Sicherheit die Fälligkeit der Hypothek und der persönlichen Forderung und damit das Recht, sofortige Zahlung nach Ablauf der Kündigungsfrist zu verlangen. Vielmehr gibt das Gesetz dem Eigentümer und dem persönlichen Schuldner die rechtliche Möglichkeit, noch eine weitere **Zahlungsfrist** durch Entscheidung der Aufwertungsstelle zu erlangen, falls ihre wirtschaftlichen Verhältnisse es erforderlich erscheinen lassen. Es ist dadurch ein nur wenig verschleiertes Moratorium über den im Aufwertungsgesetz als Endpunkt der Stundung angenommenen 1. Januar 1932 hinaus bis zum 31. Dezember 1934 (vgl. § 9) geschaffen worden. Die Begr. (S. 8 unter 2) beruft sich dafür als auf ein Vorbild auf die gesetzlichen Maßnahmen, die während des Krieges zum Schutze der Schuldner getroffen wurden, insbesondere auf die Bekanntmachung über die Geltendmachung von Hypotheken, Grundschulden und Rentenschulden vom 8. Juni 1916, in der für Ansprüche aus hypothekarischer Verschuldung die Bewilligung einer richterlichen Zahlungsfrist vorgesehen war.

2 Von den folgenden Paragraphen enthält § 6 zunächst die grundsätzlichen Bestimmungen über die Zahlungsfrist, § 7 regelt ihre Voraussetzungen, die §§ 8—10 ihre näheren Modalitäten, § 11 gibt die Möglichkeit einer vorläufigen Anordnung, die §§ 12—15 bestimmen des näheren die Wirkungen einer erteilten Zahlungsfrist.

§ 6.

(1) Hat der Gläubiger gemäß § 2 gekündigt[1], so kann der Eigentümer des belasteten Grundstücks oder der persönliche Schuldner[2] binnen 3 Monaten von dem Tage, an dem ihm die Kündigung zugegangen ist[3], bei der Aufwertungsstelle (§ 72 des Aufwertungsgesetzes, Artikel 117 der Durchführungsverordnung zum Aufwertungsgesetze vom 29. November 1925) schriftlich oder zu Protokoll der Geschäftsstelle beantragen, ihm eine Zahlungsfrist für das Kapital zu bewilligen[4]. Der Antragsteller soll dem Gläubiger mitteilen, daß er die Zahlungsfrist beantragt hat[6]. Der Antrag auf Bewilligung einer Zahlungsfrist ist unzulässig, wenn der Aufwertungsbetrag der Hypothek oder der Forderung 100 Goldmark nicht übersteigt[5].

(2) Der Antragsteller soll seinen Antrag begründen und soll angeben, welche Schritte er zur Herbeiführung einer gütlichen Einigung mit dem Gläubiger unternommen hat. Er soll ferner angeben, daß er dem Gläubiger von der Stellung des Antrags Mitteilung gemacht hat[6].

1 Voraussetzung für die Bewilligung einer Zahlungsfrist ist zunächst, daß der Gläubiger gemäß § 2 des Gesetzes gekündigt hat. Es muß also eine wirksame Kündigung — vgl. darüber zu § 2 Anm. 2 — des Gläubigers vorliegen. Bestreitet der Gläubiger, daß seine Kündigung wirksam gewesen sei und will ihn der Schuldner daran festhalten, aber eine Zahlungsfrist erlangen, so hat in dem Verfahren darüber die Aufwertungsstelle

in ausschließlicher Zuständigkeit zu entscheiden, ob eine „ordnungsmäßige" Kündigung erfolgt ist (§ 16 Nr. 2; vgl. Anm. 1b zu § 16).

2 Liegt eine solche Kündigung vor, so kann der Eigentümer des belasteten Grundstücks oder der persönliche Schuldner den Antrag stellen, ihm eine Zahlungsfrist für das Kapital zu bewilligen. Wie die Kündigung nach § 3 (vgl. zu § 3 Anm. 1), so kann auch der Antrag auf Bewilligung einer Zahlungsfrist von dem dinglichen und persönlichen Schuldner unabhängig voneinander gestellt werden und — je nach den Verhältnissen des einen oder des anderen, vgl. § 7 — zur Bewilligung einer Zahlungsfrist für den einen von ihnen führen, während für den anderen eine Zahlungsfrist nicht beantragt ist oder ihre Bewilligung abgelehnt wird. Wenn es sich um eine Verkehrshypothek handelt, so wird die Bewilligung der Zahlungsfrist für den persönlichen Schuldner keinen Einfluß auf das dingliche Hypothekenrecht äußern; die Hypothek vielmehr ohne die persönliche Forderung fällig werden (arg. § 1141 BGB.; vgl. oben zu § 3 Anm. 1). Bei der Sicherungshypothek dagegen wird die Bewilligung der Zahlungsfrist für den persönlichen Schuldner auch eine Stundung der Hypothek nach sich ziehen, da das Recht des Gläubigers bei einer solchen Hypothek sich nur nach der Forderung bestimmt (§ 1184) und daher auch ihre Fälligkeit von der Fälligkeit der persönlichen Forderung abhängig ist. Eine dem Eigentümer bewilligte Zahlungsfrist hat dagegen auf die Fälligkeit der persönlichen Forderung keinen Einfluß.

3 Für den Antrag auf Bewilligung der Zahlungsfrist ist eine Frist von 3 Monaten vorgeschrieben, von dem Tage ab, an welchem dem Antragsteller die Kündigung zugegangen ist; vgl. zu § 2 Anm. 2. Für die Berechnung der Frist ist § 187 Abs. 1 in Verbindung mit § 188 Abs. 2, 3 BGB. maßgebend, sodaß die Frist mit dem Ablaufe desjenigen Monatstages endet, der durch seine Zahl dem Tage des Zugehens entspricht oder, wenn dieser Tag in dem letzten Monate fehlt, mit dem Ablaufe des letzten Tages des Monats. Sonach wird, wenn die Kündigung am 15. September zugegangen ist, der Antrag spätestens am 15. Dezember gestellt werden müssen; wenn das Zugehen am 31. Januar erfolgt ist, spätestens am 30. April. In der Begr. (S. 10

zu § 6) wird die Befristung des Antragsrechts mit dem Hinweise darauf gerechtfertigt, daß die Aufwertungsstelle genügend Zeit für eine rechtzeitige Aufarbeitung der Anträge haben müsse. Nach Ablauf der 3 Monate kann der Antrag nicht mehr gestellt werden; die Fälligkeit tritt alsdann unbedingt mit dem Ablaufe der Kündigungsfrist, also nach weiteren neun Monaten ein. Eine Wiedereinsetzung in den vorigen Stand wegen unverschuldeter Versäumung der Frist ist nicht vorgesehen.

4 Der Antrag ist **bei der Aufwertungsstelle** zu stellen. Nach § 72 AufwGes. in Verbindung mit Art. 117 DurchfVO. vom 29. 11. 1925, auf die das Gesetz hinweist, ist Aufwertungsstelle das Amtsgericht, sofern nicht die obersten Landesbehörden auf Grund des Abs. 2 DurchfVO. eine anderweite Anordnung getroffen haben. Der Antrag muß bei der örtlich zuständigen Aufwertungsstelle gestellt werden; vgl. darüber § 17 und die Anmerkungen dazu. Der Antrag ist bei dieser Aufwertungsstelle schriftlich oder zu Protokoll der Geschäftsstelle zu stellen. Eine weitere Form, insbesondere die Mitwirkung eines Rechtsanwalts, ist nicht vorgeschrieben; auch nicht eine Beglaubigung der Unterschrift des Antragstellers. Inhaltlich kann der Antrag nur auf Bewilligung einer Zahlungsfrist für das Kapital — d. h. für den Aufwertungsbetrag ohne die Zinsen — gehen; eine Zahlungsfrist für die Zinsen und sonstigen Nebenleistungen ist nicht zulässig, wie es auch einer Kündigung für sie nicht bedarf (vgl. zu § 2 Anm. 3).

5 Nicht zulässig ist der Antrag auf Bewilligung einer Zahlungsfrist überhaupt, wenn der Aufwertungsbetrag der Hypothek oder der Forderung 100 Goldmark nicht übersteigt (Abs. 1 Satz 3). Das wird dahin zu verstehen sein, daß, wenn der Aufwertungsbetrag der Forderung, aber nicht der Hypothek diesen Betrag übersteigt (weil die Forderung höher aufgewertet ist), die Zahlungsfrist nur dem persönlichen Schuldner bewilligt werden kann. Handelt es sich jedoch um eine Sicherungshypothek, so muß diese Bewilligung auch dem Eigentümer zugute kommen, vgl. oben Anm. 2. Diese erst durch die Ausschüsse des Reichstags in das Gesetz eingefügte Bestimmung verfolgt ersichtlich den Zweck, die Grundbücher von kleinsten Hypotheken sobald wie möglich frei-

zumachen, und rechtfertigt sich dadurch, daß die Aufbringung so kleiner Beträge im Laufe der Kündigungsfrist ohne weiteren Aufschub dem Eigentümer und dem persönlichen Schuldner ohne Härte zugemutet werden kann.

6 Absatz 1 Satz 2 und Absatz 2 des Paragraphen enthalten noch einige **Sollvorschriften** hinsichtlich des Antrags, deren Nichtbeachtung für die Zulässigkeit des Antrags unschädlich ist, auf deren Beachtung aber die Aufwertungsstelle vor der Entscheidung über den Antrag hinwirken kann. Danach soll der Antragsteller seinen Antrag begründen; tut er das nicht, so läuft er Gefahr, daß die Aufwertungsstelle den Antrag als unbegründet zurückweist, sofern nicht etwa die Begründung sich ohne weiteres aus der ihr bekannt werdenden Sachlage ergibt. Der Antragsteller soll ferner angeben, welche Schritte er zur Herbeiführung einer gütlichen Einigung mit dem Gläubiger unternommen hat. Daß er solche Schritte unternimmt, bevor er den Antrag stellt, ist nicht direkt vorgeschrieben; wegen Unterbleibens solcher Schritte wird deshalb die Aufwertungsstelle den Antrag nicht zurückweisen können. Durch die Vorschrift soll aber darauf hingewirkt werden, daß die Aufwertungsstelle erst angerufen wird, nachdem die Beteiligten unter sich den Versuch einer gütlichen Einigung gemacht haben (Begr. S. 10 zu § 6, Abs. 2). Die Mitteilung soll auch der Aufwertungsstelle einen Anhalt geben, ob sie von dem Versuch einer gütlichen Einigung Abstand nehmen kann; vgl. § 18 Abs. 2. — Schließlich soll der Antragsteller dem Gläubiger mitteilen, daß er die Zahlungsfrist beantragt hat (Abs. 1 Satz 2), und im Antrage angeben, daß er diese Mitteilung gemacht hat (Abs. 2 Satz 2). Auch diese Vorschrift ist erst durch die Reichstagsausschüsse in das Gesetz hineingekommen. Auch sie verfolgt wohl den Zweck, eine Anrufung der Aufwertungsstelle in solchen Fällen zu vermeiden, in denen der Gläubiger freiwillig zur Gewährung einer Zahlungsfrist bereit ist.

§ 7.

(1) Die Aufwertungsstelle darf eine Zahlungsfrist nur bewilligen, wenn der Antragsteller über die zur

durch das im übrigen maßgebende pflichtmäßige Ermessen der Aufwertungsstelle in gewissen Richtungen eingeschränkt. Die Beschaffung ist danach zumutbar, wenn sie zu Bedingungen erfolgen kann, die für den Schuldner keine wesentlich größere Belastung bedeuten, als der gemäß § 1 festgesetzte erhöhte Zinssatz; doch soll die Zumutbarkeit nicht ausgeschlossen sein, wenn „nach Lage des Falles schwerere Bedingungen für die Beschaffung der Ersatzhypothek angemessen erscheinen". Diese Formulierung ist reichlich dunkel; auch die Begr. gibt keine Aufklärung darüber, welche Fälle die Bestimmung im Auge hat. Es kann nur vermutet werden, daß an den (allerdings nicht fernliegenden) Fall gedacht sein könnte, daß der von der Reichsregierung gemäß § 1 bei Inkrafttreten des Gesetzes ein- für allemal festzusetzende Zinssatz (vgl. zu § 1 Anm. 4) sich im Laufe der Zeit im Verhältnisse zu dem im freien Wirtschaftsverkehr üblichen Zinssatze für Hypotheken als zu niedrig erweist und daß deshalb eine Ersatzhypothek nur zu einem wesentlich höheren Zinssatze beschafft werden kann. In solchem Falle würde die Beschaffung der Ersatzhypothek zu schwereren Bedingungen „nach Lage des Falles angemessen" und daher den Schuldner zuzumuten, sonach eine Zahlungsfrist nicht zu bewilligen sein. Bei dem anormalen und in die Rechte der Gläubiger erheblich eingreifenden Charakter eines solchen Moratoriums wird die Aufwertungsstelle auch sonst mit großer Vorsicht bei der Bewilligung der Zahlungsfristen vorgehen müssen.

3 Der Absatz 2 des Paragraphen bringt in weiterer Berücksichtigung des anormalen Charakters der Zahlungsfrist die Vorschrift, daß bei der Entscheidung über die Bewilligung in gewissem Maße auch die **Verhältnisse des Gläubigers** in Betracht gezogen werden müssen in der Weise, daß die Bewilligung nicht erfolgen soll, wenn sie für den Gläubiger eine unbillige Härte bedeuten würde. Es ist dies eine an die Aufwertungsstelle gerichtete Auflage, die zu befolgen für sie eine Rechtspflicht ist, ungeachtet der Fassung als „Soll"-Vorschrift. Die Fassung weicht von den meisten im Aufwertungsgesetz (§§ 8, 34, 52) enthaltenen „Härteklauseln" insofern ab, als dort zur Anwendung der Klausel erfordert wird, daß sie „zur Abwendung einer groben Unbilligkeit unabweisbar" erscheint. Sie schließt sich dagegen an die der Härte-

klausel für den Fall der Rückwirkung in § 15 Ziffer 3 AufwGes. an. Ob die Bewilligung der Zahlungsfrist für den Gläubiger eine unbillige Härte bedeuten würde, hat die Aufwertungsstelle nach ihrem pflichtmäßigen Ermessen zu entscheiden; doch kann die Entscheidung darüber in der Beschwerdeinstanz auf ihre tatsächlichen Grundlagen hin und in der weiteren Beschwerdeinstanz vom Oberlandesgericht hinsichtlich der Frage, ob sie auf einer Verletzung des Gesetzes beruht (vgl. § 23 Satz 3; insofern abweichend von § 74 AufwGes.), nachgeprüft werden. Eine unbillige Härte wird namentlich anzunehmen sein, wenn der Gläubiger die sofortige Rückzahlung des Aufwertungsbetrags für geschäftliche oder persönliche Zwecke dringend benötigt und durch den Aufschub der Rückzahlung erheblich geschädigt werden würde. — Wie die Fassung von Abs. 2 ergibt, geht die Berücksichtigung der Verhältnisse des Gläubigers der Berücksichtigung der Verhältnisse des Schuldners vor; die Bewilligung der Zahlungsfrist darf nicht erfolgen, wenn zwar die Voraussetzungen des Abs. 1 zugunsten des Schuldners vorliegen, zugleich aber auch die Voraussetzungen der unbilligen Härte für den Gläubiger nach Abs. 2.

§ 8.

Die Aufwertungsstelle soll die Bewilligung der Zahlungsfrist nicht von dem Nachweise des Antragstellers abhängig machen, daß er nach Ablauf der Frist zur Befriedigung des Gläubigers imstande sein werde[1].

1 § 8 enthält eine Abschwächung der in § 7 Abs. 2 zugunsten des Gläubigers vorgesehenen Härteklausel in einer bestimmten Richtung. Als eine „unbillige Härte" für den Gläubiger könnte es nämlich auch angesehen werden, wenn die Zahlungsfrist bewilligt wird, obwohl es zweifelhaft erscheint, ob der Schuldner (Antragsteller) nach Ablauf der Frist zur Befriedigung des Gläubigers imstande sein werde. Die Aufw.Stelle könnte deshalb die Bewilligung abhängig machen von dem durch den Schuldner zu führenden Nachweise in dieser Richtung. Das wird ihr durch § 8 verboten. In der Begr. (S. 10 zu § 8) wird der Vorschrift eine von ihrem Wortlaute einiger-

Rückzahlung des Aufwertungsbetrags erforderlichen Mittel nicht verfügt und auch nicht in der Lage ist, sie sich zu Bedingungen zu verschaffen, die ihm billigerweise zugemutet werden können[1]. Die Zahlungsfrist darf nicht bewilligt werden, wenn sich der Antragsteller die nötigen Mittel zu Bedingungen beschaffen kann, die für ihn keine wesentlich größere Belastung bedeuten als die durch § 1 festgesetzte Erhöhung des Zinssatzes; diese Bestimmung schließt die Zumutbarkeit eines höheren Zinssatzes gemäß Satz 1 nicht aus, wenn nach Lage des Falles schwerere Bedingungen für die Beschaffung der Ersatzhypothek angemessen erscheinen[2].

(2) Die Zahlungsfrist soll nicht bewilligt werden, wenn die Bewilligung für den Gläubiger eine unbillige Härte bedeuten würde[3].

1 § 7 regelt die Voraussetzungen, die in den Verhältnissen des Antragstellers erfüllt sein müssen, damit die Aufwertungsstelle eine Zahlungsfrist bewilligen darf. Die Grenzen hierfür sind (wie die Begr. [S. 8] hervorhebt) enger gezogen, wie in der als Vorbild dienenden Bekanntmachung von 1916 über die Gewährung von Zahlungsfristen (vgl. die Vorbem. vor § 6), mit Rücksicht auf den Zweck, den die hier vorgesehene Zahlungsfrist erfüllen soll. Sie soll nämlich verhüten, daß der Schuldner (Eigentümer oder persönlicher Schuldner) infolge der Kündigung genötigt wird, die zur Ablösung der aufgewerteten Hypothek erforderlichen Mittel sich zu Bedingungen anderweit zu verschaffen, die unverhältnismäßig schwer und geeignet sind, seine wirtschaftliche Lage zu gefährden. Solche Bedingungen einzugehen, soll ihm nicht zugemutet werden. Deshalb gestattet das Gesetz die Bewilligung der Zahlungsfrist nur, wenn der Antragsteller: a) über die zur Rückzahlung des Aufwertungsbetrags erforderlichen Mittel nicht verfügt, und b) nicht in der Lage ist, sie sich zu Bedingungen zu verschaffen, die ihm billigerweise zugemutet werden können. Beide Voraussetzungen müssen zusammentreffen. Der Mangel verfügbarer Mittel für sich allein

genügt also nicht, sofern der Schuldner in der Lage ist, sich diese Mittel anderweit zu erträglichen Bedingungen zu verschaffen, insbesondere durch Aufnahme einer anderweiten Hypothek an Stelle der gekündigten. Dafür, ob diese Möglichkeit besteht, wird die Festsetzung des Zinssatzes der Aufwertungshypotheken durch die Reichsregierung gemäß § 1 von entscheidender Bedeutung sein. Wird dieser Zinssatz in einer Höhe festgesetzt, die dem allgemeinen Zinssatz für die Hergabe von Darlehnshypotheken entspricht, so wird der Schuldner, wenn es sich um eine Hypothek handelt, die an gesicherter Stelle steht, ohne Schwierigkeiten in der Lage sein, eine andere Hypothek an Stelle der gekündigten aufzunehmen. Hierbei wird natürlich die Frage, ob die Hypothek eine erststellige oder nachstellige ist, eine besondere Rolle spielen. Auch aus diesem Grunde wird die Reichsregierung zu erwägen haben, ob sie nicht, ungeachtet der in der Begründung a. a. O. (vgl. zu § 1 Anm. 4) dagegen geäußerten Bedenken, den Zinssatz für erststellige und für nachstellige Hypotheken in verschiedener Höhe festsetzen soll. Aber auch wenn die Aufnahme einer anderweiten Hypothek auf das gleiche Grundstück nicht möglich erscheint, wird dem Schuldner zugemutet werden müssen, sich die zur Rückzahlung erforderlichen Gelder anderweit zu verschaffen, wenn er dazu sei es unter Ausnützung des ihm zur Verfügung stehenden sonstigen Realkredits durch Belastung anderer Grundstücke oder Verpfändung von Mobiliarwerten oder auf seinen Personalkredit, sei es auch durch Veräußerung von Vermögensstücken ohne übermäßig schwere Belastung oder Vermögenseinbuße in der Lage ist. Das wird sowohl von den zur Zeit des Ablaufs der Kündigungsfrist voraussichtlich bestehenden allgemeinen Kreditverhältnissen, wie auch von der persönlichen Kreditfähigkeit und Kreditwürdigkeit des Schuldners abhängen. Keinesfalls darf er der Bewucherung ausgeliefert werden. Ebensowenig darf er darauf verwiesen werden, daß er ja das Grundstück zur Zwangsversteigerung gelangen lassen könne; die aus Zwangsversteigerungen entstehenden privat- und volkswirtschaftlichen Gefahren sollen gerade vermieden werden.

2 Im zweiten Satze des Paragraphen sind die Voraussetzungen, unter denen dem Schuldner die Beschaffung der Mittel zur Rückzahlung zugemutet werden kann, noch näher präzisiert und da-

maßen abweichende Auslegung dahin gegeben, daß die Zahlungsfrist auch in dem Falle bewilligt werden soll, wenn das Gericht zu der Überzeugung kommt, es bestehe keine Sicherheit dafür, daß der Antragsteller auch nach Ablauf der Zahlungsfrist den Gläubiger befriedigen kann. Dem Sinne nach wird aber gegen ihre Auslegung nichts einzuwenden sein; denn wenn die Aufwertungsstelle zu dieser Überzeugung kommt, so müßte sie an sich den Antragsteller zu dem Beweise, daß er dazu imstande sein werde, zulassen und von diesem Beweise die Bewilligung abhängig machen. Da sie das nicht darf, so wird sie, ungeachtet dieser Überzeugung, die Bewilligung der Zahlungsfrist nicht ablehnen dürfen. Sie kann jedoch, wie sich aus § 10 ergibt, in diesem Falle dem Antragsteller eine Sicherstellung des gekündigten Betrages auferlegen und auch andere Bedingungen zur Sicherung des Gläubigers stellen. Vgl. Näheres zu § 10.

§ 9.

Die Zahlungsfrist kann nur einmal und nur längstens bis zum 31. Dezember 1934 bewilligt werden[1].

1 § 9 enthält zwei Beschränkungen für die Bewilligung der Zahlungsfrist und zwar:

a) Sie darf nur einmal bewilligt werden. Eine Verlängerung der einmal bewilligten Zahlungsfrist ist sonach ausgeschlossen, auch wenn die Voraussetzungen für eine solche gemäß § 7 noch über den Endpunkt der bewilligten Frist hinaus sich als vorhanden ergeben. Der Grund dieser Einschränkung ist nach der Begr. (S. 10 zu § 9) der, daß eine übermäßige Inanspruchnahme der Aufwertungsstellen vermieden werden soll.

b) Die Zahlungsfrist darf nur längstens bis zum 31. Dezember 1934 bewilligt werden. Es ist das der Termin, zu welchem die aufgewerteten Hypotheken, falls sie nach Gesetz oder Vertrag fällig sind, ohne die in § 1 erforderte Kündigung allgemein fällig werden. Einen über diesen Zeitpunkt hinausgehenden Eingriff in die Rechte der Gläubiger durch Bewilligung eines weiteren Moratoriums gestattet das Gesetz nicht. Die Begr. (a. a. O.) führt aus, daß das „ohne Zustimmung des Gläubigers“ nicht geschehen dürfe. Aber auch mit Zustimmung des Gläubigers wird die Aufwertungsstelle dazu nicht in der Lage sein, da sie für eine weitergehende Bewilligung nicht zuständig ist; doch kann sie die Zustimmung des Gläubigers zu Protokoll nehmen und die Zahlungsfrist wird dann als vereinbart zu gelten haben.

§ 10.

(1) Mit Zustimmung des Gläubigers kann die Aufwertungsstelle die Bewilligung der Zahlungsfrist von der Leistung einer Abschlagszahlung abhängig machen[1a].

(2) Die Aufwertungsstelle kann für die Bewilligung der Zahlungsfrist auch andere Bedingungen stellen, insbesondere dem Antragsteller eine Sicherstellung des gekündigten Betrags auferlegen[1b].

(3) Soweit die aufgewertete persönliche Forderung durch eine Hypothek nicht oder nicht ausreichend gesichert ist, soll die Zahlungsfrist in der Regel nur gegen eine Sicherstellung bewilligt werden[1c].

(4) Eine Abweichung von dem auf Grund des § 1 festgesetzten Zinssatz kann die Aufwertungsstelle nicht anordnen[1d, 2].

1 Das Gesetz gibt in § 10 der Aufwertungsstelle **besondere Handhaben,** um bei Bewilligung der Zahlungsfrist das Verhältnis entsprechend der Lage des Einzelfalles zu regeln, insbesondere zu verhüten, daß durch die Bewilligung die Sicherheit der Rückzahlung des Aufwertungsbetrags gefährdet werde. Die Aufwertungsstelle kann nämlich:

a) die Bewilligung von der Leistung einer **Abschlagszahlung** abhängig machen, also die Zahlungsfrist nur für einen Teil des Aufwertungsbetrages bewilligen und zwar unter der Bedingung, daß der andere Teil gezahlt wird. Für diese Maßnahme wird jedoch die Zustimmung des Gläubigers erfordert, aus welchem Grunde ist nicht klar, da sie doch gegenüber der Bewilligung einer Zahlungsfrist ohne Abschlagszahlung, die ohne Zustimmung des Gläubigers erfolgen kann, eine Erleichterung der Lage des Gläubigers bedeutet. Die grundsätzliche Erwägung, daß dadurch das Recht des Gläubigers, Abschlagszahlungen zurückzuweisen (§ 266 BGB.), beeinträchtigt werden würde, kann wohl nicht durchschlagen, da das Gesetz weit erheblichere Eingriffe in die normalen Rechte des Gläubigers durch die Zahlungsfrist sanktioniert. Das Erfordernis ist erst im Reichstagsausschusse in das Gesetz hineingekommen.

b) auch andere Bedingungen für die Bewilligung der Zahlungsfrist stellen. Das Gesetz überläßt es dem Ermessen der Aufwertungsstelle, die ihr geeignet erscheinenden Bedingungen zu stellen und hebt nur eine hervor, nämlich die **Auferlegung einer Sicherstellung** des gekündigten Betrags durch den Antragsteller; vgl. darüber zu § 8 Anm. 1. Die Sicherstellung kann nur allgemein verlangt oder auch eine spezielle Art — durch Bestellung einer weiteren Hypothek, durch Bürgen, durch Mobiliarpfänder — angeordnet werden. Als sonstige Bedingungen werden namentlich in Betracht kommen: die Unterwerfung unter die sofortige Zwangsvollstreckung nach Ablauf der Zahlungsfrist, die Vornahme von Verbesserungen oder die Unterlassung von Verschlechterungen des Grundstücks und dergleichen. Hinsichtlich der Bedingung einer Abschlagszahlung vgl. zu a. Zu sonstigen Bedingungen ist die Zustimmung des Gläubigers nicht erforderlich. Hinsichtlich der Anordnung eines anderen Zinssatzes vgl. zu d.

c) die Bewilligung der Zahlungsfrist in der Regel von einer Sicherstellung abhängig zu machen (vgl. oben zu b) macht das Gesetz der Aufwertungsstelle zur Pflicht („soll" ...) in dem besonderen Falle, daß die aufgewertete persönliche Forderung durch eine Hypothek nicht oder nicht genügend gesichert ist (Absatz 3 des § 10). Die Begr. (S. 11 zu § 10) führt aus, daß in diesem Falle die Sicherstellung des Gläubigers von besonderer Bedeutung sei und daß deshalb die Rücksichtnahme auf den Gläubiger erfordere, der Aufwertungsstelle die Anweisung zu geben, daß sie die Zahlungsfrist nur gegen Sicherstellung bewillige. Der Fall, daß die Forderung nicht durch eine Hypothek gesichert ist, wird, obwohl das Gesetz grundsätzlich nur hypothekarisch gesicherte Forderungen betrifft (vgl. zu § 1 Anm. 2) nach der herrschenden Auffassung namentlich dann vorkommen können, wenn im Falle der Rückwirkung die Hypothek schon gelöscht ist und nicht wieder eingetragen werden kann (§ 20 AufwGes.). Nicht ausreichend durch eine (nicht durch „die") Hypothek gesichert ist die Forderung, wenn die aufgewertete Hypothek zu ihrer Sicherung nicht hinreicht und auch keine andere zur Sicherung hinreichende Hypothek für die Forderung besteht. Ist die Forderung durch andere Sicherheiten, als durch eine Hypothek, hinreichend sichergestellt, so wird die Aufwertungsstelle von weiterer Sicherstellung absehen können. Auch sonst kann sie in besonderen Ausnahmefällen (z. B. wenn die sonstige Kreditwürdigkeit des Schuldners außer Zweifel steht) von einer Sicherstellung nach pflichtmäßigem Ermessen absehen.

d) Eine Abweichung von dem durch die Reichsregierung gemäß § 1 Abs. 1 festgesetzten Zinssatze anzuordnen, ist der Aufwertungsstelle versagt (Abs. 4). Die Begr. (S. 11 zu § 10) bemerkt darüber nur, es empfehle sich, die Aufwertungsstelle an die gesetzlichen Zinsen zu binden. Die Aufwertungsstelle kann hiernach (was durchaus gerechtfertigt erscheint) nicht nur nicht zum Nachteil des Gläubigers neben der Bewilligung der Zahlungsfrist auch noch eine geringere als die festgesetzte Verzinsung während des Aufschubs bewilligen; sondern sie kann auch nicht die Zahlungsfrist unter der Bedingung eines höheren Zinssatzes bewilligen; darin dürfte aber eine keineswegs gerechtfertigte Erschwerung für die Bewilligung einer Zahlungsfrist liegen, besonders wenn sich der festgesetzte Zinssatz im Laufe der Zeit als zu niedrig erweisen sollte (vgl. zu § 1 Anm. 4).

2 Die Entscheidung der Aufwertungsstelle, welche die Bewilligung der Zahlungsfrist von einer Sicherstellung abhängig macht, kann in der Weise getroffen werden, daß zunächst ein Vorbescheid ergeht, der dem Antragsteller aufgibt, die Sicherstellung zu leisten; die Bewilligung selbst erfolgt dann in unbedingter Form nach Leistung der Sicherstellung; in diesem Falle entscheidet die Aufwertungsstelle darüber, ob die Sicherstellung geleistet ist. Die Entscheidung kann aber auch in der Weise ergehen, daß die Zahlungsfrist unter der Bedingung bewilligt wird, daß Sicherstellung erfolge. In diesem Fall tritt die Befristung nicht ein, wenn die Sicherstellung nicht geleistet wird. Der Gläubiger kann dann nach Ablauf der Kündigungsfrist Zahlung verlangen, gegebenenfalls im Vollstreckungswege vorgehen. Behauptet der Schuldner, die Sicherheit bestellt zu haben, so entscheidet darüber im Streitfalle das ordentliche Gericht. Der Schuldner hat nachzuweisen, daß die Sicherstellung geleistet ist (Begr. S. 11 zu § 10, Schlußsatz).

§ 11.

(1) Die Aufwertungsstelle kann bis zur endgültigen Entscheidung eine einstweilige Anordnung treffen[1]. Hat der Gläubiger für seinen Anspruch bereits einen vollstreckbaren Schuldtitel, so kann die einstweilige Anordnung auch dahin gehen, daß die Zwangsvollstreckung einzustellen ist[2].

(2) Gegen die einstweilige Anordnung ist die sofortige Beschwerde zulässig; die weitere Beschwerde ist ausgeschlossen[3].

1 Die Befugnis, **einstweilige Anordnungen** zu treffen, die in § 11 der Aufwertungsstelle ausdrücklich verliehen ist, wird in der Begr. (S. 11 zu § 11) als zweckmäßig damit gerechtfertigt, daß „erfahrungsgemäß" sich die Anträge auf Bewilligung von Zahlungsfristen zunächst derart häufen werden, daß eine rechtzeitige Erledigung durch die Aufwertungsstelle möglicherweise in Frage gestellt ist. Es wird in der Tat mit einem großen Ansturme solcher Anträge, namentlich in der ersten Zeit nach Inkrafttreten des Gesetzes, zu rechnen sein, und deshalb ist zur Vermeidung von Schädigungen sowohl des Gläubigers wie des Eigentümers und des persönlichen Schuldners die Ermöglichung einer provisorischen Regelung geboten. Diese wird sich auf eine summarische Prüfung der Sach- und Rechtslage, unter Ausnützung der durch § 21 gegebenen Möglichkeit, von den Beteiligten die Glaubhaftmachung einer tatsächlichen Behauptung zu verlangen (vgl. darüber zu § 21), zu gründen haben, unter Vorbehalt längere Zeit in Anspruch nehmender formeller Beweiserhebungen (vgl. zu § 18 Anm. 2 k) für das weitere Verfahren.

2 Inhaltlich wird namentlich die in Satz 2 besonders hervorge-

hobene Einstellung der Zwangsvollstreckung, falls der Gläubiger bereits einen vollstreckbaren Titel hat, in Frage kommen, um eine Schädigung des Schuldners durch Durchführung der Zwangsversteigerung vor endgültiger Entscheidung über die Zahlungsfrist zu verhindern. Eine solche Anordnung wird, wie die Anordnung nach § 769 ZPO., auf Einstellung gegen oder ohne Sicherheitsleistung lauten können, ebenso dahin, daß die Zwangsvollstreckung nur gegen Sicherheitsleistung fortgesetzt werde und daß die erfolgten Sicherungsmaßregeln gegen Sicherheitsleistung aufzuheben seien. Auch das Vollstreckungsgericht wird, wenn der Antrag auf Zahlungsfrist gestellt ist, in entsprechender Anwendung des § 769 Abs. 2 ZPO. in dringenden Fällen eine solche Anordnung treffen können, unter Bestimmung einer Frist, innerhalb welcher die Entscheidung der zuständigen AufwStelle beizubringen sei und nach deren fruchtlosem Ablaufe die Zwangsvollstreckung fortgesetzt werden kann. Die Anordnung wird nicht erfordern, daß die Zwangsvollstreckung bereits eingeleitet sei, sondern die infolge des Vorhandenseins eines vollstreckbaren Titels bestehende Gefahr der Einleitung wird genügen. Dafür spricht der Wortlaut. Vgl. über die gleiche Frage JW. 1910, 829[61]. Die Gefahr wird aber nur bestehen, wenn die Kündigungsfrist abgelaufen ist oder ihr Ablauf nahe bevorsteht. Aber auch Anordnungen anderen Inhalts werden erlassen werden können, so etwa, daß der Schuldner einstweilen nicht zu zahlen brauche, wenn er den Aufwertungsbetrag ganz oder teilweise hinterlege. Ob die einstweilige Anordnung, wie die Begr. zu § 11 in Abs. 1 (Schlußsatz) annimmt, auch dahin gehen kann, daß der Antragsteller eine Abschlagszahlung zu leisten habe, erscheint zweifelhaft, da eine solche unter Umständen nicht wieder rückgängig zu machende Maßnahme über den Charakter einer vorläufigen Regelung hinausgeht. Das gilt natürlich in noch höherem Maße von der Anordnung, den ganzen Aufwertungsbetrag zu zahlen. Überhaupt wird die einstweilige Anordnung nicht über den regelmäßigen Inhalt der endgültigen Entscheidung hinausgehen, also, wie diese der Regel nach (vgl. § 25 Abs. 3), eine Zahlungs- oder Leistungspflicht nicht aussprechen können. Eine Vollstreckbarkeit der vorläufigen Anordnung wird deshalb ebensowenig, wie der Regel nach für die rechtskräftige Entscheidung, vgl. zu § 25 Anm. 2, in Frage kommen. Dagegen wird sie für die Gerichte und sonstigen Behörden, die über den Anspruch des Gläubigers auf Zahlung des Aufwertungsbetrags zu entscheiden haben, sowie für die Vollstreckungsorgane bindend sein, obwohl das in § 25 Abs. 1 (vgl. zu § 25 Anm. 1) nur für rechtskräftige Entscheidungen der Aufwertungsstelle ausdrücklich gesagt ist.

3 Während der Entwurf der Reichsregierung gegen die einstweilige Anordnung ein Rechtsmittel überhaupt nicht zulassen wollte — was die Begr. (S. 11 zu § 11 Abs. 2) mit der Erwägung zu rechtfertigen suchte, daß die einstweilige Anordnung, da sie mit dem Erlasse der endgültigen Entscheidung außer Kraft trete, nur vorübergehende Bedeutung habe, andererseits aber sofort, wenn sie erlassen ist, in Wirksamkeit treten müsse — erklärt der durch die Reichstagsausschüsse in das Gesetz eingefügte Abs. 2 des § 11 gegen die einstweilige Anordnung das Rechtsmittel der sofortigen Beschwerde für zulässig (vgl. über dieses Rechtsmittel zu § 23); dagegen die gegen die endgültige Entscheidung zugelassene weitere Beschwerde (vgl. zu § 23) für ausgeschlossen. Eine Wirksamkeit der einstweiligen Anordnung — d. h. eine Bindung der Gerichte und Behörden an sie, vgl. Anm. 2 — wird infolge der Zulassung eines Rechtsmittels gegen sie erst eintreten können, nachdem die Frist zu dessen Einlegung abgelaufen oder es zurückgewiesen ist. Vgl. zu § 25 Anm. 1.

§ 12.

(1) Die Zahlungsfrist wirkt so, als ob der Gläubiger in dem Zeitpunkt, in dem die Zahlungsfrist beantragt wird, Stundung bewilligt hätte[1]. Der Zinsenlauf und der Tilgungsdienst werden durch die Zahlungsfrist nicht berührt[2, 3].

(2) Nach Ablauf der Zahlungsfrist ist die Hypothek oder die persönliche Forderung fällig, ohne daß es einer Kündigung bedarf[4].

1 § 12 bestimmt die **Wirkung** der durch Entscheidung der

Aufwertungsstelle bewilligten Zahlungsfrist dahin, daß sie so wirkt, als ob der Gläubiger in dem Zeitpunkt, in dem die Zahlungsfrist beantragt wird, Stundung bewilligt hätte. Für die Gerichte und Behörden, die über den Anspruch des Gläubigers auf Zahlung des Aufwertungsbetrages zu entscheiden oder ihn zu vollstrecken haben und für welche die Entscheidung der Aufwertungsstelle bindend ist (vgl. zu § 25 Anm. 1), wird durch die Bewilligung die gleiche Rechtslage geschaffen, als wenn zu dem bezeichneten Zeitpunkte ein Stundungsvertrag zwischen dem Gläubiger und dem betreffenden Schuldner — Eigentümer oder persönlichen Schuldner — abgeschlossen wäre. Sie werden deshalb eine vor Ablauf der Zahlungsfrist erhobene Klage abzuweisen haben, falls nicht etwa bis zum Erlasse des Urteils die Zahlungsfrist verstrichen ist. Doch ist auch eine Klage auf Zahlung nach Ablauf der Zahlungsfrist gemäß § 257 ZPO. zulässig. Die Bewilligung der Zahlungsfrist wird aber nicht von Amts wegen zu berücksichtigen sein, sondern nur, wenn der Beklagte daraus einen Einwand herleitet. In der Zwangsvollstreckung wird ein Einwand aus der Bewilligung nur dann hergeleitet werden können, wenn die Bewilligung erst nach Schluß der mündlichen Verhandlung, auf welche das Urteil erging, erfolgt ist und durch Einspruch nicht mehr geltend gemacht werden kann (§ 767 Abs. 2 ZPO.). Durch die der Entscheidung beigelegte Rückwirkung auf den Zeitpunkt der Stellung des Antrags wird (wie die Begr. S. 11 zu § 12 hervorhebt) die Wirkung der Entscheidung gegenüber etwaigen Rechtsnachfolgern gesichert. Das ist so gemeint, daß, wenn der Gläubiger die Hypothek abgetreten hat, nachdem ein Antrag auf Bewilligung der Zahlungsfrist gestellt war, dem Zessionar der Einwand aus der später erfolgenden Bewilligung auf Grund des § 404 BGB. in der gleichen Weise entgegengehalten werden kann, als wenn die Bewilligung schon vor der Abtretung erfolgt gewesen wäre.

2 Die Zahlungsfrist erstreckt sich, wie schon in § 6 Abs. 1 ausdrücklich hervorgehoben ist, lediglich auf das Kapital. Der **Zinsen- und** (bei Tilgungshypotheken, vgl. über diese zu § 1 Anm. 9) **Tilgungsdienst** wird dadurch nicht berührt. Die Zinsen und die Tilgungsbeträge sind also auch nach Bewilligung der Zahlungsfrist und zwar bis zum 1. Januar 1932 in der durch § 28 AufwGes., von da ab in der durch § 1 des vorliegenden Gesetzes (vgl. die Anmerkungen dazu) vorgeschriebenen Zahlungsweise und Höhe zu leisten. Daß die Aufwertungsstelle den gesetzlichen Zinssatz nicht ändern kann, ist schon in § 10 Abs. 4 (vgl. Anm. 1 d zu § 10) gesagt. Ein Verzug mit der Leistung von Zinsen oder Tilgungsbeträgen kann dazu führen, daß die bewilligte Zahlungsfrist außer Kraft tritt; § 14 Abs. 2, vgl. zu § 14 Anm. 3.

3 Die Zahlungsfrist wirkt grundsätzlich nur zugunsten desjenigen, der sie beantragt hat und dem sie bewilligt ist, also des Eigentümers oder des persönlichen Schuldners. Ist dem Eigentümer die Zahlungsfrist bewilligt, so kann der Gläubiger den Aufwertungsbetrag der persönlichen Forderung gegenüber dem vom Eigentümer verschiedenen persönlichen Schuldner unbeschränkt geltend machen. Sind Eigentümer und persönlicher Schuldner die gleiche Person, so wird im Zweifel die dieser bewilligte Zahlungsfrist die Beitreibung der Hypothek ebensowohl aus dem Grundstücke, wie aus dem sonstigen Vermögen des Eigentümers ausschließen. Doch wird es nicht unstatthaft sein, daß die Aufwertungsstelle in geeignet erscheinenden Fällen gemäß § 10 Abs. 2 bestimmt, daß während der Zahlungsfrist die Beitreibung aus dem Grundstück erfolgen kann und nur aus dem persönlichen Vermögen aufgeschoben ist. — Ist andrerseits die Zahlungsfrist dem persönlichen Schuldner bewilligt, so wird gemäß § 1137 BGB. der Eigentümer die dadurch für den persönlichen Schuldner entstandene Einrede der Stundung auch dem gegen ihn gerichteten Anspruche des Gläubigers aus der Hypothek entgegensetzen können. Das wird jedoch für die Verkehrshypothek nicht gelten, wenn der Gläubiger die Hypothek auf Grund des Grundbuchinhalts gutgläubig erworben hat (§ 1138), während bei der Sicherungshypothek, für die § 1138 nicht gilt (§ 1185 Abs. 2), die Einrede auch dem gutgläubigen Erwerber entgegengesetzt werden kann.

4 Absatz 2 des Paragraphen bestimmt über die Rechtslage **nach Ablauf der Zahlungsfrist.** Mit diesem Ablaufe wird die Forderung ohne weiteres fällig; einer erneuten Kündigung bedarf es nicht. Daß bei Ablauf der Zahlungsfrist die Kündigung wirksam geworden, insbesondere die Fälligkeit der Forderung nach

Vertrag oder Gesetz eingetreten ist (vgl. zu § 2 Anm. 4), wird dabei vorausgesetzt; ebenso daß nicht etwa der Gläubiger weitere Stundung bewilligt hat. Eine Verlängerung der Zahlungsfrist durch die Aufwertungsstelle ist ausgeschlossen (§ 9, vgl. Anm. 1a dazu).

§ 13.

Hat der Gläubiger für seinen Anspruch bereits einen vollstreckbaren Schuldtitel, so ist die Zwangsvollstreckung für die Dauer der bewilligten Zahlungsfrist[1] unzulässig[2].

1 § 13 bringt eine eigentlich auch ohne ausdrückliche Bestimmung sich ergebende Vorschrift des Inhalts, daß **die Zwangsvollstreckung** während der Dauer der Zahlungsfrist unzulässig ist. Da die Fälligkeit der Forderung durch die Zahlungsfrist hinausgeschoben wird, versteht es sich von selbst, daß der Gläubiger, auch wenn er einen vollstreckbaren Schuldtitel in Händen hat, während ihrer Dauer keine Vollstreckungsmaßregeln vornehmen und eine etwa vorher eingeleitete Zwangsvollstreckung nicht fortsetzen darf. Würde er das dennoch versuchen, so würde nicht nur der Schuldner Einwendung gemäß § 767 erheben und gemäß § 769 ZPO. eine Anordnung des Prozeßgerichts, in dringenden Fällen des Vollstreckungsgerichts herbeiführen können, sondern es würden auch die Vollstreckungsorgane (Gerichtsvollzieher und Vollstreckungsgericht) gemäß § 775 Abs. 4 ZPO. die Zwangsvollstreckung einzustellen haben, sobald der Schuldner die Entscheidung des Vollstreckungsgerichts vorlegt, die eine öffentliche Urkunde ist und gemäß § 12 des vorliegenden Gesetzes die gleiche Wirkung hat wie die Bewilligung einer Stundung durch den Gläubiger. Um aber „die Weiterungen, die sich hieraus für den Eigentümer oder den Schuldner ergeben können, von vornherein auszuschließen" (Begr. S. 11 zu § 13), hat das Gesetz die Bestimmung in § 13 getroffen, unter Bezugnahme auf die „ähnliche" Regelung in § 4 Abs. 4 der (vgl. Vorbem. 1 vor § 6) als „Vorbild" dienenden Bekanntmachung vom 8. Juni 1916. Es ist freilich nicht einzusehen, daß durch diese Bestimmung dem Eigentümer oder persönlichen Schuldner erspart werden könnte, die Entscheidung den Vollstreckungsorganen vorzulegen, falls der Gläubiger ohne Rücksicht

auf die Zahlungsfrist die Zwangsvollstreckung betreibt. Etwa bereits vorher erfolgte Vollstreckungsmaßregeln bleiben gemäß § 776 Satz 2 ZPO. einstweilen bestehen; ihre Aufhebung anzuordnen, dürfte die Aufwertungsstelle nicht zuständig sein.

2 Einen **vollstreckbaren Schuldtitel** für den Aufwertungsbetrag kann der Gläubiger haben, wenn in der Vertragsurkunde über die Bestellung der Hypothek der Eigentümer oder der persönliche Schuldner sich der sofortigen Zwangsvollstreckung gemäß § 794 Abs. 1 Nr. 5 ZPO. unterworfen hat und der Gläubiger sich eine vollstreckbare Ausfertigung über den Aufwertungsbetrag nach Vorschrift des Artikels 24 der Durchführungsverordnung zum Aufwertungsgesetze vom 29. November 1925 (RGBl. I S. 392, abgedruckt als Anhang XXVI zu meinem AufwRecht S. 461) hat erteilen lassen. Eine solche Ausfertigung kann erteilt werden, wenn seit der Eintragung der Aufwertung in das Grundbuch ein Monat verstrichen ist; sie ist unzulässig, solange wegen der Höhe der Aufwertung ein Verfahren vor der Aufwertungsstelle oder einem Beschwerdegerichte anhängig ist. — Ist die Hypothek nicht in einer vollstreckbaren Urkunde bestellt, so kann der Gläubiger einen vollstreckbaren Titel dadurch erlangt haben, daß er auf künftige Zahlung des Aufwertungsbetrages nach Ablauf der durch § 25 AufwGes. bis zum 1. Januar 1932 gewährten Stundung gemäß § 257 ZPO. geklagt hat; aus einem auf eine solche Klage ergangenen rechtskräftigen Urteile kann nach Eintritt des 1. Januar 1932 Zwangsvollstreckung betrieben werden vorbehaltlich der Einwendungen des Schuldners wegen der nach § 2 des vorliegenden Gesetzes erforderlichen Kündigung. Ebenso aus einem Urteile, das auf Grund des vorliegenden Gesetzes nach einer gemäß § 2 erfolgten Kündigung ergangen ist und auf Zahlung nach Ablauf der Kündigungsfrist lautet (vgl. zu § 12 Anm. 1). In allen diesen Fällen ist, wenn eine Zahlungsfrist bewilligt ist, während der Dauer dieser Zahlungsfrist die Zwangsvollstreckung unzulässig. Über die Art, wie die Unzulässigkeit geltend zu machen ist, vgl. Anm. 1.

§ 14.

(1) Durch die Bewilligung der Zahlungsfrist werden Vorschriften in Gesetzen, Satzungen oder Verträgen,

die für besondere Fälle eine vorzeitige Fälligkeit der Schuld anordnen, nicht berührt[1]. Die Vorschrift des § 4 Satz 2 findet Anwendung[2].

(2) Unbeschadet der Vorschrift des Abs. 1 kann der Gläubiger während des Laufes der Zahlungsfrist die Forderung ohne Einhaltung einer Kündigungsfrist kündigen, wenn der Eigentümer und der persönliche Schuldner mit der Zahlung von Abschlags-, Tilgungs- oder Zinsbeträgen länger als einen Monat im Verzug sind[3]. Auf die Verzugsfolge soll in der Entscheidung, durch die eine Zahlungsfrist bewilligt wird, hingewiesen werden[4].

(3) Die Kündigung ist ausgeschlossen, wenn der Eigentümer oder der persönliche Schuldner den Gläubiger befriedigt, bevor sie erfolgt[5a]. Die Kündigung ist unwirksam, wenn sich der Eigentümer oder der persönliche Schuldner durch Aufrechnung befreien konnte und unverzüglich nach der Kündigung die Aufrechnung erklärt[5b].

(4) Liegen die Voraussetzungen für den Eintritt der vorzeitigen Fälligkeit (Abs. 1, 2) vor und hat der Gläubiger für seinen Anspruch bereits einen vollstreckbaren Schuldtitel, so ergeht im Streitfall die Entscheidung des Gerichts dahin, daß die Zahlungsfrist außer Kraft tritt[6].

1 Der Abs. 1 des § 14 entspricht dem für die Kündigung geltenden § 4 des Gesetzes. Wie durch die Vorschrift des § 2 über das Erfordernis einer Kündigung zur Fälligmachung der Schuld Vorschriften in Gesetzen, Satzungen oder Verträgen, die für **besondere Fälle** eine vorzeitige Fälligkeit anordnen, nicht berührt werden, so wird hier das gleiche für die Hinausschiebung der Fälligkeit durch Bewilligung einer Zahlungsfrist bestimmt. Tritt ein solcher besonderer Fall ein, so tritt die Zahlungsfrist außer Kraft und der Aufwertungsbetrag wird sofort fällig. Vgl. Näheres zu

§ 4 Anm. 1. Wie dort schon hervorgehoben, entspricht die Vorschrift auch dem § 25 Abs. 1 Satz 2 des AufwGes.; vgl. mein AufwRecht zu § 25 Anm. 5. Auch die Bewilligung der Zahlungsfrist schiebt nur die im Vertrage oder Gesetze vorgesehene ordnungsmäßige Fälligkeit hinaus, nicht die auf Grund vertragsmäßiger oder gesetzlicher Bestimmungen in besonderen Fällen eintretende außerordentliche Fälligkeit, insbesondere nicht die für den Fall des § 1133 BGB. (Verschlechterung des Grundstücks) kraft Gesetzes eintretende; ferner nicht die durch vertragliche Verfallklauseln, so häufig für den Fall unpünktlicher Zahlung von Zinsen oder Tilgungsbeträgen, auch für den Fall, daß das Grundstück zur Zwangsversteigerung kommt, bestimmte vorzeitige Fälligkeit der Hypothek.

2 Über die Bedeutung von Satz 2 des ersten Absatzes gilt das zu der entsprechenden Vorschrift in § 4 Satz 2 in Anm. 2 daselbst Gesagte.

3 Das Gesetz schafft aber selbst durch Absatz 2, 3 des § 14 einen **weiteren Fall einer gesetzlichen Verfallklausel,** indem es, auch wenn keine vertragsmäßige Verfallklausel in dieser Richtung besteht, dem Gläubiger die Befugnis verleiht, ungeachtet der bewilligten Zahlungsfrist die sofortige Fälligkeit herbeizuführen, sobald der Eigentümer und der persönliche Schuldner mit der Zahlung von Abschlags-, Tilgungs- oder Zinsbeträgen länger als einen Monat im Verzuge sind. Unter Abschlagszahlungen können nur solche gemeint sein, welche durch die Aufwertungsstelle für die Dauer der Zahlungsfrist festgesetzt sind; vgl. zu § 10 Anm. 1 a. Tilgungs- und Zinsbeträge sind die gemäß § 12 Abs. 2 auch während der Zahlungsfrist durch den Zinsenlauf und Tilgungsdienst fällig werdenden Beträge. Für die Voraussetzungen des Verzugs gelten die Vorschriften des BGB. (§§ 284 ff.). Danach bedarf es zum Eintritt des Verzugs des Schuldners grundsätzlich einer Mahnung; doch tritt der Verzug ohne Mahnung ein, wenn (was in den hier in Betracht kommenden Fällen die Regel sein wird) für die Leistung eine Zeit nach dem Kalender bestimmt ist (§ 284). Der Verzug tritt nicht ein, wenn die Leistung infolge eines Umstandes unterbleibt, den der Schuldner nicht zu vertreten hat (§ 285). Zu vertreten hat der Schuldner Vorsatz und Fahrlässigkeit, also eigenes Verschulden, und Verschulden seines gesetzlichen Vertreters und seiner Erfüllungsgehilfen (§§ 276, 278). Den Beweis, daß ein sein Verschulden ausschließender Umstand vorliegt, hat der Schuldner zu führen. Voraussetzung für den Eintritt der Verfallklausel ist nach der wohl beabsichtigten Fassung des Gesetzes in Absatz 2, daß „der Eigentümer und der persönliche Schuldner" mit der Zahlung der bezeichneten Beträge in Verzug sind (vgl. den Gegensatz in Abs. 3: „der Eigentümer oder der persönliche Schuldner"). Durch diese Fassung sollte wohl zum Ausdruck gebracht werden, daß die vorzeitige Fälligkeit des Kapitals nur eintritt, wenn weder von dem einen noch von dem anderen die bezeichneten Beträge innerhalb des Monats nach ihrer Fälligkeit bezahlt sind. Hat aber keiner von ihnen bezahlt, so wird sich nicht etwa (wie es nach dem Wortlaute scheinen könnte, aber der Absicht des Gesetzes offenbar nicht entsprechen würde) derjenige, der im Verzug ist, darauf berufen können, daß bei dem anderen die subjektiven Merkmale des Verzugs (Vorsatz oder Fahrlässigkeit) nicht vorgelegen hätten. — Die vorzeitige Fälligkeit tritt aber mit dem mehr als einmonatigen Verzuge nicht von selbst (ipso iure) ein, sondern es bedarf zu ihrem Eintritte einer sie auslösenden Handlung des Gläubigers, der **Kündigung ohne Einhaltung einer Kündigungsfrist.** Mit der Einführung dieses Rechtsgebildes schließt sich das Gesetz an das in §§ 554 ff. BGB. dem Vermieter gegebene außerordentliche Kündigungsrecht an. Die Kündigung wird hier in der Mitteilung des Gläubigers bestehen, daß er infolge des Verzugs die sofortige Zahlung des Kapitals ungeachtet der bewilligten Zahlungsfrist verlangt. Sie wird an denjenigen Schuldner zu richten sein, dem die Zahlungsfrist bewilligt ist. Dieses Kündigungsrecht besteht, wie im Eingange von Abs. 2 hervorgehoben wird, „unbeschadet der Vorschrift des Abs. 1", d. h. der Gläubiger ist nicht gehindert, falls eine vertragliche Verfallklausel gleichen Inhalts besteht, auf Grund derselben ohne Kündigung die Zahlung des Kapitals zu verlangen.

4 „In Anbetracht der Tragweite der Bestimmung" über die Folgen des Verzugs mit Abschlagszahlungen, Zinsen oder Tilgungsbeträgen (Begr. S. 11 zu § 14 Abs. 2) gibt das Gesetz der Aufwertungsstelle die Anweisung („soll"), in der Entscheidung, welche die Zahlungsfrist bewilligt, **auf die Verzugsfolgen hinzuweisen (Abs. 2 Satz 2)**. Der Eintritt dieser Folgen wird dadurch nicht ausgeschlossen, daß ein solcher Hinweis unterblieben ist. Doch kann die Unterlassung unter Umständen für die Frage des Verschuldens (vgl. Anm. 3) von Bedeutung sein.

5 Der Absatz 3 bringt gewisse **Einschränkungen des außerordentlichen Kündigungsrechts des Gläubigers,** indem dort im Anschlusse an die entsprechenden Vorschriften des BGB. bestimmt wird:

a) daß die Kündigung auch nach Eintritt des Verzugs ausgeschlossen ist, wenn, bevor sie erfolgt, der Eigentümer oder der persönliche Schuldner noch nachträglich den Gläubiger befriedigt (Satz 1); vgl. darüber RGRKomm. zu § 554 Anm. 2. Erfolgt ist die Kündigung mit ihrem Zugehen an denjenigen, dem die Zahlungsfrist bewilligt ist; vgl. zu § 2 Anm. 2. Auch ein Verzicht auf die Kündigungsbefugnis kann in Frage kommen, wenn der Gläubiger nicht bald nach Eintritt des Verzugs kündigt oder die nachträgliche Zahlung ohne Vorbehalt entgegennimmt; vgl. RGRKomm. a. a. O.

b) daß die Kündigung unwirksam ist, wenn sich der Eigentümer oder der persönliche Schuldner durch Aufrechnung befreien konnte und unverzüglich nach der Kündigung die Aufrechnung erklärt (Satz 2). Die Möglichkeit der Aufrechnung, ohne daß Aufrechnungserklärung (§ 388 BGB.) erfolgt ist, schließt den Eintritt des Verzugs nicht aus; durch nachträgliche Erklärung der Aufrechnung, auch wenn sie nach erfolgter Kündigung erklärt wird, können aber die Wirkungen des Verzugs auf die Fälligkeit des Kapitals noch ausgeschlossen werden. Doch muß die Erklärung unverzüglich nach der Kündigung erfolgen, d. h. ohne schuldhaftes Verzögern, wofür als objektiver Maßstab ein nach den Umständen zu bemessendes, der Verkehrsanschauung entsprechendes schleuniges Handeln erfordert wird, aber auch die besonderen Umstände des Falles zugunsten des Aufrechnungsberechtigten zu berücksichtigen sind; vgl. RGRKomm. zu § 121 Anm. 2. Die Frage der Unverzüglichkeit ist eine in der Revisionsinstanz nachzuprüfende Rechtsfrage (RGZ. 64, 161).

6 Darüber, ob die Voraussetzungen für den Eintritt der vorzeitigen Fälligkeit nach Abs. 1, 2, 3 vorliegen, hat im Streitfalle das ordentliche Gericht zu entscheiden. Die Entscheidung wird in der Regel auf die vom Gläubiger erhobene Klage ergehen und, falls das Vorliegen der Voraussetzungen bejaht wird, dahin zu lauten haben, daß der Beklagte zur Zahlung des Kapitals verurteilt wird. Hat der Gläubiger bereits einen vollstreckbaren Titel und betreibt er auf Grund desselben die Zwangsvollstreckung, so würde, wenn der Schuldner unter Berufung auf die bewilligte Zahlungsfrist Einwendungen nach § 767 ZPO. erhebt und der Gläubiger demgegenüber den Eintritt der vorzeitigen Fälligkeit behauptet und darlegt, die Entscheidung dahin zu lauten haben, daß die Fortsetzung der Zwangsvollstreckung zulässig sei. Das Gesetz (Abs. 4 des § 14) ordnet jedoch an, die Entscheidung des Gerichts solle dahin ergehen, **daß die Zahlungsfrist außer Kraft tritt.** Der Grund für diese Bestimmung wird durch die Begr. (zu § 14 S. 12) nicht genügend klargestellt. Es ist wohl daran gedacht, daß vom Gläubiger oder Schuldner eine Feststellungsklage (§ 256 ZPO.) dahin erhoben ist, daß die Zahlungsfrist bestehe oder infolge eingetretenen Verzugs außer Kraft getreten sei. Die vom Gesetze vorgeschriebene Formel deutet allerdings mehr auf ein konstitutives Urteil, durch das die Zahlungsfrist außer Kraft gesetzt wird.

§ 15.

(1) Reicht der Ertrag eines ganz oder teilweise der Zwangswirtschaft unterliegenden Grundstücks zur Befriedigung des Anspruchs des Gläubigers auf Leistung der Zins- und Tilgungsbeträge nicht aus, weil Miet- oder Pachtzinszahlungen ausgeblieben sind, und kann in Anbetracht der Vorschriften über die Zwangswirtschaft durch eine anderweitige Vermietung oder Verpachtung der Ausfall nicht rechtzeitig gedeckt werden[2], so kann auf Antrag des Eigentümers die Zwangsversteigerung durch das Gericht für die Dauer von längstens sechs Monaten eingestellt werden[3], sofern dies zur Abwendung einer unbilligen Härte erforder-

lich erscheint[2]. Die Parteien haben die tatsächlichen Behauptungen glaubhaft zu machen[2].

(2) Die Einstellung ist auch vor der Anordnung der Versteigerung zulässig[3]. Sie kann mehrfach erfolgen, jedoch nicht über den 31. Dezember 1934 hinaus[3]. Der Antrag auf Einstellung ist abzulehnen, wenn fällige Ansprüche des betreibenden Gläubigers auf wiederkehrende Leistungen für zwei Jahre nicht gezahlt sind[3].

(3) Erfolgt die Einstellung des Verfahrens nach der Anordnung der Versteigerung, so ist der Beschluß allen Beteiligten (§ 9 des Gesetzes über die Zwangsversteigerung und die Zwangsverwaltung) zuzustellen[4].

(4) Wird die Zwangsversteigerung eingestellt, so beginnt die im § 31 Abs. 2 des Gesetzes über die Zwangsversteigerung und die Zwangsverwaltung vorgesehene Frist erst mit dem Ablauf der Frist, für deren Dauer die Einstellung angeordnet ist[5].

1 Schon das Aufwertungsgesetz enthält in § 30 eine Vorschrift, welche dem Eigentümer eines der Zwangswirtschaft unterliegenden Grundstücks unter gewissen Voraussetzungen einen zeitlich beschränkten Vollstreckungsschutz gewährt gegen Zwangsversteigerungen, die dadurch veranlaßt sind, daß die Erträge des Grundstücks zur Leistung der fällig gewordenen Zinsen- und Tilgungsbeträge nicht ausgereicht haben und dies darauf zurückzuführen ist, daß Miet- oder Pachtzinsen ausgeblieben sind und der Ausfall wegen der Vorschriften über die Zwangswirtschaft nicht rechtzeitig gedeckt werden konnte. Vgl. mein AufwRecht zu § 30 Anm. 1, 2; Mügel zu § 30; Schlegelberger-Harmening zu § 30 Anm. 1, 2. Diese Vorschrift ist nicht eingeschränkt auf Zwangsversteigerungen, die veranlaßt sind durch Nichtleistung solcher Zinsen- und Tilgungsbeträge, die nach dem Aufwertungsgesetze selbst (§§ 28, 29) für die Zeit bis zum 1. Januar 1932 geschuldet wurden, und könnte daher wohl unbedenklich auch Anwendung finden auf die erhöhten Zinsen, die nach § 1 des vorliegenden Gesetzes für die Zeit vom 1. Januar 1932 ab geschuldet werden.

Das Gesetz hat es jedoch für nötig gefunden, in **§ 15** eine im wesentlichen den § 30 AufwGes. wiederholende Vorschrift zu geben, und zwar, wie die Begr. (S. 12 zu § 15) sagt, „um Zweifel auszuschließen".

2 Grundlegende Voraussetzung ist zunächst, daß die Zwangsversteigerung eines Grundstücks in Frage kommt, das **der Zwangsbewirtschaftung unterliegt,** und zwar, wie das vorliegende Gesetz wohl mit Rücksicht auf den bereits im Gange befindlichen und bis zum 1. Januar 1932 voraussichtlich noch weiter fortschreitenden Abbau der Zwangswirtschaft hinzusetzt: ganz oder teilweise. Die Zwangswirtschaft kann auf den Vorschriften des Reichsmietengesetzes, des Mieterschutzgesetzes oder der Pachtschutzordnung beruhen und besteht in der Hauptsache darin, daß die Höhe der Mieten und Pachtzinsen gesetzlich beschränkt und daß die Kündigungsbefugnis des Vermieters und Verpächters eingeschränkt ist. Weiter ist vorausgesetzt, daß der Ertrag des Grundstücks zur Befriedigung des Anspruchs des Gläubigers auf Leistung der Zinsen- und Tilgungsbeträge nicht ausgereicht hat und daß darauf der Rückstand des Eigentümers mit solchen Beträgen zurückzuführen ist; sodann aber, daß in Anbetracht der Vorschriften über die Zwangswirtschaft, wobei namentlich die Kündigungsbeschränkungen in Betracht kommen, der Ausfall auch nicht durch anderweite Vermietung oder Verpachtung hat gedeckt werden können. Streitig ist für das Recht des § 30 AufwGes. geworden, ob die Zwangsversteigerung wegen des Rückstandes mit Zinsen oder Tilgungsbeträgen eingeleitet sein muß oder ob es genügt, wenn sie zwar wegen des Kapitals der Hypothek betrieben wird, aber dieses Kapital, das an sich ja durch das AufwGesetz bereits bis zum 1. Januar 1932 gestundet war, infolge des Rückstandes mit Zinsen oder Tilgungsbeträgen auf Grund einer besonderen gesetzlichen oder vertraglichen Bestimmung (Verfallklausel) fällig geworden ist. Vgl. darüber Mügel u. Schlegelberger-Harmening a. a. O.; ferner Stillschweig in JW. 1925, 2185; OLG. Dresden in AufwRechtspr. Bd. 1, S. 224. Zutreffend dürfte wohl die von Mügel u. Schlegelberger-Harmening vertretene Auffassung sein, daß die Vorschrift Anwendung findet, wenn die Zwangsversteigerung wegen des Kapitals der aufgewerteten Hypothek betrieben wird, sofern dieses infolge von Rückständen mit Zinsen oder Tilgungsbeträgen, die durch die Zwangswirtschaft in der im Gesetze dargelegten Weise verursacht sind, fällig geworden ist; dagegen nicht, wenn die Zwangsversteigerung von dem Gläubiger einer anderen, nicht aufgewerteten Hypothek betrieben wird, deren Fälligkeit in ursächlichem Zusammenhange mit dem Rückstande von Zinsen oder Tilgungsbeträgen einer aufgewerteten Hypothek steht. Das wird auch für die Anwendung des vorliegenden Gesetzes zu gelten haben. Die Zwangsversteigerung wird insbesondere auch eingestellt werden können, wenn die Fälligkeit des Kapitals der Hypothek nach Bewilligung einer Zahlungsfrist vorzeitig durch Verzug mit Zinsen oder Tilgungsbeträgen (nicht aber mit Abschlagszahlungen) gemäß § 14 Abs. 2, 3 des Gesetzes (vgl. zu § 14 Anm. 3 bis 5) eingetreten ist. Ist dagegen das Kapital aus einem anderen, nicht mit der Zwangswirtschaft zusammenhängenden Grunde fällig geworden (z. B. durch Kündigung für die Zeit nach dem 1. Januar 1932), so kann die Einstellung einer wegen des Kapitals betriebenen Zwangsversteigerung nicht um deswillen erfolgen, weil aus Gründen, die mit der Zwangswirtschaft zusammenhängen, Zinsen oder Tilgungsbeträge rückständig geblieben sind. — Als weitere Voraussetzung muß schließlich noch hinzukommen, daß die Maßnahme zur Abwendung einer unbilligen Härte erforderlich erscheint. Ob diese Voraussetzung zutrifft, wird von den Verhältnissen des Eigentümers im Übrigen abhängen; sie wird insbesondere nicht zutreffen, wenn der Eigentümer in der Lage ist, anderweite Mittel zur Befriedigung des Gläubigers zu beschaffen. — „Die Parteien" haben die tatsächlichen Behauptungen glaubhaft zu machen (Absatz 1 Satz 2), also einerseits der Eigentümer die von ihm zur Begründung des Einstellungsantrags vorgebrachten, andererseits der Gläubiger die etwa von ihm zur Widerlegung des Antrags vorgebrachten Tatsachen. Eine vorherige Anhörung des Gläubigers vor der Entscheidung über die Einstellung ist freilich nicht vorgeschrieben, wird jedoch im Sinne des Gesetzes liegen.

3 Liegen die in Anm. 2 behandelten Voraussetzungen sämtlich vor, so kann auf Antrag des Eigentümers „die Zwangsversteigerung" durch das Gericht auf die Dauer von längstens 6 Monaten eingestellt werden. Es wird also vorausgesetzt, daß der Gläubiger bereits einen vollstreckbaren Titel für die rückständigen Zinsen oder Tilgungsbeträge oder auch für das Kapital hat (vgl. darüber zu § 13 Anm. 2) und daß er auf Grund dieses Titels eine Zwangsversteigerung beantragt hat, ohne daß jedoch bereits die Anordnung der Versteigerung durch das Vollstreckungsgericht (§ 15 ZwVerstGes.) ergangen zu sein braucht (Abs. 2 Satz 1). „Das Gericht", das die Einstellung anordnen kann, ist das Vollstreckungsgericht (§§ 1 ff. ZwVerstGes.), bei dem die Zwangsversteigerung anhängig ist. Die Einstellung kann längstens auf die Dauer von sechs Monaten erfolgen. In der Anordnung wird sonach die Dauer der Einstellung zu bestimmen sein (vgl. auch Anm. 4). Doch kann sie mehrfach erfolgen (Abs. 2 Satz 2), also nach Ablauf der Zeit, für die sie angeordnet ist, wiederum auf längstens 6 Monate erneuert werden. Es wird dazu ein neuer Antrag des Eigentümers erforderlich sein, über den auf Grund erneuter Prüfung der Voraussetzungen zu entscheiden sein wird. Doch kann die Einstellung auf Grund des vorliegenden Gesetzes nicht über den 31. Dezember 1934 hinaus erfolgen, den Termin, bis zu welchem nach § 2 des Gesetzes die Fälligkeit des Kapitals durch eine Kündigung bedingt ist. Das Aufwertungsgesetz (§ 30) enthält einen solchen Endtermin nicht; nachdem er aber durch das neue Gesetz bestimmt ist, wird anzunehmen sein, daß er auch auf die auf Grund des Aufwertungsgesetzes etwa noch gestellten Anträge Anwendung findet. Abweichend vom Aufwertungsgesetze bestimmt ferner das vorliegende Gesetz (Absatz 2 Satz 3), daß der Antrag abzulehnen ist, wenn fällige Ansprüche des betreibenden Gläubigers auf wiederkehrende Leistungen für zwei Jahre nicht gezahlt sind. Die Einstellung darf sonach nicht erfolgen, wenn Zinsen oder Tilgungsbeträge für zwei Jahre rückständig sind; der Eigentümer muß, um die Einstellung zu ermöglichen, die von früher her rückständigen Beträge zahlen, bevor die Entscheidung ergeht.

4 Abs. 3 trifft Bestimmung über die Zustellung eines nach Anordnung der Zwangsversteigerung (vgl. Anm. 3) ergehenden Einstellungsbeschlusses. Er ist allen denjenigen Personen zuzustellen, die nach § 9 ZwVerstGes. als in dem Verfahren Beteiligte gelten, das sind a) diejenigen, für welche zur Zeit der Eintragung des Vollstreckungsvermerks ein Recht im Grundbuche eingetragen oder durch Eintragung gesichert ist; b) diejenigen, welche Rechte oder Ansprüche, die sich auf das Grundstück beziehen, bei dem Vollstreckungsgerichte angemeldet und auf Verlangen glaubhaft gemacht haben. Es ist das eine zweckmäßige Erweiterung der Vorschrift des § 32 ZwVerstGes., derzufolge der Beschluß, durch welchen das Verfahren einstweilen eingestellt wird, nicht allen Beteiligten, sondern nur dem Schuldner, dem Gläubiger und, wenn die Anordnung (der Einstellung) von einem Dritten beantragt war, auch diesem zuzustellen ist. Ein vor der Anordnung der Versteigerung ergehender Einstellungsbeschluß wird nur dem betreibenden Gläubiger und dem Eigentümer, der die Einstellung beantragt hat, zuzustellen sein.

5 Die Einstellung stellt sich als einstweilige Einstellung im Sinne des § 31 ZwVerstGes. dar. Danach darf das Verfahren, da sich aus dem vorliegenden Gesetze nichts anderes ergibt, nach Ablauf der Frist nur auf Antrag des Gläubigers fortgesetzt werden und ist aufzuheben, falls der Antrag auf Fortsetzung nicht binnen einer Frist von 6 Monaten gestellt wird, die, da die Einstellung von dem Vollstreckungsgerichte angeordnet ist, mit der Einstellung des Verfahrens beginnen würde. Dabei ist ersichtlich eine Einstellung vorausgesetzt, die auf unbestimmte Zeit erfolgt. Abweichend hiervon ist für den Fall des § 14 unseres Gesetzes bestimmt, daß die Frist des § 31 Abs. 2 ZwVerstGes. erst mit dem Ablaufe der Frist, für deren Dauer die Einstellung angeordnet ist, beginnt (Absatz 4). Damit wird zugleich bestätigt, daß in der Anordnung eine Frist für die Dauer der Einstellung zu bestimmen ist (vgl. Anm. 3). Das Verfahren ist also erst aufzuheben, wenn der Gläubiger nicht binnen 6 Monaten nach Ablauf dieser Frist die Fortsetzung beantragt.

IV. Verfahren vor der Aufwertungsstelle[1,2].

1 Unter IV dieses Abschnitts (§§ 16—26) regelt das Gesetz das Verfahren vor der Aufwertungsstelle. Die Begr. (S. 12)

weist darauf hin, daß die Vorschläge des Entwurfs (die mit geringen Abweichungen Gesetz geworden sind) für die Gestaltung des Verfahrens vor der Aufwertungsstelle im wesentlichen den Verfahrensvorschriften des Aufwertungsgesetzes und der Durchführungsverordnung vom 29. November 1925 entsprechen. Vgl. über diese Vorschriften mein AufwRecht S. 214 ff. und Anhang XXVI S. 482 ff. Das vorliegende Gesetz gibt zunächst (unter 1, §§ 16—18) allgemeine Vorschriften, welche die Zuständigkeit der Aufwertungsstellen in sachlicher und örtlicher Beziehung regeln und die grundsätzliche Anwendung der Vorschriften des FGG. auf das Verfahren vor ihnen anordnen, während unter 2 (§§ 19—22) Einzelheiten des Verfahrens vor ihnen, unter 3 (§§ 23, 24) der Rechtsmittelzug gegen ihre Entscheidungen, unter 4 (§ 25) die Rechtskraft und Vollstreckbarkeit ihrer Entscheidungen, unter 5 (§ 26) die Kosten des Verfahrens vor ihnen geregelt sind. Wie die Begr. (a. a. O.) hervorhebt, hat der Entwurf, und mit ihm das Gesetz, die Sondervorschriften des Aufwertungsgesetzes und der DurchfVO. über diese Gegenstände in vollem Wortlaute übernommen, sofern nicht ein besonderer Hinweis ausreichend erschien.

2 Über die Bestimmung und die Einrichtung der **„Aufwertungsstelle"** (das Gesetz gebraucht, wie das AufwGesetz — vgl. mein AufwRecht zu § 72 Anm. 1 —, diesen Begriff immer in der Einzahl) gibt das vorliegende Gesetz keine besondere Regelung. Es verweist nur in § 6 zur Erläuterung des Begriffes auf § 72 AufwGes. und Art. 117 DurchfVO. und gibt dadurch zu erkennen, daß die dort bestimmten Stellen auch als Aufwertungsstellen in seinem Sinne zu gelten haben. Darüber, welche Stellen danach Aufwertungsstellen sind, vgl. zu § 6 Anm. 4. Bestritten ist, ob die Aufwertungsstellen Sondergerichte sind (so mein AufwRecht zu § 72 Anm. 2; Schlegelberger, FGG. zu § 1 Nr. 25) oder „reichsgesetzliche Verwaltungsbehörden" (so RG. in AufwRechtspr. 1, 174, Bayr. OLG. ebenda 1, 561). Ihrer Aufgabe nach sind sie entschieden als richterliche Behörden anzusehen. Das gibt auch das RG. in AufwRechtspr. 3, 70 zu, da sie „nach festen Rechtsregeln" zu entscheiden haben, und findet einen Unterschied nur darin, daß die Entscheidung in viel weiterem Umfange nach freiem Ermessen zu erfolgen hat als im

allgemeinen die der Gerichte. Dieser Gradunterschied kann aber keine Unterscheidung im Wesen begründen. Die Aufwertungsstellen sind allerdings keine ordentlichen, vielmehr Sonder- (nicht Ausnahme-) Gerichte; deshalb finden auf sie die Vorschriften des GVG., die nur für die ordentliche streitige Gerichtsbarkeit gelten, unmittelbar keine Anwendung; doch wird die Vorschrift des § 22 GVG., wonach die Amtsgerichte ihre Geschäfte durch Einzelrichter erledigen, auf die Aufwertungsstellen bei den Amtsgerichten entsprechende Anwendung zu finden haben. Bei Amtsgerichten, die mit mehreren Richtern besetzt sind, wird die Bestimmung des Richters, welcher die Geschäfte der Aufwertungsstelle zu erledigen hat, von der Landesjustizverwaltung zu treffen sein. Über die Bedeutung der ausschließlichen Zuständigkeit der AufwStellen vgl. zu § 16 Anm. 1a.

1. Allgemeine Vorschriften.

§ 16.

Die Aufwertungsstelle ist ausschließlich zuständig[1]:

1. für die Entscheidung über den Antrag auf Bewilligung der Zahlungsfrist (§§ 6 bis 11)[1a];
2. im Verfahren über die Bewilligung der Zahlungsfrist für die Entscheidung der Frage, ob eine ordnungsmäßige Kündigung des Gläubigers nach § 2 vorliegt[1b, 2].

1 § 16 betrifft die sachliche Zuständigkeit der Aufwertungsstelle. Das AufwGes. hat der Aufwertungsstelle keine allgemeine Zuständigkeit verliehen, sondern sie nur kraft Gesetzes für zuständig erklärt zur Entscheidung über die Höhe der Aufwertung (§ 69) und die einzelnen in § 70 aufgeführten, mit der Aufwertung zusammenhängenden Fragen; es hat ferner die Erweiterung ihrer Zuständigkeit durch Vereinbarung in bestimmten, in § 71 angegebenen Richtungen gestattet. Das vorliegende Gesetz verleiht der Aufwertungsstelle weitere Zuständigkeit für die auf Grund seiner Vorschriften zu treffenden Entscheidungen. Es sind dies:

a) die Entscheidung über den **Antrag auf Bewilligung einer Zahlungsfrist** nach Maßgabe der §§ 6—11. Daß hierfür die Aufwertungsstelle zuständig, ist schon aus § 6 zu folgern, wo bestimmt ist, daß der Antrag auf die Bewilligung bei der Aufwertungsstelle zu stellen ist. Die Zuständigkeit ist eine ausschließliche. Sie wird daher auch dann gegeben sein, wenn in einem Rechtsstreite vor dem ordentlichen Gerichte die Frage, ob nach einer auf Grund des § 2 des Gesetzes erfolgten Kündigung dem Eigentümer oder persönlichen Schuldner eine Zahlungsfrist zu gewähren ist, zur Sprache kommt. Macht der Eigentümer oder persönliche Schuldner in einem auf Zahlung des Aufwertungsbetrags gerichteten Rechtsstreite geltend, daß bei ihm die Voraussetzungen für Gewährung einer Zahlungsfrist bestehen und daß er einen entsprechenden Antrag bei der Aufwertungsstelle gestellt habe, so kann das Gericht auf Grund des § 148 ZPO. das Verfahren bis zur Erledigung des vor der Aufwertungsstelle anhängigen Verfahrens aussetzen. Eine gesetzliche Nötigung dazu besteht jedoch nicht, da eine dem § 77 AufwGesetz entsprechende Vorschrift im vorliegenden Gesetze nicht getroffen ist. Das Prozeßgericht kann daher auch ohne Aussetzung die Klage zusprechen, wenn der Beklagte nicht bis zum Erlasse des Urteils den Nachweis erbracht hat, daß ihm durch die Aufwertungsstelle eine Zahlungsfrist bewilligt worden sei. Dagegen kann das ordentliche Gericht nicht selbst eine Zahlungsfrist bewilligen oder versagen; es handelt sich nicht um eine deklarative Entscheidung über ein bestehendes Recht, sondern um konstitutive Begründung eines Rechts; diese kann nur durch die dafür als zuständig vom Gesetze bestimmte Stelle erfolgen. Für die vom Reichsgerichte in RGZ. 122, 100 und AufwRechtspr. 4, 658 zugelassene Vereinbarung der Zuständigkeit des Prozeßgerichts für die Entscheidung über die Höhe der Aufwertung ist daher, wenn es sich um die Bewilligung einer Zahlungsfrist auf Grund des vorliegenden Gesetzes handelt, kein Raum. Dagegen ist das ordentliche Gericht zuständig zur Entscheidung der Frage, ob ungeachtet einer durch die Aufwertungsstelle bewilligten Zahlungsfrist eine vorzeitige Fälligkeit in den Fällen des § 14, also auf Grund von Vorschriften in Gesetzen, Satzungen oder Verträgen, die für besondere Fälle gegeben sind (§ 14 Abs. 1), oder wegen Verzugs des Schuldners mit der Leistung von Abschlags-, Tilgungs- oder Zinsbeträgen (§ 14 Abs. 2) — vgl. die Anmerkungen zu § 14 — eingetreten ist. Ebenso ist Sache des ordentlichen Gerichts — und zwar des Vollstreckungsgerichts — die Entscheidung über die Einstellung der Zwangsversteigerung im Falle des § 15; vgl. die Anmerkungen zu § 15.

b) Die Aufwertungsstelle ist weiter ausschließlich zuständig für die Entscheidung der Frage, ob eine ordnungsmäßige Kündigung des Gläubigers nach § 2 vorliegt; jedoch besteht diese Zuständigkeit nur im Verfahren über die Bewilligung der Zahlungsfrist. Das Vorliegen einer ordnungsmäßigen Kündigung ist nämlich nach § 6 Abs. 1 Voraussetzung für die Zulässigkeit des Antrags auf Bewilligung einer Zahlungsfrist. Deshalb muß die Aufwertungsstelle, wenn das Vorhandensein dieser Voraussetzung bestritten wird, über diesen Inzidentpunkt entscheiden; vgl. zu § 6 Anm. 1.

2 Eine Zuständigkeit zu weiteren auf Grund des vorliegenden Gesetzes zu treffenden Entscheidungen kann für die Aufwertungsstelle auch **durch Vereinbarung** nicht begründet werden, insbesondere nicht zur Entscheidung über die vorzeitige Fälligkeit nach § 14 oder über die Einstellung der Zwangsvollstreckung nach § 15 (vgl. oben Anm. 1 a). Die Fälle, in denen nach dem Aufwertungsgesetze (§ 71) die Zuständigkeit der Aufwertungsstelle vereinbart werden kann, treffen für das vorliegende Gesetz nicht zu.

§ 17.

(1) Zuständig ist die Aufwertungsstelle, in deren Bezirk das Grundbuch geführt wird[1]; im Falle einer Gesamtbelastung bleibt die Aufwertungsstelle, welche zuerst angegangen ist, auch für die Entscheidung hinsichtlich der mitbelasteten Grundstücke zuständig[2]. Dies gilt für die persönliche Forderung auch dann, wenn eine Wiedereintragung des dinglichen Rechtes nicht stattfindet[3].

(2) Wird das Grundbuch nicht im Inland geführt, so ist für die Entscheidung über den Antrag auf Bewilligung der Zahlungsfrist für die durch die Hypothek gesicherte persönliche Forderung die Aufwertungsstelle

zuständig, in deren Bezirk der Schuldner seinen allgemeinen Gerichtsstand hat [4, 5]. Hat der Schuldner im Inland keinen allgemeinen Gerichtsstand, so ist die Aufwertungsstelle zuständig, in deren Bezirk sich sein Vermögen ganz oder zum Teil befindet oder in deren Bezirk der Gläubiger seinen Wohnsitz (Sitz) hat; unter mehreren zuständigen Aufwertungsstellen gebührt der Vorzug der Aufwertungsstelle, die zuerst in der Sache tätig geworden ist[5]. Ist nach diesen Vorschriften für mehrere Schuldner ein gemeinschaftlicher Gerichtsstand nicht begründet, so wird die zuständige Aufwertungsstelle durch das gemeinschaftliche obere Gericht und, falls dieses das Reichsgericht ist, durch dasjenige Oberlandesgericht bestimmt, zu dessen Bezirk das zuerst angegangene Gericht gehört [6, 7, 8].

1 In § 17 ist die **örtliche Zuständigkeit** der Aufwertungsstellen geregelt, und zwar, wie die Begr. (S. 12 zu §§ 16—26 Abs. 3) hervorhebt, „in enger Anlehnung an Art. 118 der DurchfVO. vom 29. 11. 1925" (Anhang XXVI meines Aufwertungsrechts S. 482). Danach ist, sofern es sich um eine Hypothek an einem Grundstücke handelt, dessen Grundbuch im Inlande geführt wird, die Aufwertungsstelle, in deren Bezirk das Grundbuch geführt wird (Abs. 1 Satz 1 Halbsatz 1) zuständig. Da Aufwertungsstellen die Amtsgerichte sind, bestimmt sich die Zuständigkeit danach, in welchem Amtsgerichtsbezirke das Grundbuch geführt wird. Die Grundbücher werden nach § 1 GBO. von den Grundbuchämtern geführt; Grundbuchämter sind in der überwiegenden Mehrzahl der deutschen Länder gleichfalls die Amtsgerichte. So sind in Preußen nach Art. 1 PrAGzGBO. die Amtsgerichte die Grundbuchämter für die in ihrem Bezirke belegenen Grundstücke; anders nur in Baden (Notare), Württemberg (Gemeindebehörden), teilweise auch in Mecklenburg. Die Bezirke der Amtsgerichte und die der Grundbuchämter fallen sonach in der Regel zusammen; das Grundbuch wird in dem Amtsgerichtsbezirke geführt, in dem das Grundstück belegen ist. Liegt ein Grundstück in den Bezirken mehrerer

Grundbuchämter, so wird das Grundbuchamt, welches das Grundbuch über das Grundstück zu führen hat, durch das gemeinschaftliche obere Gericht bestimmt; ebenso, wenn es mit Rücksicht auf die Grenzen der Bezirke streitig oder ungewiß ist, in welchem Bezirke das Grundstück liegt (§ 5 Satz 1 FGG.). Das auf diese Weise zur Führung des Grundbuchs bestimmte Grundbuchamt (Amtsgericht) ist dann auch die Aufwertungsstelle für die auf dem Grundstücke lastenden Hypotheken. Auch wenn unter mehreren Amtsgerichten Streit besteht, welches von ihnen als Aufwertungsstelle zuständig ist, insbesondere wenn sich mehrere für unzuständig erklärt haben, findet die Bestimmung der zuständigen Aufwertungsstelle durch das gemeinschaftliche obere Gericht statt (OLG. Karlsruhe in AufwRechtspr. 1, 142; Dresden ebenda 2, 315). Ist das an sich als Aufwertungsstelle zuständige Amtsgericht tatsächlich oder rechtlich verhindert (wozu aber erforderlich ist, daß die sämtlichen Richter des Amtsgerichts, die sich gegenseitig zu vertreten haben, verhindert sind und daß auch keine Vorsorge für eine Vertretung durch Richter eines anderen Amtsgerichts getroffen ist — vgl. Güthe-Triebel GBO. zu § 1 Nr. 25 —), so wird ein anderes Amtsgericht als Aufwertungsstelle durch das gemeinschaftliche obere Gericht zu bestimmen sein (§ 5 Satz 2 FGG.).

2 Im Falle einer **Gesamtbelastung** — d. h. wenn eine Hypothek für die gleiche Forderung auf mehreren Grundstücken lastet (Gesamthypothek, § 1132 BGB.) — soll die Aufwertungsstelle, welche zuerst angegangen ist, auch für die Entscheidung hinsichtlich der mitbelasteten Grundstücke zuständig bleiben (Abs. 1 Satz 1 Halbsatz 2). Ebenso lautet Art. 118 Abs. 1 Satz 1 Halbsatz 2 DurchfVO. Nach diesem Wortlaute ist der Fall ins Auge gefaßt, daß hinsichtlich der mehreren verhafteten Grundstücke Anträge nicht gleichzeitig, sondern nacheinander gestellt werden. Die späteren Anträge sind dann gleichfalls an die zuerst angegangene Aufwertungsstelle zu richten. Zugleich ist aber dadurch, daß von einer Fortdauer der Zuständigkeit die Rede ist, zum Ausdrucke gebracht, daß jede Aufwertungsstelle, bei der das Grundbuch über eines der mitverhafteten Grundstücke geführt wird, von vornherein für die Entscheidung hinsichtlich sämtlicher verhafteten Grundstücke zuständig ist und daß es nicht der Angehung der sämtlichen Aufwertungsstellen, bei denen das Grundbuch über ein mitverhaftetes Grundstück geführt wird bedarf. So OLG. Oldenburg in AufwRechtspr. 3, 484. Ist die zuerst angegangene Aufwertungsstelle in der Sache bereits tätig geworden, so ist damit die Zuständigkeit der übrigen erloschen (§ 4 FGG.; Schlegelberger FGG. zu § 4 Nr. 6; vgl. unten zu § 18 Anm. 3 unter b). Ist der Antrag bei mehreren von den Aufwertungsstellen, die in Betracht kommen, gleichzeitig eingegangen, so wird in Anwendung des § 4 FGG. diejenige zuständig sein, welche zuerst in der Sache tätig geworden ist. So OLG. Karlsruhe in AufwRechtspr. 2, 725.

3 Die in Abs. 1 Satz 1 enthaltenen Zuständigkeitsvorschriften sollen für die persönliche Forderung auch dann gelten, wenn eine **Wiedereintragung des dinglichen Rechtes nicht stattfindet**, (Abs. 1 Satz 2). Das trifft zu im Falle der Rückwirkung, wenn die Hypothek gelöscht ist und ihre Wiedereintragung wegen Entgegenstehens der Vorschriften über den öffentlichen Glauben des Grundbuchs oder über das Erlöschen von Rechten durch den Zuschlag bei der Zwangsversteigerung nicht erfolgen kann (§ 20 AufwGes.; vgl. mein AufwRecht zu § 20 Anm. 1). Vgl. über die Aufwertung der persönlichen Forderung in diesem Falle zu § 1 Anm. 2. Die gleiche Zuständigkeit besteht aber auch, wenn der Gläubiger einer hypothekarisch gesicherten Forderung lediglich die Aufwertung der Forderung gegenüber dem persönlichen Schuldner, nicht die der Hypothek gegenüber dem Eigentümer beantragt (Mügel zu Art. 118 DurchfVO. Abs. 1). Gleiches muß gelten, wenn auf Grund des vorliegenden Gesetzes (§ 6) lediglich der persönliche Schuldner eine Zahlungsfrist beantragt; auch er hat sich an die Aufwertungsstelle zu wenden, bei welcher das Grundbuch über das Grundstück geführt wird. Die gleiche Zuständigkeit wird aber auch bestehen, wenn auf Grund des gleichzeitig mit dem vorliegenden Gesetze verkündeten Gesetzes über die Vereinigung der Grundbücher (§ 2, vgl. unter II dieses Buches) die aufgewertete Hypothek erloschen ist, weil ein Antrag auf Eintragung der Aufwertung bis zum Ablaufe des 31. März 1931 nicht gestellt war, ohne daß dadurch die durch die Hypothek gesicherte persönliche Forderung berührt worden ist (§ 7). Auch in diesen Fällen ist, wenn die Forderung durch eine Hypothek an einem Grundstücke gesichert war, über das im Inlande ein Grundbuch geführt wurde, nach Erlöschen der Hypothek die Aufwertungsstelle, in deren Bezirk das Grundbuch geführt wird, für die nach dem vorliegenden Gesetze zu treffenden Entscheidungen zuständig.

4 Nur wenn über das mit der Hypothek belastete Grundstück **im Inland ein Grundbuch nicht geführt wird,** tritt hilfsweise zunächst die Zuständigkeit der Aufwertungsstelle ein, in deren Bezirk der Schuldner seinen allgemeinen Gerichtsstand hat (Absatz 2 Satz 1), jedoch nur für die Entscheidung über die Bewilligung der Zahlungsfrist für die durch die Hypothek gesicherte persönliche Forderung. Ebenso Art. 118 Abs. 2 Satz 1 DurchfVO. Für die Entscheidung über die Hypothek ist in solchem Falle die Zuständigkeit einer inländischen Aufwertungsstelle nicht gegeben. Es wird sich in diesen Fällen in der Regel um Hypotheken handeln an Grundstücken, die in früher deutschen, jetzt abgetretenen Gebieten (Elsaß-Lothringen, frühere Provinz Posen, früheres Westpreußen, Eupen-Malmedy, Danzig usw.) liegen, da ja nur Markhypotheken für die Aufwertung in Frage kommen (§ 1 AufwGes.). Auf Hypotheken von Grundstücken im Saargebiet findet Absatz 2 keine Anwendung, da das Saargebiet staatsrechtlich nicht Ausland, sondern ein Teil des Deutschen Reiches ist; da in diesem Gebiete Aufwertungsstellen nicht eingerichtet sind, können die Vorschriften, welche die Anrufung solcher Stellen anordnen, und die dafür gegebenen Ausschlußfristen in diesen Fällen keine Anwendung finden; das RG. hat aber (in RGZ. 124, 340) ausgesprochen, daß dadurch nicht, wie in früheren Entscheidungen anderer Gerichte (vgl. AufwRechtspr. 1 S. 766; auch Quassowski[4] S. 680 f.; Mügel S. 255 f. u. S. 1211) angenommen worden ist, ein Schwebezustand begründet sei, währenddessen Aufwertungsansprüche im Prozeßwege überhaupt nicht geltend gemacht werden könnten, daß andererseits auch nicht die Aufwertung unbeschränkt nach allgemeinen Vorschriften erfolgen könne, sondern daß nur die verfahrensrechtlichen Vorschriften über Anrufung der Aufwertungsstellen und die damit in unlösbarem Zusammenhange stehenden Vorschriften, insbesondere die Beschränkungen wegen Unterlassung oder Verspätung von Anmeldungen, keine Beachtung finden können, daß es aber im übrigen bei der Anwendung des Aufwertungsgesetzes selbst ver-

bleibe mit der Maßgabe, daß das Prozeßgericht insoweit auch die Aufgaben der fehlenden Aufwertungsstelle wahrzunehmen habe. Diese Grundsätze werden auch für die Anwendung des vorliegenden Gesetzes zu berücksichtigen sein, und zwar in der Weise, daß der Antrag auf Bewilligung der Zahlungsfrist als Einwand auf die nach Kündigung erfolgende Klage des Gläubigers oder gegen die Zwangsvollstreckung bei dem ordentlichen Prozeßgerichte anzubringen ist, ohne daß eine Frist dafür läuft.

5 Der allgemeine Gerichtsstand einer Person ist begründet bei den Gerichten ihres Wohnsitzes (§ 13) oder Sitzes (§ 17 ZPO.), mag dieser im Inlande oder Auslande belegen sein; nur wenn eine Person überhaupt keinen Wohnsitz hat, bestimmt sich ihr allgemeiner Gerichtsstand nach ihrem Aufenthaltsorte im Deutschen Reiche und, wenn ein solcher nicht bekannt ist, nach dem letzten Wohnsitze (§ 16 ZPO.). Für die Zuständigkeit der Aufwertungsstelle nach § 17 Abs. 2 Satz 1 des vorliegenden Gesetzes kommt aber nur ein allgemeiner Gerichtsstand im Inlande in Betracht. Hat der Schuldner **keinen allgemeinen Gerichtsstand im Inlande,** so tritt weiter hilfsweise der Gerichtsstand bei derjenigen Aufwertungsstelle ein, in deren Bezirk sich das Vermögen des Schuldners ganz oder zum Teile befindet oder der Gläubiger seinen Wohnsitz (Sitz) hat (Abs. 2 Satz 2 des vorliegenden Gesetzes; ebenso Art. 118 Abs. 2 Satz 2 DurchfVO.). Der Schuldner, der seinen Wohnsitz im Auslande, insbesondere in einem abgetretenen Gebiete, hat, kann sonach, wenn über die Hypothek kein Grundbuch im Inlande geführt wird, den Antrag auf Bewilligung einer Zahlungsfrist nach seiner Wahl entweder bei jeder Aufwertungsstelle, in deren Bezirk sich Vermögensstücke von ihm befinden, oder aber bei der Aufwertungsstelle des Wohnsitzes des Gläubigers stellen. Auch hier greift der Gesichtspunkt der Prävention ein in der Weise, daß bei mehreren zuständigen Aufwertungsstellen (also namentlich, wenn der Schuldner in mehreren Bezirken Vermögen besitzt) dadurch, daß eine der mehreren Aufwertungsstellen in der Sache tätig geworden ist, die konkurrierende Zuständigkeit der anderen erlischt (Abs. 2 Satz 1 Halbsatz 2). Die Sache, um die es sich handelt, ist hier der Antrag des Schuldners auf Bewilligung einer Zahlungsfrist. Es genügt aber nicht, daß eine der mehreren Auf-

wertungsstellen um die Bewilligung angegangen ist (wie im Falle des Abs. 1 des § 17, vgl. oben Anm. 2), sondern sie muß bereits in der Sache tätig gewesen sein. Dazu ist erforderlich, daß sie mit der Bearbeitung der Sache begonnen hat; es genügt daher nicht ein bloßer Eingangsvermerk, auch nicht die Aufnahme des Antrags zu Protokoll der Geschäftsstelle (vgl. Schlegelberger FGG. zu § 4 Nr. 4).

6 Um aber für alle Fälle eine einheitliche Zuständigkeit möglichst zu sichern, ist ferner der Fall vorgesehen, daß in den durch Abs. 2 Satz 1 u. 2 geregelten Fällen **mehrere Schuldner** der gleichen persönlichen Forderung vorhanden sind, aber ein gemeinschaftlicher Gerichtsstand für diese nach den Vorschriften von Satz 1 u. 2 nicht begründet ist (Abs. 2 Satz 3; ebenso Art. 118 Abs. 2 Satz 3 DurchfVO.). Das kann z. B. eintreten, wenn der eine Schuldner seinen Wohnsitz und daher seinen allgemeinen Gerichtsstand in einem anderen Bezirke des Inlandes hat als der andere (oben Anm. 4) oder wenn einer von ihnen im Inlande, der andere im Auslande wohnt und der Wohnsitz des Gläubigers ein anderer ist als der des im Inlande wohnenden Schuldners (oben Anm. 5). In diesem Falle hat das gemeinschaftliche obere Gericht die zuständige Aufwertungsstelle zu bestimmen; falls jedoch die für die einzelnen Schuldner zuständigen Aufwertungsstellen verschiedenen Ländern angehören und deshalb das gemeinschaftliche obere Gericht das Reichsgericht ist, so tritt an dessen Stelle dasjenige Oberlandesgericht, zu dessen Bezirk „das zuerst angegangene Gericht" (soll wohl richtig heißen: „die zuerst angegangene Aufwertungsstelle") gehört. Auch hier entscheidet also der Gesichtspunkt der Prävention, jedoch in der Weise, daß das bloße Angegangenwerden genügt und es eines Tätigwerdens nicht bedarf. Ein solcher Fall liegt aber nicht vor, wenn es sich um die Schuldner mehrerer verschiedener, durch mehrere verschiedene Hypotheken auf das gleiche Grundstück gesicherter Forderungen handelt (OLG. Dresden in AufwRechtspr. 1, 180, mit einigermaßen verunglückter Begründung, aber im Ergebnisse zutreffend).

7 Die in § 17 geregelte örtliche Zuständigkeit ist nicht ausdrücklich als ausschließliche bezeichnet. Doch kann nach den Grundsätzen des Gesetzes über die freiwillige Gerichtsbarkeit, welche auch auf die Zuständigkeit der Aufwertungsstelle Anwendung zu finden haben (vgl. zu § 18 Anm. 1), durch Vereinbarung der Beteiligten die durch das Gesetz vorgeschriebene örtliche Zuständigkeit nicht geändert werden (Schlegelberger FGG. Vorbem. 3 zu §§ 3—5). Es ist deshalb auch die Vereinbarung der Zuständigkeit einer anderen als der gesetzlich zuständigen Aufwertungsstelle ausgeschlossen. So OLG. Dresden in AufwRechtspr. 1, 315; KG. in Jur. Woch. 1926, 2635; Mügel S. 1211.

8 Ein an eine örtlich unzuständige Aufwertungsstelle gerichteter Antrag auf Bewilligung einer Zahlungsfrist ist zur Wahrung der Dreimonatsfrist des § 6 nicht geeignet. Die angerufene Stelle ist auch nicht befugt, einen solchen Antrag ohne weiteres an die nach ihrer Meinung zuständige Stelle abzugeben, sondern muß eine ihre Zuständigkeit ablehnende beschwerdefähige Entscheidung treffen. Hat aber der Antragsteller fürsorglich einen Antrag auf Abgabe gestellt oder sich auf Anfrage mit der Abgabe einverstanden erklärt, so wird die Aufwertungsstelle, an welche die Abgabe erfolgt, mit der Sache in wirksamer Weise befaßt (OLG. Karlsruhe in AufwRechtspr. 1, 142).

§ 18.

(1) Soweit nicht in diesem Gesetz etwas anderes vorgeschrieben ist, finden auf das Verfahren vor der Aufwertungsstelle die Vorschriften des Reichsgesetzes über die Angelegenheiten der freiwilligen Gerichtsbarkeit sinngemäß Anwendung[1], [2], [3]. Die Reichsregierung kann mit Zustimmung des Reichsrats die Bestimmungen treffen, die sie zum Zwecke der Anpassung an die besonderen Bedürfnisse des Zahlungsfristverfahrens für nötig erachtet[4].

(2) Die Aufwertungsstelle hat den Versuch einer gütlichen Einigung zu machen, sofern nicht die Erfolglosigkeit des Sühneverfahrens mit Bestimmtheit vorherzusehen ist[5].

1 Wie das Aufwertungsgesetz (§ 73), so ordnet auch das vor-

liegende Gesetz für das Verfahren vor den Aufwertungsstellen, soweit es nicht selbst etwas anderes bestimmt, die sinngemäße — d. h. entsprechende — Anwendung der Vorschriften des FGG. an (Absatz 1). Die in Betracht kommenden Paragraphen des FGG. sind als Anhang 3 abgedruckt. Der Ausdruck „Verfahren" ist dabei nicht eng zu nehmen. Das Gesetz behandelt vielmehr unter der Überschrift (IV) „Verfahren vor der Aufwertungsstelle" auch die sachliche und örtliche Zuständigkeit dieser Stelle (§§ 16, 17); deshalb werden auch hierfür zur Ergänzung der dort angegebenen Vorschriften die Vorschriften des FGG. Anwendung zu finden haben, wie oben in Anm. 7 zu § 17 bereits hervorgehoben worden ist. Andererseits beschränkt sich, wie aus den Bestimmungen unter 3 (§§ 23, 24) hervorgeht, die Regelung des „Verfahrens" nicht nur auf das Verfahren vor der Aufwertungsstelle selbst, sondern ergreift auch das Verfahren vor den in den Rechtsmittelinstanzen zur Entscheidung berufenen Gerichten, ferner auch die Rechtskraft und Vollstreckbarkeit der Entscheidungen der Aufwertungsstelle (§ 25); auch hierfür werden daher zur Ergänzung die Vorschriften des FGG. heranzuziehen sein.

2 Das **FGG.** trifft allgemeine Vorschriften über das Verfahren für diejenigen Angelegenheiten, welche durch Reichsgesetz den Gerichten übertragen sind, in seinem ersten Abschnitte (§§ 1—15). Schlegelberger (FGG. zu § 1 Nr. 20) nimmt an, daß zu den durch Reichsgesetz den Gerichten übertragenen Angelegenheiten ohne weiteres auch die den Aufwertungsstellen übertragenen Angelegenheiten gehören, weil durch eine von der Reichsregierung auf Grund gesetzlicher Ermächtigung erlassene Verordnung (DurchfVO. Art. 117), die im Sinne des § 1 ein Reichsgesetz sei, die Amtsgerichte als Aufwertungsstellen bestellt sind. Die Frage ist bestritten, kann aber dahingestellt bleiben, da durch § 73 AufwGes. und § 18 des vorliegenden Gesetzes die Anwendung der in Frage kommenden Vorschriften des FGG. auf diese Sachen ausdrücklich angeordnet ist.

3 Die sinngemäße Anwendung wird für die im vorliegenden Gesetze geregelten Angelegenheiten hauptsächlich folgendes ergeben (vgl. auch mein AufwRecht zu § 73 Anm. 2):

a) Die Aufwertungsstellen haben einander Rechtshilfe zu leisten;

die Vorschriften der §§ 158—169 GVG. finden Anwendung (§ 1 FGG.).

b) Unter mehreren zuständigen Gerichten entscheidet (auch abgesehen von den in § 17 Abs. 1 Satz 1 Halbsatz 2 und Abs. 2 des vorliegenden Gesetzes behandelten besonderen Fällen, vgl. zu § 17 Anm. 2, 5) die Prävention, und zwar im Sinne des zuerst Tätigwerdens (§ 4 FGG.).

c) Die Ausschließung und Enthaltung von der Ausübung des Richteramts bestimmen sich nach § 6 Abs. 1 u. Abs. 2 Satz 1 FGG.; eine Ablehnung ist ausgeschlossen (§ 6 Abs. 2 Satz 2).

d) Eine Unwirksamkeit der von einer Aufwertungsstelle vorgenommenen Handlungen tritt nicht um deswillen ein, weil die Aufwertungsstelle dazu örtlich unzuständig oder der sie vornehmende Richter von der Ausübung des Richteramts kraft Gesetzes ausgeschlossen war (§ 7 FGG.).

e) Die Vorschriften des GVG. über die Gerichtssprache, die Sitzungspolizei, die Beratung und Abstimmung finden entsprechende Anwendung; diejenigen über die Gerichtssprache jedoch mit der Abweichung, daß es der Zuziehung eines Dolmetschers nicht bedarf, wenn der Richter der Sprache, in der sich die Beteiligten erklären, mächtig ist, daß auf die Beeidigung des Dolmetschers verzichtet werden kann und daß auf den Dolmetscher die Vorschriften über die Ausschließung vom Richteramte usw. (§ 6 FGG.) entsprechende Anwendung finden (§§ 8, 9).

f) Die Gerichtsferien sind auf das Verfahren ohne Einfluß (§ 10).

g) Anträge und Erklärungen können zu Protokoll der Geschäftsstelle der zuständigen Aufwertungsstelle oder eines (sonstigen) Amtsgerichts erfolgen (§ 11).

h) Die Einleitung des Verfahrens setzt die Stellung eines Antrags auf Bewilligung einer Zahlungsfrist (§ 6) voraus. Das auf diesen Antrag eingeleitete Verfahren wird bis zur Zurücknahme des Antrags von Amts wegen betrieben. Die „geeignet erscheinenden" Beweise werden von Amts wegen aufgenommen (§ 12). Das Gericht ist also an Beweisanträge der Parteien nicht gebunden und kann auch nicht beantragte Beweiserhebungen veranstalten. Über den gestellten Antrag, insbesondere hinsichtlich der Dauer der Zahlungsfrist und des zu stundenden Betrages, darf die Aufwertungsstelle nicht hinausgehen. Im übrigen sind die von ihr anzuordnenden Modalitäten der Entscheidung, insbesondere die zu stellenden Bedingungen (vgl. § 10 Abs. 2), von den Anträgen der Parteien nicht abhängig.

i) Anwaltszwang besteht nicht. Die Beteiligten können mit Beiständen erscheinen, sich auch, soweit nicht persönliches Erscheinen angeordnet wird, durch Bevollmächtigte vertreten lassen; Vollmachten sind auf Verlangen oder Anordnung in öffentlich beglaubigter Form vorzulegen (§ 13). Mündliche Verhandlung ist nicht vorgeschrieben; kann aber angeordnet werden. Ein Versäumnisverfahren findet nicht statt.

k) Die Vorschriften der ZPO. über das Armenrecht, den Zeugenbeweis, den Beweis durch Sachverständige und das Verfahren bei Abnahme von Eiden (nicht aber das bei Auferlegung von Eiden; daher keine Eideszuschiebung) finden entsprechende Anwendung. Über die Beeidigung von Zeugen und Sachverständigen entscheidet das Ermessen des Gerichts, jedoch unbeschadet der Vorschriften der ZPO. (jetzt §§ 393, 402), denen zufolge bestimmte Personen unvereidigt zu vernehmen sind. Darüber, in welchen Fällen Glaubhaftmachung zulässig ist, bestimmt das FGG. nichts; vgl. zu § 21. Auch gibt es keine allgemeinen Vorschriften über die Mittel der Glaubhaftmachung. Nur bestimmt Abs. 2 des § 15, daß die Zulassung zur Versicherung an Eides Statt statthaft ist. Diese Vorschrift wird aber keine Anwendung finden können auf die Fälle, in denen die ZPO. die Zulassung für unstatthaft erklärt, z. B. bei Ablehnung eines Sachverständigen (§ 406 Abs. 3 ZPO.). Im übrigen wird sich derjenige, der eine Behauptung glaubhaft zu machen hat, entsprechend § 294 ZPO., aller im Verfahren der freiwilligen Gerichtsbarkeit zulässigen Beweismittel bedienen können, wodurch die Eideszuschiebung ausgeschlossen ist; vgl. oben. § 294 Abs. 2 ZPO., wonach eine Beweisaufnahme, die nicht sofort erfolgen kann, zur Glaubhaftmachung unstatthaft ist, ist nicht ausdrücklich für anwendbar erklärt; doch wird seine sinngemäße Anwendbarkeit aus dem Zwecke der Glaubhaftmachung zu folgern sein (a. M. anscheinend Schlegelberger zu § 15 FGG. Nr. 28).

l) Über die Aussetzung des Verfahrens vor der Aufwertungsstelle trifft das FGG. keine ausdrücklichen Vorschriften; auch das vorliegende Gesetz hat solche nicht getroffen. Die Rechtsprechung nimmt aber an, daß die Aufwertungsstelle verpflichtet sei, das Verfahren auszusetzen, wenn nicht nur die Höhe der Aufwertung, sondern der Anspruch auf Aufwertung dem Grunde nach bestritten werde; zugleich habe die Aufwertungsstelle eine Frist zu bestimmen, innerhalb deren eine Entscheidung des Prozeßgerichts über das Bestehen des Anspruchs beizubringen ist (RG. im Recht 1925 S. 41 Nr. 24; KG. DJZ. 1925 Sp. 192; RGZ. 120, 85). Das wird damit begründet, daß die Entscheidung über die Höhe der Aufwertung, für welche die Aufwertungsstelle allein zuständig sei, hinfällig werden würde, wenn das Prozeßgericht hinterher den Anspruch dem Grunde nach verneine. Diese Auffassung entspricht der durch § 12 FGG. begründeten Pflicht des Gerichts zur Veranstaltung der erforderlichen „Ermittelungen", wozu auch die Feststellung gehört, ob das zuständige Prozeßgericht einen Aufwertungsanspruch dem Grunde nach für bestehend hält, eine Feststellung, die nur auf diesem Wege erfolgen kann. Das RG. nimmt aber an (RGZ. 120, 84), daß die Verpflichtung zur Aussetzung des Verfahrens wegfällt, wenn der Aufwertungsanspruch offensichtlich grundlos bestritten wird. Ob der Wegfall der Verpflichtung auch schon dann eintritt, wenn die Grundlosigkeit des Bestreitens nicht offensichtlich ist, aber aus den ganzen Umständen die Aufwertungsstelle die Überzeugung gewinnt, daß das Prozeßgericht nicht im Sinne des Bestreitenden entscheiden werde (so, wohl zu weitgehend, KG. in AufwRechtspr. 2, 224), läßt das RG. a. a. O. dahingestellt. Für das Verfahren vor der Aufwertungsstelle auf Grund des vorliegenden Gesetzes wird das gleiche gelten. Die Bewilligung einer Zahlungsfrist würde hinfällig werden, wenn nachher das Prozeßgericht entscheiden würde, daß ein Aufwertungsanspruch nicht bestehe; deshalb wird regelmäßig Aussetzung zu erfolgen haben. Ist aber das Bestreiten des Anspruchs offensichtlich grundlos, so wird die Aufwertungsstelle über den Antrag des Schuldners auf Bewilligung der Zahlungsfrist entscheiden können, ohne die Entscheidung des Prozeßgerichts abzuwarten. Eine für das Prozeßgericht bindende Entscheidung über das Bestehen des Anspruchs liegt darin selbstverständlich nicht. Ist andererseits der

Aufwertungsanspruch offensichtlich unbegründet, so wird die Aufwertungsstelle den vom Schuldner fürsorglich gestellten Antrag auf Bewilligung der Zahlungsfrist nicht abweisen, sondern nur eine Entscheidung darüber als einstweilen gegenstandslos ablehnen können. Über die andere Voraussetzung für die Bewilligung einer Zahlungsfrist, das Vorliegen einer ordnungsmäßigen Kündigung, hat dagegen die Aufwertungsstelle in dem Verfahren selbst zu entscheiden; eine Aussetzung kommt daher nicht in Frage; vgl. zu § 16 Anm. 1b. Wegen der Rechtsmittel gegen Beschlüsse über Aussetzung vgl. § 23 Anm. 2.

m) Die Verfügungen der Aufwertungsstelle einschließlich der Endentscheidungen werden mit der Bekanntmachung an denjenigen, für welchen sie ihrem Inhalte nach bestimmt sind, wirksam. Die Beschwerde, auch die sofortige, hat (abgesehen von dem Falle der Bestrafung) keine aufschiebende Wirkung; die Aufwertungsstelle sowie das Beschwerdegericht können aber die Aussetzung der Vollziehung anordnen (§§ 16 Abs. 1, 24 FGG.). Über die Art der Bekanntmachung bestimmt § 16 Abs. 2, 3. Danach hat die Bekanntmachung, wenn mit ihr der Lauf einer Frist beginnt, nach den Vorschriften der ZPO. über Zustellungen von Amts wegen (§§ 208 ff. ZPO.) zu erfolgen. Einem Anwesenden kann die Verfügung auch zu Protokoll bekanntgemacht werden. Die Aufwertungsstelle ist zur Änderung ihrer Verfügungen befugt, jedoch nicht derjenigen, die der sofortigen Beschwerde unterliegen, also namentlich nicht der Entscheidung über die Bewilligung der Zahlungsfrist; vgl. zu § 23 des vorliegenden Gesetzes (§ 18).

4 Wie das Aufwertungsgesetz (in § 73 Halbsatz 2), so gibt auch das vorliegende Gesetz **der Reichsregierung eine weitgehende Ermächtigung,** Bestimmungen über das Verfahren, und zwar hier das allein in Betracht kommende Verfahren über den Antrag auf Bewilligung einer Zahlungsfrist (§ 6), zu treffen, und zwar mit Zustimmung des Reichsrats. Auf Grund der damaligen Ermächtigung sind die Vorschriften der Art. 120 bis 124 der DurchfVO. vom 29. November 1925 (Anhang XXVI meines AufwRechts S. 482 ff.) erlassen worden, welche die Bestellung von Zustellungsbevollmächtigten (Art. 120), die Verbindung mehrerer Verfahren (Art. 121), die Glaubhaftmachung tatsächlicher Behauptungen

(Art. 122), die Begründung der Entscheidungen (Art. 123), die Rechtsmittel (Art. 124) betrafen. Entsprechende Bestimmungen sind bereits in das vorliegende Gesetz selbst aufgenommen; vgl. die §§ 19 bis 25 des Gesetzes. Die Reichsregierung ist aber befugt, auf Grund der ihr erteilten Ermächtigung noch weitere Bestimmungen im Wege der Verordnung zu erlassen, und zwar alle solche, die sie zum Zwecke der Anpassung an die besonderen Bedürfnisse des Zahlungsmittelverfahrens für angemessen erachtet. Die Bestimmungen werden sonach auch Änderungen der durch das Gesetz selbst und durch das nach Satz 1 sinngemäß anwendbare FGG. getroffenen Verfahrensbestimmungen enthalten können. Ob sie wirklich zu dem Zwecke der Anpassung, dem sie dienen sollen, geeignet sind, kann von den Gerichten, die sie anwenden sollen, nicht nachgeprüft werden. Über das Zahlungsfristverfahren dürfen sie aber nicht hinausgehen. Vgl. auch § 33 Satz 2 und Anm. 1 zu § 33*).

5 Wie das Aufwertungsgesetz (§ 73 Abs. 2), so schreibt auch das vorliegende Gesetz vor, daß die Aufwertungsstelle den **Versuch einer gütlichen Einigung** zu machen hat, sofern nicht die Erfolglosigkeit des Sühneversuchs mit Bestimmtheit vorherzusehen ist (Absatz 2). Ob diese Voraussetzung vorliegt, hat die Aufwertungsstelle nach pflichtmäßigem Ermessen zu beurteilen. Anhaltspunkte dafür wird ihr die in § 6 Abs. 2 vorgeschriebene Angabe des Antragstellers liefern, welche Schritte er zur Herbeiführung einer gütlichen Einigung mit dem Gläubiger getan hat; vgl. zu § 6 Anm. 6. Kommt ein Vergleich vor der Aufwertungsstelle zustande, so kann die Aufwertungsstelle ihn beurkunden; aus dem von ihr beurkundeten Vergleiche findet die Zwangsvollstreckung statt (§ 25 Abs. 2; vgl. zu § 25 Anm. 2).

2. Verfahren.

§ 19.

(1) Wohnt ein Beteiligter nicht im Deutschen Reiche,

*) Die auf Grund der Ermächtigung ergehenden Bestimmungen werden in einem Nachtrage zu diesem Buche mitgeteilt werden.

so hat er einen im Deutschen Reiche wohnenden Zustellungsbevollmächtigten oder sonstigen Bevollmächtigten zu bestellen und die Bestellung der Aufwertungsstelle anzuzeigen[1].

(2) Solange dies nicht geschieht, können alle Zustellungen in der Art bewirkt werden, daß das zuzustellende Schriftstück unter der Adresse des Beteiligten nach seinem Wohnort zur Post gegeben wird[2]. Die Zustellung wird mit der Aufgabe zur Post als bewirkt angesehen, selbst wenn die Sendung als unbestellbar zurückkommt[2]. Die Postsendungen sind mit der Bezeichnung „Einschreiben" zu versehen, wenn einer der Beteiligten es verlangt und zur Zahlung der Mehrkosten sich bereit erklärt[3].

1 Sachlich übereinstimmend mit Art. 120 DurchfVOzAufwGes., legt § 19 des vorliegenden Gesetzes zum Zwecke der Beschleunigung des Verfahrens (Begr. S. 12) den Beteiligten, die nicht im Deutschen Reiche wohnen, die Verpflichtung auf, für das Verfahren vor der Aufwertungsstelle einen im Deutschen Reiche wohnenden **Zustellungsbevollmächtigten oder sonstigen Bevollmächtigten** zu bestellen und die Bestellung der Aufwertungsstelle anzuzeigen (Abs. 1). Als Beteiligte werden für das Verfahren über den Antrag auf Bewilligung einer Zahlungsfrist (§ 6) der Antragsteller und der Gläubiger, der nach § 2 gekündigt hat, in Betracht kommen. Der Beteiligte hat die Wahl, entweder einen nur zur Empfangnahme von Zustellungen Ermächtigten oder einen Bevollmächtigten, der zu seiner Vertretung in dem Verfahren überhaupt ermächtigt ist, zu bestellen. Die Bestellung eines Bevollmächtigten für einzelne Handlungen schließt die Pflicht zur Bestellung eines Zustellungsbevollmächtigten nicht aus. Wann die Bestellung und Anzeige zu erfolgen hat, ist im Gesetze nicht gesagt; der Antragsteller wird bereits im Antrage die erfolgte Bestellung anzuzeigen haben, der Gläubiger unverzüglich, nachdem er von der Einleitung des Verfahrens Mitteilung erhalten hat. Der aus der Fassung des Art. 120 DurchfVO. sich ergebende Zweifel, wem gegenüber der

Zustellungsbevollmächtigte zu „benennen" ist (vgl. Mügel Anm. 1 zu Art. 120 S. 1123), ist hier dadurch beseitigt, daß die „Bestellung", die gegenüber dem Bevollmächtigten erfolgen kann (§ 167 BGB.), der Aufwertungsstelle anzuzeigen ist. Einer Anzeige an die Gegenpartei bedarf es also nicht.

2 **Abs. 2** bestimmt die **Folgen,** welche sich aus der Unterlassung der Bestellung und Anzeige nach Abs. 1 ergeben. Sie entsprechen den Vorschriften des § 175 Satz 2, 3 und Abs. 2 ZPO. über die Benennung eines Zustellungsbevollmächtigten. Solange die Bestellung und Anzeige nicht erfolgt ist, können alle Zustellungen, die dem Beteiligten zu machen sind, durch Aufgabe des zuzustellenden Schriftstücks zur Post nach seinem Wohnort unter seiner Adresse gemacht werden (Abs. 2 Satz 1). Das gilt aber erst von dem Zeitpunkte ab, an welchem die Pflicht zur Bestellung und Anzeige begonnen hat (vgl. Anm. 1), also nicht für die erste Mitteilung an den Gläubiger. Von da ab bis zum Eingang der Anzeige können sowohl die formellen Zustellungen wie die einfachen Bekanntmachungen (§ 16 Abs. 2 FGG.) durch Aufgabe zur Post bewirkt werden. Die Adresse wird entsprechend der vom Antragsteller oder von dem Gläubiger darüber gemachten Mitteilung abzufassen sein. Ist der Wohnort nicht bekannt, so wird öffentliche Zustellung nach § 204 ZPO. zu erfolgen haben. Die Zustellung gilt mit der Aufgabe zur Post als erfolgt, selbst wenn die Sendung als unbestellbar zurückkommt (Satz 2).

3 Die Aufgabe zur Post kann durch einfachen Brief erfolgen; nur wenn einer der Beteiligten (also der Zustellungsempfänger oder sein Gegner) es verlangt und sich zur Zahlung der Mehrkosten bereit erklärt, sind die Sendungen eingeschrieben abzusenden (Satz 3). Vorherige Zahlung der Mehrkosten wird nicht verlangt werden können.

§ 20.

(1) Die Aufwertungsstelle kann zum Zwecke der gleichzeitigen Verhandlung und Entscheidung miteinander verbinden

1. mehrere denselben Antragsteller betreffende Verfahren,

2. das den Eigentümer des belasteten Grundstücks und das den persönlichen Schuldner betreffende Verfahren[1].

(2) Die Aufwertungsstelle kann die Verbindung wieder aufheben[1, 2].

1 § 20 (entsprechend dem Art. 121 DVO.) gibt der Aufwertungsstelle die Befugnis, zum Zwecke der Vereinfachung und Arbeitsersparnis mehrere bei ihr anhängige Verfahren zu gleichzeitiger Verhandlung und Entscheidung zu verbinden (Abs. 1), auch eine solche Verbindung wieder aufzuheben (Abs. 2). Auf Grund dieser Bestimmung können nur solche Verfahren verbunden werden, die sämtlich die Bewilligung einer Zahlungsfrist nach Kündigung auf Grund der §§ 2, 6 des vorliegenden Gesetzes betreffen, und zwar unter der Voraussetzung, daß sie entweder

a) denselben Antragsteller betreffen, also der gleiche Antragsteller (Eigentümer oder persönliche Schuldner) mehrere Anträge auf Bewilligung einer Zahlungsfrist hinsichtlich der gleichen oder mehrerer Hypotheken gestellt hat (Nr. 1), oder

b) das eine Verfahren den Eigentümer des belasteten Grundstücks, das andere den persönlichen Schuldner der gleichen Hypothek betrifft.

Die Verbindung kann sowohl für die Verfahren als Ganzes wie für einzelne innerhalb ihres Betriebes vorzunehmende gleichartige Handlungen (Beweisaufnahmen, mündliche Verhandlungen, Entscheidungen) erfolgen.

2 Die Verbindung eines Verfahrens über die Höhe der Aufwertung und eines Verfahrens über Bewilligung einer Zahlungsfrist wird, wenn der Schuldner in beiden Verfahren die gleiche Person ist, in vielen Fällen zweckmäßig sein, da in beiden Verfahren die Ermittelung der Verhältnisse des Schuldners von entscheidender Bedeutung sein wird. Einer solchen Verbindung wird, obwohl eine positive gesetzliche Vorschrift nicht besteht, ein prozessuales Bedenken nicht entgegenstehen.

§ 21.

Die Aufwertungsstelle kann von dem Beteiligten die Glaubhaftmachung einer tatsächlichen Behauptung verlangen[1].

1 Die Bedeutung der (auch in Art. 122 DurchfVOzAufwGes. enthaltenen) Vorschrift des § 21 ist nicht ohne weiteres klar. Sie steht wohl im Zusammenhang mit der nach § 12 FGG. dem Gericht obliegenden Pflicht, die zur Feststellung der Tatsachen erforderlichen Ermittelungen von Amts wegen zu veranstalten und die geeignet erscheinenden Beweise aufzunehmen (vgl. zu § 18 Anm. 3 h). Daraus könnte gefolgert werden, daß die Beteiligten Behauptungen aufstellen dürften, ohne irgendwelche Unterlagen dafür anzugeben, und daß das Gericht (die Aufwertungsstelle) auch in diesem Falle genötigt sein würde, den behaupteten Tatsachen nachzugehen und ganz ohne Beihilfe der Parteien darüber Ermittelungen anzustellen. Dem soll wohl der § 21 vorbeugen, indem er das Gericht für befugt erklärt, von den Beteiligten die Glaubhaftmachung einer tatsächlichen Behauptung zu verlangen, ehe es selbst darüber Ermittelungen anstellt. Unterbleibt die Glaubhaftmachung, so wird das Gericht nicht genötigt sein, seinerseits auf andere Weise nach Beweismitteln zu forschen, sondern es wird berechtigt sein, die behauptete Tatsache als nicht bewiesen außer Berücksichtigung zu lassen. Dagegen wird aus der Vorschrift nicht mit Mügel (zu Art. 122 DurchfVO. S. 1214) zu schließen sein, „daß die Aufwertungsstelle bei ihren Feststellungen sich mit der Glaubhaftmachung begnügen könne". Eine solche allgemeine Befugnis würde bedenklich und für die Gewähr der Gründlichkeit und Richtigkeit der Entscheidungen unzureichend sein. Die Aufwertungsstelle wird vielmehr in der Hauptsache nur solche Tatsachen feststellen und ihrer Entscheidung zugrunde legen können, von deren Richtigkeit sie, sei es auf Grund der Erklärungen der Beteiligten oder der ganzen Sachlage oder der angestellten Ermittelungen volle Überzeugung zu gewinnen vermag, wenn auch dafür nicht absolute Gewißheit erforderlich ist, sondern (wie auch sonst in der prozeßrechtlichen Lehre und Praxis anerkannt ist) ein hoher Grad von Wahrscheinlichkeit genügt. Das schließt nicht

aus, daß die Aufwertungsstelle in einzelnen Nebenpunkten, namentlich für einstweilige Anordnungen (vgl. zu § 11 Anm. 1), sich mit der Glaubhaftmachung begnügen kann. Das gilt auch für die nach § 15 zulässige einstweilige Einstellung eines Zwangsversteigerungsverfahrens; hier wird der Vorschrift des Abs. 1 Schlußsatz, wonach die Parteien die tatsächlichen Behauptungen glaubhaft zu machen haben, allerdings der Gedanke zugrunde liegen, daß die Aufwertungsstelle sich mit einer solchen Glaubhaftmachung begnügen kann oder sogar zu begnügen hat. Über die Art und die Mittel der Glaubhaftmachung vgl. zu § 18 Anm. 3 k.

§ 22.

Die Entscheidung der Aufwertungsstelle ist mit Gründen zu versehen[1]. Die einstweilige Anordnung auf Grund des § 11 bedarf keiner Begründung[1].

1 Das FGG. schreibt eine **Begründung der Entscheidungen** des Gerichts nicht ausdrücklich vor, auch ist sie in Angelegenheiten der freiwilligen Gerichtsbarkeit keineswegs allgemein üblich. Für die Entscheidungen der Aufwertungsstellen, bei denen es sich ja materiell um die Erledigung von streitigen Angelegenheiten, wenn auch in den Formen der freiwilligen Gerichtsbarkeit handelt, hatte schon Art. 123 DurchfVOzAufwGes. vorgeschrieben, daß sie mit Gründen zu versehen sind. Die gleiche Vorschrift bringt **§ 22** mit dem Hinzufügen, daß die einstweilige Anordnung auf Grund des § 11 (vgl. Anm. 1 zu diesem Paragraphen) keiner Begründung bedarf. Aber auch im übrigen dürfte die Ansicht von Mügel (zu Art. 123 S. 1214) zutreffen, daß der Begründungszwang sich nur auf die Endentscheidung bezieht und Zwischenverfügungen keiner Begründung bedürfen, jedenfalls soweit sie nicht mit einem Rechtsmittel anfechtbar sind; vgl. zu § 23 Anm. 2.

3. Rechtsmittel[1].

§ 23.

(1) Gegen die Entscheidung der Aufwertungsstelle findet die sofortige Beschwerde statt[2]. Über die sofortige

Beschwerde entscheidet das Landgericht[3]. Gegen die Entscheidung des Beschwerdegerichts ist die sofortige weitere Beschwerde an das Oberlandesgericht zulässig, wenn die Entscheidung auf einer Verletzung des Gesetzes beruht[4]. Die Vorschriften des § 28 Abs. 2, 3 und des § 199 des Reichsgesetzes über die Angelegenheiten der freiwilligen Gerichtsbarkeit finden entsprechende Anwendung[5]. Soweit für die Entscheidung über die sofortige weitere Beschwerde nach § 74 des Aufwertungsgesetzes eines von mehreren Oberlandesgerichten oder an Stelle eines solchen Oberlandesgerichts das oberste Landesgericht für zuständig erklärt ist, gilt dieses Oberlandesgericht oder das oberste Landesgericht auch als zuständig zur Entscheidung über die sofortige weitere Beschwerde auf Grund dieses Gesetzes[6].

(2) Gegen die Entscheidung der Aufwertungsstelle kann unter Übergehung der Beschwerdeinstanz unmittelbar die sofortige weitere Beschwerde eingelegt werden, wenn der Gegner einwilligt. Die schriftliche Erklärung der Einwilligung ist bei der Einlegung der sofortigen weiteren Beschwerde einzureichen[7].

1 Die §§ 23, 24 regeln den **Rechtsmittelzug**, der gegen Entscheidungen der Aufwertungsstellen über die Zahlungsfrist stattfinden soll, und zwar bestimmt § 23, im Anschluß an § 74 AufwGes. (vgl. mein AufwRecht zu § 74 Anm. 1—6), welche Rechtsmittel statthaft sind, während § 24, im Anschluß an Art. 124 DurchfVOzAufwGes., die Art der Einlegung der einzelnen statthaften Rechtsmittel behandelt.

2 Die Entscheidung, gegen welche die sofortige Beschwerde stattfindet, ist nur die Endentscheidung über die Bewilligung der Zahlungsfrist selbst. Gegen Zwischenverfügungen, insbesondere auch gegen solche, welche etwa nach Art der Zwischenurteile im Zivilprozesse bereits einzelne Elemente für die künftige Entscheidung festlegen, ist ein Rechtsmittel in der Regel nicht statthaft;

sie können nur zugleich mit der Endentscheidung angegriffen werden. Doch ist gegen einstweilige Anordnungen im Sinne des § 11 durch Abs. 2 daselbst das Rechtsmittel der sofortigen Beschwerde, unter Ausschluß der weiteren Beschwerde, zugelassen; vgl. zu § 11 Anm. 3. Auch gegen einen Beschluß, der die Bewilligung des Armenrechts ablehnt, ist gemäß § 127 ZPO. in Verbindung mit § 14 FGG. ein Rechtsmittel, und zwar die einfache Beschwerde, gegeben. Auch gegen einen Beschluß, durch welchen die Aussetzung des Verfahrens angeordnet wird, findet Beschwerde, und zwar einfache, statt (KG. in AufwRechtspr. 1, 563; RGZ. 120, 84), gegen einen Beschluß, durch welchen sie abgelehnt wird, sofortige Beschwerde (KG. a. a. O.). — Die Frist für die sofortige Beschwerde beträgt nach § 22 FGG. zwei Wochen und beginnt mit dem Zeitpunkte der Bekanntmachung der Verfügung an den Beteiligten (vgl. über die Art der Bekanntmachung zu § 18 Anm. 3 m); bei unverschuldeter Verhinderung an der Einlegung ist Wiedereinsetzung in den vorigen Stand zu gewähren. Die Beschwerde steht nach § 20 FGG. jedem zu, dessen Recht durch die Verfügung beeinträchtigt wird; das wird bei Bewilligung der Zahlungsfrist der Gläubiger, bei Ablehnung oder Einschränkung der Eigentümer oder persönliche Schuldner, der den Antrag gestellt hat, sein. Daß der Gläubiger, um Beschwerde oder weitere Beschwerde erheben zu können, sich bereits an dem Verfahren, gegen das sich das Rechtsmittel richtet, durch Antrag auf Ablehnung der Zahlungsfrist beteiligt haben müßte (so Nadler S. 163), kann nicht erfordert werden; jeder Beteiligte kann in das Verfahren eintreten, solange eine rechtskräftige Entscheidung (vgl. zu § 25 Anm. 1) nicht vorliegt. Bei einer Sicherungshypothek wird gegen die Ablehnung des vom persönlichen Schuldner gestellten Antrags auch der Eigentümer zur Einlegung des Rechtsmittels befugt sein, da bei ihr die Fälligkeit des dinglichen Rechts von der Fälligkeit der Forderung abhängt (vgl. zu § 3 Anm. 1). Im übrigen muß die Beeinträchtigung eines Rechts vorliegen; ein rechtliches oder gar nur wirtschaftliches Interesse genügt dazu nicht.

3 Zur Entscheidung über die sofortige Beschwerde ist das Landgericht, d. h. dasjenige Landgericht, welches im Rechtszuge dem Amtsgerichte, zu dem die Aufwertungsstelle gehört, vorgesetzt ist, berufen. Dieses hat die Entscheidung in tatsächlicher und rechtlicher Hinsicht nachzuprüfen. Es hat dabei gleichfalls nach den Vorschriften des FGG. zu verfahren (vgl. zu § 18 Anm. 1, 2, 3), also namentlich, soweit nötig, weitere Ermittelungen des Sachverhalts auch von Amts wegen vorzunehmen. Insbesondere unterliegt seiner Nachprüfung auch die Anwendung der Härtevorschriften, so derjenigen zugunsten des Gläubigers in § 7 Abs. 2. Das Landgericht kann aber ausgeschaltet werden durch die Anwendung der Sprungbeschwerde (Abs. 2, vgl. Anm. 7).

4 Gegen die Entscheidung des Landgerichts ist das Rechtsmittel der **sofortigen weiteren Beschwerde,** über welche das Oberlandesgericht zu entscheiden hat, nur zulässig, wenn die Entscheidung auf einer Verletzung des Gesetzes beruht. Ob die weitere Beschwerde auf diese Verletzung gestützt wird (vgl. § 549 ZPO. und § 9 Abs. 3 III. StNVO.), ist, entsprechend dem Offizialcharakter des Verfahrens, der auch vor dem Oberlandesgerichte gilt, unerheblich. Demgemäß wird das Oberlandesgericht, ohne Beschränkung auf die von dem Beschwerdeführer vorgebrachten Beschwerdegründe, von Amts wegen zu prüfen haben, ob in irgendeiner Richtung bei Anwendung des materiellen oder prozessualen Rechts eine Verletzung einer Rechtsnorm vorliegt, auf der die Entscheidung beruhen kann. Auch die Härtevorschriften des vorliegenden Gesetzes sind nicht (wie die Härtevorschriften des Aufwertungsgesetzes durch § 74 Abs. 1 Satz 4 AufwGes., vgl. mein AufwRecht zu § 74 Anm. 5) hinsichtlich ihrer Anwendung der rechtlichen Nachprüfung durch das Oberlandesgericht entzogen. Eine Gesetzesverletzung wird namentlich auch vorliegen können bei Prüfung der im Verfahren über die Zahlungsfrist zur ausschließlichen Zuständigkeit der Aufwertungsstelle gehörigen Frage, ob eine ordnungsmäßige Kündigung vorliegt (§ 16 Nr. 2; vgl. zu § 16 Anm. 1 b).

5 Die in **Satz 4** vorgeschriebene entsprechende Anwendung der Vorschriften des **§ 28 Abs. 2, 3 FGG.** (abgedruckt im Anhang 3), welche die Rechtseinheit auch in Fragen der freiwilligen Gerichtsbarkeit zu sichern bestimmt sind, ergibt, daß das Oberlandesgericht, falls es bei der Entscheidung über die weitere sofortige Beschwerde von einer die Bewilligung einer Zahlungsfrist nach §§ 6 ff. oder das Vorliegen einer ordnungsmäßigen Kündigung nach § 2 des vor-

liegenden Gesetzes betreffenden Entscheidung eines anderen Oberlandesgerichts oder des Reichsgerichts abweichen will, die Sache dem Reichsgerichte zur Entscheidung vorzulegen und den Beschluß über die Vorlegung dem Beschwerdeführer bekanntzumachen hat und daß dann das Reichsgericht selbst über die weitere sofortige Beschwerde entscheidet. Hieraus ergibt sich schon, daß eine Vorlegung an das Reichsgericht nicht in Frage kommt, wenn die Verletzung irgendeiner anderen Rechtsnorm in Frage steht, z. B. (wie in dem in RGZ. 125, 272 entschiedenen Falle) der Vorschriften über die Zeugnisverweigerung eines Zeugen. Das RG. hat aber seine die Vorlage für ungerechtfertigt erklärende Entscheidung a. a. O. mit der gleichfalls zutreffenden Erwägung begründet, daß es sich dabei nicht um eine weitere, sondern um die erste sofortige Beschwerde des Zeugen gegen eine Entscheidung des Landgerichts gehandelt hat.

6 Aus der entsprechenden Anwendung des **§ 199 FGG.**, welche weiter durch Satz 4 vorgeschrieben ist, ergibt sich schon an und für sich, daß zur Entscheidung über die weitere sofortige Beschwerde, die auf Grund des vorliegenden Gesetzes erhoben wird, nicht das dem Landgerichte im gewöhnlichen Instanzenzuge übergeordnete Oberlandesgericht, sondern ein anderes Gericht berufen ist, wenn durch die Gesetzgebung eines Landes, in dem mehrere Oberlandesgerichte errichtet sind, die Entscheidung über das Rechtsmittel (wie es in Preußen geschehen ist) einem von diesen, dem Kammergerichte, oder (wie es in Bayern geschehen ist) dem Obersten Landesgerichte übertragen ist; daß vielmehr in diesem Falle das durch die Landesgesetzgebung bestimmte Gericht zuständig ist. Eine entsprechende Vorschrift wird aber durch **Satz 5**, und zwar unter Bezugnahme auf § 74 AufwGes., noch ausdrücklich auch getroffen für die sofortige Beschwerde auf Grund des vorliegenden Gesetzes.

7 Wie schon im Aufwertungsgesetze (§ 74 Abs. 2), so ist auch im vorliegenden Gesetze durch Abs. 2 des § 23 die Möglichkeit der sprungweisen Einlegung des Rechtsmittels der weiteren sofortigen Beschwerde gegeben in der Weise, daß unter Übergehung der Beschwerdeinstanz (des Landgerichts) unmittelbar die weitere sofortige Beschwerde an das Oberlandesgericht eingelegt werden kann, unter der Voraussetzung, daß der Gegner einwilligt. Diese jetzt auch auf anderen Gebieten, auch im Revisionsverfahren des ordentlichen Zivilprozesses (durch die VO. vom 13. 2. 1924, § 566 a ZPO.), zugelassene Art der Rechtsmitteleinlegung trägt allerdings erheblich zur Beschleunigung der Streitsachen bei, empfiehlt sich aber nur dann, wenn die tatsächlichen Grundlagen des Rechtsstreits in vollem Umfange sicher feststehen und lediglich reine Rechtsfragen noch in Betracht kommen können, eine Voraussetzung, die bei den hier in Frage stehenden Streitigkeiten über die Bewilligung einer Zahlungsfrist wohl nicht häufig zutreffen wird. Im übrigen ist erforderlich die Einwilligung des Gegners, und zwar ist diese schriftlich zu erklären und bei der Einlegung der sofortigen Beschwerde einzureichen. Es ist das eine für die Zulässigkeit des Rechtsmittels wesentliche Formvorschrift; deshalb ist eine nachträgliche Einreichung (deren Zulässigkeit im Revisionsverfahren bestritten ist) hier als ausgeschlossen anzusehen, jedenfalls nach Ablauf der Frist für die Einlegung des Rechtsmittels, während eine innerhalb der Frist erfolgende nachträgliche Einreichung als nachgeschobener Teil der Einlegung angesehen werden kann und daher zuzulassen sein wird; andernfalls könnte durch nochmalige Einlegung geholfen werden, was zu erfordern aber einen unnötigen Formalismus bedeuten dürfte. Dagegen kann der Ansicht des OLG. Stuttgart (AufwRechtspr. 1, 192), daß, wenn die Sprungbeschwerde zu Protokoll der Geschäftsstelle eingelegt wird (vgl. § 24 Anm. 1), auch die Einwilligung des Gegners in dieser Weise erklärt werden könnte, im Hinblick auf das ausdrücklich im Gesetze aufgestellte Erfordernis der Schriftlichkeit nicht zugestimmt werden, zumal ein Bedürfnis für eine solche Abweichung vom Wortlaute des Gesetzes nicht erkennbar ist. Als „Gegner" des Beschwerdeführers wird, wenn die Zahlungsfrist bewilligt ist, der Antragsteller, wenn sie abgelehnt ist, der Gläubiger in Betracht kommen; daß dieser an dem Verfahren vor der Aufwertungsstelle bereits teilgenommen habe, ist nicht erforderlich (vgl. Anm. 2).

§ 24.

(1) Die sofortige Beschwerde kann bei der Aufwer-

tungsstelle oder beim Landgericht eingelegt werden. Die Einlegung erfolgt durch Einreichung einer Beschwerdeschrift oder durch Erklärung zum Protokoll der Geschäftsstelle des zuständigen Gerichts oder eines Amtsgerichts[1].

(2) Die sofortige weitere Beschwerde kann bei der Aufwertungsstelle, dem Landgericht oder dem Oberlandesgericht eingelegt werden[1]. Die Einlegung erfolgt durch Einreichung einer Beschwerdeschrift oder durch Erklärung zum Protokoll der Geschäftsstelle des zuständigen Gerichts oder eines Amtsgerichts. Die Beschwerdeschrift muß von einem Rechtsanwalt unterzeichnet sein. Der Zuziehung eines Rechtsanwalts bedarf es nicht, wenn die Beschwerde von einer Behörde oder von einem Notar eingelegt wird, der in der Angelegenheit für den Beschwerdeführer einen Antrag bei der Aufwertungsstelle gestellt hat[1].

(3) Wird die Beschwerde durch Erklärung zum Protokoll der Geschäftsstelle eingelegt, so genügt es zur Wahrung der Beschwerdefrist, daß die Erklärung innerhalb der Frist erfolgt[2].

(4) Erfolgt die Einlegung der sofortigen Beschwerde oder der sofortigen weiteren Beschwerde durch Erklärung zum Protokoll der Geschäftsstelle eines Amtsgerichts, so hat die Geschäftsstelle dieses Gerichts innerhalb 24 Stunden der Geschäftsstelle der Aufwertungsstelle von der Einlegung Nachricht zu geben. Die Vorschrift findet entsprechende Anwendung, sofern die sofortige weitere Beschwerde beim Oberlandesgericht unter Übergehung des Landgerichts eingelegt wird[2].

(5) Die Geschäftsstelle der Aufwertungsstelle darf Zeugnisse über die Rechtskraft erst eine Woche nach Ablauf der Beschwerdefrist erteilen[2].

1 § 24 regelt im einzelnen die formalen Erfordernisse für die **Einlegung** der gemäß § 23 gegen die Entscheidungen der Aufwertungsstelle zulässigen Rechtsmittel, und zwar in engem Anschluß an Art. 124 DurchfVOzAufwGes., dessen Bestimmungen er dem Sinne nach unverändert wiedergibt. Vgl. mein AufwRecht zu § 74 Anm. 2, 4 und Anhang XXVI S. 483. Die Rechtsmittel können danach nach Wahl des Beschwerdeführers bei der Stelle, welche die anzufechtende Entscheidung erlassen hat (Aufwertungsstelle, Landgericht), oder bei derjenigen, welche über das Rechtsmittel zu entscheiden hat (Landgericht, Oberlandesgericht), eingelegt werden (Abs. 1 Satz 1, Abs. 2 Satz 1). Die Einlegung kann erfolgen durch Einlegung einer Beschwerdeschrift oder durch Erklärung zum Protokolle der Geschäftsstelle, und zwar sowohl des „zuständigen", d. h. desjenigen Gerichts, bei welchem die Einlegung erfolgen kann, oder aber irgendeines Amtsgerichts (Abs. 1 Satz 2, Abs. 2 Satz 2). Sofern die Einlegung durch Einreichung einer „Beschwerdeschrift" erfolgt, muß die schriftliche Form gewahrt sein, also das eingereichte Schriftstück die eigenhändige Namensunterschrift des Ausstellers aufweisen oder mit beglaubigtem Handzeichen unterzeichnet sein. Telegraphische Übermittlung genügt jedoch hier nach ständiger Rechtsprechung (RGZ. 44, 369; RGSt. 9, 38; 10, 166; 57, 282). Auch die Beschwerdeschrift einer Behörde erfordert eigenhändige Unterzeichnung durch den zur Vertretung berufenen Beamten; Einreichung einer beglaubigten Ausfertigung ohne solche Unterschrift genügt nicht (RGSt. 57, 280; a.M. KG. in AufwRechtspr. 1927, 706). — Für die weitere sofortige Beschwerde muß die Beschwerdeschrift (falls die Einlegung durch Einreichung einer solchen erfolgt) von einem Rechtsanwalte, d. h. einem bei irgendeinem deutschen Gerichte zugelassenen Rechtsanwalte, unterzeichnet sein, sofern nicht das Rechtsmittel von einer Behörde oder von einem Notar eingelegt wird, der in der Angelegenheit für den Beschwerdeführer einen Antrag bei der Aufwertungsstelle gestellt hat. Ob auch ein bei einem Danziger Gerichte zugelassener Rechtsanwalt die Beschwerde unterzeichnen kann, ist streitig; verneinend KG. in DJZ. 1928 Sp. 1687; bejahend OLG. Jena AufwRechtspr. 1929, 944 mit wohl nicht ausreichendem Hinweise auf die zu vermutende Bekanntschaft des Danziger Anwalts mit

dem deutschen Rechte. Der Rechtsanwalt wird einer Vollmacht bedürfen, für welche § 13 Satz 3 FGG. (vgl. zu § 18 Anm. 3) Anwendung findet. Der Notar wird keiner besonderen Vollmacht bedürfen.

2 In Abs. 3 ist noch besonders hervorgehoben, daß es zur Wahrung der Frist genügt, wenn die Erklärung zum Protokolle „der Geschäftsstelle" (des zuständigen Gerichts oder irgendeines Amtsgerichts) innerhalb der Frist erfolgt; damit gilt das Rechtsmittel als bei dem zuständigen Gerichte eingelegt, auch wenn es bei diesem Gerichte erst nach Ablauf der Frist eingeht. Doch hat die Geschäftsstelle eines Amtsgerichts, bei der die Einlegung erfolgt, innerhalb 24 Stunden der Geschäftsstelle der Aufwertungsstelle von der Einlegung Kenntnis zu geben (Absatz 4). Das gilt sowohl für die erste wie für die weitere Beschwerde. Einen Einfluß auf die Zulässigkeit des Rechtsmittels hat die etwaige Unterlassung dieser Kenntnisgabe nicht. Die Kenntnisgabe soll der Geschäftsstelle der Aufwertungsstelle, welche das Zeugnis über die Rechtskraft zu erteilen hat, die Prüfung, ob die Rechtskraft eingetreten ist, ermöglichen. Da diese Geschäftsstelle sonach möglicherweise erst nach Ablauf der Frist von der Einlegung eines Rechtsmittels Kenntnis erhält, darf sie das Zeugnis erst eine Woche nach diesem Ablaufe erteilen (Absatz 5).

4. Rechtskraft und Vollstreckbarkeit.

§ 25.

(1) Die rechtskräftige Entscheidung der Aufwertungsstelle ist für die Gerichte und Verwaltungsbehörden bindend[1].

(2) Aus der rechtskräftigen Entscheidung der Aufwertungsstelle über die Kosten sowie aus einem vor der Aufwertungsstelle abgeschlossenen Vergleiche findet die Zwangsvollstreckung nach den Vorschriften der Zivilprozeßordnung statt[2].

(3) In der Entscheidung über den Antrag auf Bewilligung der Zahlungsfrist hat die Aufwertungs-

stelle, wenn der Anspruch nach Grund und Betrag unstreitig und der Gläubiger noch nicht im Besitz eines vollstreckbaren Schuldtitels ist, auf Antrag des Gläubigers die Zahlungspflicht auszusprechen. Die rechtskräftige Entscheidung steht dem in einem bürgerlichen Rechtsstreit ergangenen rechtskräftigen Urteil gleich[3].

1 Die Vorschrift des **Abs. 1** entspricht dem § 75 Satz 1 AufwGes., vgl. mein Aufwertungsrecht zu § 75 Anm. 2, 3. Die **bindende Kraft** der rechtskräftigen Entscheidung der Aufwertungsstelle für die Gerichte und Verwaltungsbehörden bedeutet für die auf Grund des gegenwärtigen Gesetzes zu treffenden Entscheidungen über die Bewilligung einer Zahlungsfrist namentlich, daß das mit der Klage des Gläubigers auf Zahlung des Aufwertungsbetrags nach gemäß § 2 erfolgter Kündigung oder mit der Einwendung des Schuldners gegen eine Zwangsvollstreckung, daß die Hypothek oder persönliche Forderung noch nicht fällig sei, befaßte Prozeßgericht die Bewilligung oder Ablehnung einer Zahlungsfrist, die in einer rechtskräftigen Entscheidung der Aufwertungsstelle ausgesprochen ist, seiner Entscheidung zugrunde zu legen hat. Ist also die Zahlungsfrist bewilligt, so kann der Schuldner nur zur Zahlung nach Ablauf der Frist verurteilt und muß die Einstellung einer eingeleiteten Zwangsvollstreckung bis dahin angeordnet werden. Ist der Antrag auf Bewilligung rechtskräftig abgewiesen, so muß zur sofortigen Zahlung nach Ablauf der Kündigungsfrist (§ 2) verurteilt bzw. die Fortsetzung der Zwangsvollstreckung gestattet werden. Das Prozeßgericht selbst kann eine Zahlungsfrist über die Kündigungsfrist hinaus nicht gewähren; vgl. zu § 16 Anm. 1 a. Nicht gebunden ist das Prozeßgericht an die Entscheidung der Aufwertungsstelle darüber, ob eine ordnungsmäßige Kündigung erfolgt ist; hierfür ist die Aufwertungsstelle nur im Verfahren über die Bewilligung der Zahlungsfrist zuständig und nur mit Wirkung für dieses Verfahren (vgl. zu § 16 Anm. 1 b).

2 Abs. 2 entspricht dem § 75 Satz 2 Halbsatz 1 AufwGes.; vgl. mein Aufwertungsrecht zu § 75 Anm. 4. Eine Vollstreckbarkeit der Entscheidung zur Hauptsache kommt auch für die auf Grund des vorliegenden Gesetzes ergangenen Entscheidungen der

Aufwertungsstelle, abgesehen von dem Falle des Abs. 3 (vgl. Anm. 3), nicht in Frage, da sie nur entweder eine Zahlungsfrist zu bewilligen oder den Antrag auf Bewilligung abzulehnen haben; die Folgerungen daraus sind dann nach eingetretener Rechtskraft in dem Rechtsstreite vor dem Prozeßgerichte von diesem zu ziehen; vgl. Anm. 1. Daher ordnet Abs. 2 nur an, daß aus der rechtskräftigen Entscheidung über die Kosten (vgl. zu § 26) und aus einem vor der Aufwertungsstelle abgeschlossenen Vergleiche die Zwangsvollstreckung nach den Vorschriften der ZPO. stattfindet. Voraussetzung ist für die Zwangsvollstreckung wegen der Kosten die Rechtskraft der Entscheidung; für vorläufig vollstreckbar kann sie nicht erklärt werden. Die Zwangsvollstreckung findet statt auf Grund einer von der Geschäftsstelle der Aufwertungsstelle zu erteilenden vollstreckbaren Ausfertigung der Entscheidung bzw. des Vergleichs (§ 727 Abs. 1 ZPO.). Über Einwendungen des Schuldners gegen die Zulässigkeit der Vollstreckungsklausel und über Erteilung einer weiteren vollstreckbaren Ausfertigung wird nach § 797 Abs. 3 ZPO. die Aufwertungsstelle zu entscheiden haben; für Klagen auf Erteilung der Vollstreckungsklausel sowie für Klagen, durch welche die den Anspruch selbst betreffenden Einwendungen geltend gemacht werden, wird aber nicht die Aufwertungsstelle, sondern in der Regel das Gericht des allgemeinen Gerichtsstandes des Schuldners zuständig sein (§ 797 Abs. 5 ZPO.).

3 Von der Regel, daß die Aufwertungsstelle keine vollstreckbaren Entscheidungen zur Hauptsache zu treffen hat, macht Abs. 3 eine (in § 75 AufwGes. noch nicht vorgesehene) Ausnahme im Interesse einer Vereinfachung und Beschleunigung des Aufwertungsverfahrens. Wenn nämlich zwischen dem Gläubiger und dem Eigentümer oder persönlichen Schuldner der Anspruch nach Grund und Betrag unstreitig ist, also lediglich über die Zahlungsfrist Streit besteht, und der Gläubiger noch nicht im Besitze eines vollstreckbaren Schuldtitels (vgl. darüber zu § 13 Anm. 2) ist, so soll auf Antrag des Gläubigers die Aufwertungsstelle „die Zahlungspflicht aussprechen", d. h. aussprechen, daß der Schuldner den Aufwertungsbetrag in der unbestrittenen Höhe, und zwar im Falle der Bewilligung der Zahlungsfrist nach deren Ablauf, anderenfalls nach Ablauf der Kündigungsfrist des § 2, zu zahlen hat, und zwar einschließlich der nach dem AufwGesetze (für die Zeit bis 1. 1. 32) und nach dem vorliegenden Gesetze für die spätere Zeit geschuldeten fälligen Zinsen. Die Fassung der Entscheidung hat sonach die Form einer Feststellung, nicht die einer Verurteilung. Doch steht die Entscheidung nach Rechtskraft dem in einem bürgerlichen Rechtsstreit ergangenen rechtskräftigen Urteile gleich. Das kann wohl nur bedeuten, daß sie nicht nur materielle Rechtskraft schafft, sondern auch einem die Verurteilung aussprechenden Urteile gleichsteht, und daß aus ihr die Zwangsvollstreckung nach den Vorschriften der ZPO. stattfindet. Nur bei dieser Auslegung wird der Zweck der Vorschrift erreicht, eine nochmalige Verhandlung über Grund und Betrag des Aufwertungsanspruchs vor dem Prozeßgerichte als unnötige Prozeßhäufung und Verzögerung zu vermeiden.

5. Kosten.

§ 26.

Die Aufwertungsstelle erhebt für das Verfahren, das nach den Vorschriften dieses Gesetzes stattfindet, Gebühren nach Maßgabe der von der Landesjustizverwaltung erlassenen Bestimmungen[1]. Die Kosten des Verfahrens trägt der Antragsteller; die Aufwertungsstelle kann sie ganz oder teilweise dem Gläubiger auferlegen, wenn dies aus besonderen Gründen der Billigkeit entspricht[2].

1 Satz 1 des § 26 regelt die **Kostenerhebung** für das auf Grund des vorliegenden Gesetzes vor der Aufwertungsstelle stattfindende Verfahren. Er beschränkt sich aber darauf zu bestimmen, daß für dieses Verfahren von der Aufwertungsstelle Gebühren zu erheben sind. Die Bestimmung darüber, welche Gebühren und in welcher Höhe, ist jeder Landesjustizverwaltung für die ihr angehörigen Aufwertungsstellen überlassen. Das AufwGesetz (§ 76 Abs. 1) hatte die Bestimmung der zu erhebenden „Gebühr" den Durchführungsbestimmungen der Reichsregierung überwiesen; diese (Art. 129 DurchfVO.) beschränkten sich aber darau szu verordnen,

daß die Gebühr „nach dem Werte des Streitgegenstandes“ zu erheben sei, der von der Aufwertungsstelle unter Berücksichtigung der gestellten Anträge nach freiem Ermessen festgesetzt werde; im übrigen überließen auch sie die näheren Bestimmungen den „obersten Landesbehörden“. Vgl. mein AufwRecht zu § 76 Anm. 1 und Anhang XXVI S. 484. Das vorliegende Gesetz gibt den Landesjustizverwaltungen freie Hand, die Art und die Höhe der Gebührenerhebung zu bestimmen, ohne sie an die Bemessung nach dem Werte des Streitgegenstandes zu binden. Sie werden auch über die Vergütung für bare Auslagen Bestimmung treffen können. *)

2 Satz 2 regelt die **Kostentragung** unter den Beteiligten. Abweichend von § 76 AufwGes., wonach die Kosten von der Aufwertungsstelle nach billigem Ermessen zu verteilen sind (vgl. mein AufwRecht Anm. 2), wird hier mit Rücksicht darauf, daß es sich um ein Stundungsverfahren im Interesse und zugunsten des Eigentümers oder persönlichen Schuldners handelt, verordnet, daß in der Regel dieser — der Antragsteller — die Kosten zu tragen hat; nur ausnahmsweise, „wenn dies aus besonderen Gründen der Billigkeit entspricht“, kann die Aufwertungsstelle sie ganz oder teilweise dem Gläubiger auferlegen. Dazu wird namentlich Veranlassung sein, wenn der Gläubiger durch unbegründeten Widerspruch die Erhebung kostenverursachender Beweise veranlaßt hat.

V. Eintragungen in das Grundbuch.

§ 27.

(1) Zur Erhaltung der Wirksamkeit gegenüber dem öffentlichen Glauben des Grundbuchs bedürfen nicht der Eintragung:

1. die Erhöhung des Zinssatzes nach § 1 Abs. 1 Satz 1,
2. die gesetzlichen Fälligkeitsbedingungen (§§ 2, 3),
3. die Zahlungsfrist und die Bedingungen, unter denen sie gewährt ist (§§ 6 bis 14)[1], [2], [3].

(2) Ist im Grundbuch hinsichtlich der Fälligkeit oder

*) Auf Grund dieser Bestimmung hat der Preußische Justizminister die zweite VO. über das Kostenwesen bei den Aufwertungsstellen vom 29. August 1930 (Pr.Ges.Samml. S. 265) erlassen, die als Anhang 6 abgedruckt ist.

der Verzinsung der aufgewerteten Hypothek auf das Aufwertungsgesetz Bezug genommen, so gilt dieser Hinweis auch für die jetzt eingeführten neuen gesetzlichen Bedingungen[4].

1 Nach § 1115 BGB. müssen bei der Eintragung der Hypothek der Gläubiger, der Geldbetrag der Forderung und, wenn die Forderung verzinslich ist, der Zinssatz **im Grundbuch angegeben** werden; im übrigen, insbesondere hinsichtlich der Zahlungszeit und der sonstigen Zahlungsbedingungen, kann zur Bezeichnung der Forderung auf die Eintragungsbewilligung Bezug genommen werden. Doch beziehen sich diese Vorschriften nur auf die vereinbarten Zinsen und Zahlungsbedingungen; für gesetzliche Zinsen haftet die Hypothek, ohne daß es ihrer Eintragung oder ihrer Aufnahme in die Eintragungsbewilligung bedarf (§ 1118 BGB.; RGRKomm. zu § 1118 Anm. 1 und § 1115 Anm. 5). Auch die Zahlungszeit, die kraft Gesetzes bestimmt ist, bedarf weder der Eintragung im Grundbuche noch der Aufnahme in die Eintragungsbewilligung. Nach § 6 AufwGesetz behält auch die aufgewertete Hypothek grundsätzlich ihren bisherigen Rang, ohne daß es der Eintragung des Aufwertungsbetrags in das Grundbuch bedarf; das gilt sowohl von dem Kapital wie von den kraft Gesetzes (§§ 25, 28 AufwGes.) eintretenden Verzinsungs- und Fälligkeitsbedingungen der aufgewerteten Hypothek. Durch die Verordnung zur weiteren Entlastung des Grundbuchverkehrs vom 18. 6. 1926 (RGBl. I, 273; Anhang 2) ist noch ausdrücklich bestimmt worden, daß es bei der Eintragung der Aufwertung im Grundbuche weder der Eintragung der gesetzlichen Verzinsungs- und Rückzahlungsbedingungen noch der Bezugnahme auf die entsprechenden gesetzlichen Vorschriften bedarf. Diese Bedingungen haben daher auch Geltung gegenüber dem öffentlichen Glauben des Grundbuchs. Auf Grund der Fassung der Verordnung könnten Zweifel entstehen, ob sie sich auch auf diejenigen gesetzlichen Verzinsungs- und Rückzahlungsbedingungen bezieht, die bei Hypotheken, deren Aufwertung bereits eingetragen ist, durch die auf Grund des vorliegenden Gesetzes eintretenden Änderungen der Verzinsung (zu einem Zinssatze von über 5 v. H. vom 1. Januar 1932 ab, § 1 Abs. 1 Satz 1) und der Fälligkeit (Abhängigkeit der

Fälligkeit bis zum 1. Januar 1935 von einer Kündigung des Gläubigers und Kündigungsrecht des Schuldners, §§ 2, 3) eintreten. Diese Frage wird durch die Vorschriften des § 21 Abs. 1 Nr. 1 und 2 lediglich klargestellt. Anders ist die Rechtslage hinsichtlich der ebenda unter Nr. 3 genannten Zahlungsfrist und der Bedingungen, unter denen sie gewährt ist (§§ 6 bis 14 des Gesetzes). Hier handelt es sich nicht um gesetzliche Zahlungsbedingungen, sondern um gerichtlich angeordnete; sie würden daher zu ihrer Wirksamkeit gegenüber dem öffentlichen Glauben des Grundbuchs der Eintragung oder doch der Bezugnahme auf die erfolgte Entscheidung der Aufwertungsstelle bedürfen. Durch § 27 Abs. 1 Nr. 3 sind aber auch diese Zahlungsbedingungen von dem Erfordernisse der Eintragung befreit. Die Begründung (S. 12 zu § 27) rechtfertigt diese Vorschriften durch den Hinweis darauf, daß den Grundbuchämtern durch Eintragung der auf Grund des Gesetzes eintretenden Änderungen in den Zahlungsbedingungen eine erhebliche Arbeit verursacht werden würde und die Grundbücher, deren Bereinigung erstrebt werde (vgl. jetzt das Gesetz über die Bereinigung der Grundbücher, unten zu II), mit vielen neuen Eintragungen belastet werden würden; daß aber der Verkehrssicherheit Genüge geschehe, wenn die vertraglichen Änderungen in den Bedingungen der Hypothek eingetragen würden, während diejenigen Änderungen, „die kraft Gesetzes einträten und durch das Gesetz allgemein bekannt würden", von der Eintragungspflicht gegenüber dem öffentlichen Glauben des Grundbuchs befreit werden könnten; zu den letzteren gehörten die gesetzlichen Zinsen, die gesetzlichen Fälligkeitsbedingungen und die Zahlungsfrist. Diese Begründung trifft allerdings auf die Zahlungsfrist nicht in vollem Maße zu; man kann nur etwa sagen, daß die Möglichkeit des Bestehens einer Zahlungsfrist durch das Gesetz allgemein bekannt werde und daß deshalb dem Erwerber der aufgewerteten Hypothek und einem Gläubiger bei Bewilligung einer ihr nachgehenden Hypothek zugemutet werden könne, Erkundigungen darüber einzuziehen, ob und in welcher Weise im Einzelfalle eine Zahlungsfrist bewilligt ist. Immerhin enthält die Vorschrift in dieser Richtung eine nicht unerhebliche Abschwächung des öffentlichen Glaubens des Grundbuches.

2 Die **Folge** der Wirksamkeit der im vorliegenden Gesetze be-

stimmten Verzinsungs- und Fälligkeitsbedingungen und der auf Grund seiner Bestimmungen bewilligten Zahlungsfrist gegenüber dem öffentlichen Glauben des Grundbuchs geht dahin, daß einerseits derjenige, der die aufgewertete Hypothek oder eine ihr im Range nachgehende erworben hat, gegenüber dem Eigentümer und persönlichen Schuldner bzw. einem im Range vorgehenden Gläubiger, welche sich auf diese Bestimmungen berufen, nicht geltend machen kann, er habe bei dem Erwerbe geglaubt, es seien lediglich die im Grundbuche eingetragenen Verzinsungs- und Fälligkeitsbedingungen maßgebend, oder er habe von der bewilligten, im Grundbuche nicht eingetragenen Zahlungsfrist keine Kenntnis gehabt, und daß andrerseits der Eigentümer und der persönliche Schuldner sowie der Gläubiger einer im Range nachgehenden Hypothek gegenüber dem Gläubiger der aufgewerteten oder einer im Range ihr vorgehenden Hypothek, welche sich auf diese Bestimmungen berufen, nicht geltend machen können, sie seien bei Erwerb des Grundstücks bzw. der Hypothek in dem entsprechenden guten Glauben gewesen. Sonach können namentlich der Eigentümer und der persönliche Schuldner für die Zeit nach dem 1. Januar 1932 den Mangel der in § 2 vorgeschriebenen Kündigung oder des Ablaufs der Kündigungsfrist oder eine ihnen bewilligte Zahlungsfrist unbeschränkt geltend machen; ebenso das ihnen in § 3 gewährte gesetzliche Kündigungsrecht; andrerseits der Gläubiger den in § 1 bestimmten erhöhten Zinssatz. Die hiernach der Eintragung nicht bedürfenden gesetzlichen Verzinsungs- und Fälligkeitsbedingungen dürfen auch auf Antrag eines Beteiligten vom Grundbuchamte nicht eingetragen werden, da unnötige Eintragungen von den Grundbüchern ferngehalten werden müssen. Vgl. RGRKomm. zu § 1118 Anm. 1.

3 Dagegen bedürfen **Vereinbarungen** über die Verzinsungs- und Fälligkeitsbedingungen, welche einen von dem Gesetze abweichenden Inhalt haben, soweit sie dem Gesetze gegenüber unter den vereinbarenden Parteien gültig sind, zu ihrer Wirksamkeit gegenüber dem öffentlichen Glauben des Grundbuchs der Eintragung. Das gilt namentlich von den nach § 1 Abs. 1 Satz 3 (vgl. zu § 1 Anm. 6) gültigen Vereinbarungen über einen vom Gesetze abweichenden Zinssatz vom 1. Januar 1932 ab sowie von den nach

§ 2 (vgl. zu § 2 Anm. 4) gültigen Vereinbarungen zugunsten des Schuldners über einen Kündigungsausschluß nach dem 1. Januar 1932 oder eine Hinausschiebung der Fälligkeit über den 1. Januar 1935 hinaus; ferner von Vereinbarungen über den Ausschluß des Kündigungsrechts des Eigentümers und persönlichen Schuldners, soweit solche nach § 3 des Gesetzes gültig sind; ferner auch von der Erweiterung der Hypothek für die Zeit vor dem 1. Januar 1932 nach § 1 Abs. 3; vgl. zu § 1 Anm. 8. Solche Vereinbarungen können, wenn sie nicht eingetragen sind, denjenigen, die das Grundstück oder ein Recht an dem Grundstücke erworben haben, nur unter der Voraussetzung entgegengehalten werden, daß sie ihnen beim Erwerbe bekannt waren (§ 892 BGB.). Die Eintragung kann durch einen Antrag eines Beteiligten (des Gläubigers, Eigentümers oder persönlichen Schuldners) bei dem Grundbuchamte herbeigeführt werden (§ 13 GBO.); sie erfolgt, wenn derjenige, dessen Recht von ihr „betroffen" wird, sie bewilligt (§ 19 GBO.). Das ist bei Vereinbarung eines höheren als des gesetzlichen Zinssatzes der Eigentümer oder persönliche Schuldner, bei Vereinbarung eines niedrigeren der Gläubiger; bei Ausschluß oder Einschränkung der Kündigungsbefugnis des Gläubigers oder Hinausschiebung der Fälligkeit über den 1. Januar 1935 der Gläubiger; bei Ausschluß oder Einschränkung der Kündigungsbefugnis des Eigentümers oder persönlichen Schuldners (soweit solche gültig ist) dieser. Außerdem wird es, soweit durch die Vereinbarung die Belastung des Grundstücks erschwert wird, der Einwilligung der im Range nachstehenden Berechtigten bedürfen.

4 Bei der Eintragung der Aufwertung von Hypotheken nach Maßgabe des Aufwertungsgesetzes ist hinsichtlich der Verzinsungs- und Fälligkeitsbedingungen häufig auf das Aufwertungsgesetz Bezug genommen. Diese Eintragungen würden, wie die Begründung (S. 12 zu § 27) ausführt, dem Wortlaut nach unrichtig sein, sobald die gesetzlichen Verzinsungs- und Fälligkeitsbestimmungen des vorliegenden Gesetzes in Abänderung des Aufwertungsgesetzes, die dann an dessen Stelle maßgebend sind, in Kraft treten. Die Begründung meint, die Eintragungen seien „stets so zu verstehen, daß auch auf etwaige Änderungen des Gesetzes Bezug genommen werden soll", und es bedürfe nur der

„Klarstellung“, die durch die Vorschrift des Absatz 2 herbeigeführt werden soll. In Wirklichkeit dürfte die Auslegung der Vereinbarungen in diesem Sinne, wenn ausdrücklich nur auf das Aufwertungsgesetz Bezug genommen ist, keineswegs unbedenklich sein. Die Vorschrift des Abs. 2 enthält aber eine zwingende gesetzliche Auslegungsregel in diesem Sinne. Übrigens würden die in Frage stehenden Vorschriften des vorliegenden Gesetzes, da sie nach Abs. 1 einer Eintragung nicht bedürfen, auch ohne die Vorschrift des Abs. 2 gegenüber dem öffentlichen Glauben des Grundbuchs Wirksamkeit beanspruchen können, ungeachtet des Hinweises auf das Aufwertungsgesetz, durch die das Grundbuch sich nunmehr als unrichtig erweist.

VI. Zwischenzins bei vorzeitiger Zahlung.

§ 28.

(1) Die Vorschriften der Artikel 21, 22 der Durchführungsverordnung zum Aufwertungsgesetze vom 29. November 1925 (Reichsgesetzbl. I S. 392) über den Zwischenzins bei vorzeitiger Zahlung treten am 1. Januar 1932 außer Kraft[1].

(2) Soweit die Zahlung des Aufwertungsbetrags nach dem Inkrafttreten dieses Gesetzes und vor dem 1. Januar 1932 erfolgt, ist für die Berechnung des Zwischenzinses der Umstand, daß die aufgewertete Hypothek erst nach dem 1. Januar 1932 fällig ist, nicht zu berücksichtigen[2].

1 Nach Art. 21, 22 DurchfVO. z. AufwGesetze ist der Eigentümer oder Schuldner, der den Aufwertungsbetrag vor Eintritt der gesetzlichen oder vertragsmäßigen Fälligkeit zurückzahlt — wozu er, jedenfalls im Falle der gesetzlichen Stundung, nach § 25 Abs. 2 AufwGes. drei Monate nach Kündigung schon vor dem 1. Januar 1932 berechtigt ist (vgl. mein AufwRecht zu § 25 Anm. 6) —, berechtigt, einen **Zwischenzins** abzuziehen, für dessen Berechnung auf Grund der VO. der Reichsregierung vom 20. Januar 1927

(RGBl. I S. 49) zurzeit ein Zinssatz von jährlich 7 vom Hundert zugrunde zu legen ist; der danach sich ergebende Barwert ist in den Anlagen I und II der VO. für Rückzahlungen bis zum 1. Dezember 1931 berechnet. Diese Vorschrift stand im Zusammenhange damit, daß der nach dem Aufwertungsgesetze bis zum 1. Januar 1932 geschuldete Zinssatz erheblich unter dem im Wirtschaftsleben üblichen Zinssatze zurückblieb, insoweit also ein Abzug vom Kapitalbetrage bei Rückzahlung vor Fälligkeit gerechtfertigt erscheinen konnte, da der Gläubiger dadurch früher in den Besitz eines höher verzinslichen Kapitals kam. Da der Zinssatz für die Zeit vom 1. Januar 1932 ab auf Grund der von der Reichsregierung zu treffenden Festsetzung voraussichtlich so bemessen sein wird, daß er, wenigstens zunächst, mit dem verkehrsüblichen Zinssatze übereinstimmt (vgl. zu § 1 Anm. 4), erscheint für Abzug eines Zwischenzinses bei vorzeitiger Rückzahlung nach dem 1. Januar 1932 kein Bedürfnis mehr gegeben (so die Begr. S. 13 zu § 28). Deshalb bestimmt § 28, daß die genannten Vorschriften am 1. Januar 1932 außer Kraft treten. Demgemäß kommt von da ab der Abzug eines Zwischenzinses, namentlich bei den Rückzahlungen, zu denen der Eigentümer oder der persönliche Schuldner nach § 3 des Gesetzes nach dreimonatlicher Kündigung, auch vor Eintritt des vereinbarten Fälligkeitstages, berechtigt sind (vgl. zu § 3 Anm. 1), nicht mehr in Frage.

2 Für die vor dem 1. Januar 1932 erfolgenden Rückzahlungen bleibt es auch nach Inkrafttreten des vorliegenden Gesetzes an sich bei dem bisherigen Rechtszustande, zu dessen Anpassung an die eingetretene absteigende Entwicklung des Zinssatzes wohl weitere Verordnungen ergehen werden. Doch ist für die Übergangszeit durch **Abs. 2** bereits vorgeschrieben, daß bei den in dieser Zeit erfolgenden Rückzahlungen der Umstand, daß die aufgewertete Forderung (gemäß § 2 des Gesetzes) erst nach dem 1. Januar 1932 fällig ist, nicht zu berücksichtigen ist. Der Zwischenzins wird also für diese Zeit, wie bisher, in der Weise zu berechnen sein, daß die Fälligkeit der Forderung am 1. Januar 1932 zugrunde gelegt wird.

2. Abschnitt.

Grundschulden, Rentenschulden, Reallasten, Schiffs- und Bahnpfandrechte.

§ 29.

Die Vorschriften dieses Gesetzes finden entsprechende Anwendung:

1. auf Grundschulden[1],
2. auf Pfandrechte an im Schiffsregister eingetragenen Schiffen und an Bahneinheiten sowie auf die durch Schiffspfandrecht oder Bahnpfandrecht gesicherten Forderungen[2], [3].

1 Über den Begriff der **Grundschuld** vgl. mein AufwRecht zu § 31 Anm. 2. Sie ist, wie die Hypothek, eine dingliche Belastung eines Grundstücks, kraft welcher aus dem Grundstücke eine bestimmte Geldsumme an denjenigen zu zahlen ist, zu dessen Gunsten die Belastung erfolgt (§ 1191 BGB.). Sie unterscheidet sich aber dadurch von der Hypothek, daß sie eine Forderung, zu deren Befriedigung sie dienen soll, rechtlich nicht voraussetzt, obwohl sie wirtschaftlich zur Sicherung einer Forderung dienen kann und meistens dient. Deshalb finden nach § 1192 BGB. die Vorschriften über die Hypothek insoweit entsprechende Anwendung, als sich nicht aus der bezeichneten Verschiedenheit ein anderes ergibt. Dementsprechend sind auch durch das Aufwertungsgesetz auf die Aufwertung von Grundschulden die Vorschriften über die Aufwertung von Hypotheken für entsprechend anwendbar erklärt worden, mit Ausnahme derjenigen, welche sich auf die Aufwertung der persönlichen Forderung beziehen. Zu den danach anwendbaren Vorschriften gehören auch diejenigen über die Rückzahlung (Fälligkeit, §§ 25—27) und über die Verzinsung (§ 28). Die Vorschriften des vorliegenden Gesetzes, welche die genannten Vorschriften abändern bzw. ergänzen, sind deshalb auch auf die Fälligkeit und Verzinsung von Grundschulden durch § 29 Nr. 1 für entsprechend anwendbar erklärt. Die entsprechende Anwendung wird folgendes ergeben:

a) Der durch die Regierung festzusetzende erhöhte Zinssatz für die Zeit vom 1. Januar 1932 ab (§ 1 Abs. 1 Satz 1) und die damit zusammenhängenden Vorschriften über entgegenstehende Vereinbarungen (§ 1 Abs. 1 Satz 2), über den Rang der Mehrzinsen (Abs. 2), über die Erweiterung der Hypothek (Abs. 3) und über die Änderung des Zinsfußes für Tilgungshypotheken (Abs. 4) finden auch auf Grundschulden Anwendung. Dagegen finden diese Vorschriften keine Anwendung auf persönliche Forderungen, zu deren Sicherung etwa eine Grundschuld bestellt ist; solche Forderungen stehen in keinem rechtlichen Zusammenhange mit der Grundschuld und werden deshalb wie ungesicherte Forderungen, und zwar in der Regel als Vermögensanlagen nach § 63 AufwGes., sofern sie sich aber nicht als solche darstellen, unbeschränkt nach allgemeinen Vorschriften (§ 62 AufwGes.) aufgewertet; dementsprechend ist auch ihre Verzinsung und Fälligkeit den Vorschriften des vorliegenden Gesetzes ebensowenig wie denen des AufwGes. unterworfen.

b) Die Fälligkeits- und Kündigungsvorschriften des § 2 finden Anwendung auf das dingliche Recht der Grundschuld, nicht aber auf eine etwa durch eine Grundschuld gesicherte persönliche Forderung; deren Fälligkeit und Kündigung durch den Gläubiger richtet sich lediglich nach den Vorschriften über ungesicherte Forderungen gleicher Art; vgl. oben zu a. Gleiches gilt für die Vorschriften über vorzeitige Fälligkeit in besonderen Fällen (§ 4) und über die Kündigungspflicht der Hypothekenbanken und ihnen gleichgestellten Anstalten hinsichtlich der etwa zur Deckung ihrer Pfandbriefe dienenden Grundschulden (§ 5).

c) Die Kündigungsbefugnis des § 3 steht hinsichtlich einer Grundschuld dem Eigentümer des damit belasteten Grundstücks zu; der Schuldner einer durch eine Grundschuld gesicherten Forderung kommt dafür nicht in Betracht.

d) Die für die Zahlungsfrist gegebenen Vorschriften (§§ 6—15) finden Anwendung auf den Eigentümer eines mit einer Grundschuld belasteten Grundstücks, nicht aber auf den Schuldner einer Forderung, zu deren Sicherung eine Grundschuld dient.

e) Die sachliche und örtliche Zuständigkeit der Aufwertungsstelle und das Verfahren vor ihr richten sich nach den

Vorschriften der §§ 16 bis 26, sofern ein Verfahren auf Bewilligung einer Zahlungsfrist auf Antrag des Eigentümers eines mit einer Grundschuld belasteten Grundstücks in Frage steht. Die örtliche Zuständigkeit richtet sich gemäß § 17 Abs. 1 lediglich nach dem Orte, wo das Grundbuch geführt wird, und setzt voraus, daß dieser Ort im Inlande liegt; für ein Grundstück, dessen Grundbuch im Auslande geführt wird (§ 17 Abs. 2), besteht keine Zuständigkeit einer inländischen Aufwertungsstelle, wenn es sich um eine Grundschuld handelt.

f) Hinsichtlich der Eintragungen in das Grundbuch und des Zwischenzinses finden die Vorschriften der §§ 27, 28 Anwendung.

2 Über Pfandrechte an im Schiffsregister eingetragenen Schiffen und an Bahneinheiten (**Schiffs- und Bahnpfandrechte**, Nr. 2 des Paragraphen) vgl. mein Aufwertungsrecht zu § 32 Anm. 1,2. Die Schiffspfandrechte sind durch die §§ 1259 bis 1272 BGB. geregelt als dingliche Belastungen beweglicher Sachen zur Sicherung einer Forderung mit der Besonderheit, daß eine Übergabe der belasteten Sache (des Schiffes) in den Pfandbesitz des Gläubigers nicht stattfindet und statt dessen Eintragung in das Schiffsregister, in welchem das Schiff eingetragen ist, erfolgt. — Die der landesgesetzlichen Regelung durch Art. 112 EGBGB. überlassenen Pfandrechte an Bahneinheiten sind in Preußen durch die Gesetze vom 19. August 1895 (GS. S. 499) und 11. Juni 1902 (GS. S. 215) geregelt. Die Bahneinheit wird in ein Grundbuch eingetragen, und es gelten für sie die auf Grundstücke sich beziehenden Vorschriften des BGB.; sie kann also mit den gleichen dinglichen Rechten wie Grundstücke belastet werden, aber auch mit den besonderen Bahnpfandrechten. Beide Arten von Pfandrechten haben mit der Hypothek gemein, daß sie in gleicher Weise wie diese zur Sicherung für die Befriedigung einer Forderung dienen und mit dieser in rechtlichem (akzessorischem) Zusammenhange stehen. Deshalb sind durch das AufwGes. (§ 32) für anwendbar erklärt die Vorschriften über die Aufwertung von Hypotheken einschließlich der Vorschriften über die Aufwertung der persönlichen Forderung (§§ 4—6, 8—30 AufwGes.), nur mit Ausnahme der Vorschrift über den Rangvorbehalt des Eigentümers

(§ 7), also auch die Vorschriften über die Fälligkeit und Verzinsung der persönlichen Forderung (§§ 25 bis 30). Dementsprechend sind auch die Vorschriften des vorliegenden Gesetzes durch § 30 auf sie für entsprechend anwendbar erklärt. Die Verzinsung vom 1. Januar 1932 ab richtet sich sonach für das dingliche Recht und für die persönliche Forderung nach § 1 unseres Gesetzes; die Kündigung des Gläubigers nach § 2 kann gegenüber dem Eigentümer des Schiffes oder der Bahneinheit und gegenüber dem persönlichen Schuldner erfolgen; zur Kündigung nach § 3 sind der Eigentümer und der persönliche Schuldner berechtigt; die Zahlungsfrist (§§ 6 ff.) kann von jedem von ihnen beantragt werden; für das Verfahren vor der Aufwertungsstelle gelten die Vorschriften der §§ 16—26 einschließlich des § 17 Abs. 2 über die Zuständigkeit für die persönliche Forderung, wenn das Grundbuch nicht im Inlande geführt wird, usw.

3 Auf **Rentenschulden** (das sind solche Grundschulden, bei welchen die Geldsumme in regelmäßig wiederkehrenden Terminen aus dem Grundstücke zu zahlen ist, § 1199 BGB.) sowie auf **Reallasten** (wiederkehrende Leistungen aus dem Grundstücke, die auch Geldleistungen sein können, § 1105 BGB.) finden nur die in § 31 AufwGes. einzeln bezeichneten Vorschriften des Aufw-Gesetzes über die Aufwertung von Hypotheken entsprechende Anwendung, wozu die Vorschriften über die Rückzahlung und Verzinsung (§§ 25—30) nicht gehören. Hierüber hat vielmehr § 31 Abs. 2 AufwGes. eine besondere Vorschrift getroffen des Inhalts, daß die auf Grund ihrer geschuldeten wiederkehrenden Leistungen vom 1. Januar 1928 ab in voller Höhe des Aufwertungsbetrags der Jahresleistung zu bewirken sind. Diese Leistungen sind sonach nicht gestundet, sondern, ähnlich wie bei anderen Rechten die Zinsen und Tilgungsbeträge, bei vertragsmäßigem Verfall jetzt im vollen Jahresbetrage zahlbar. Vgl. mein Aufwertungsrecht zu § 31 Anm. 6. An dieser Vorschrift wird durch das vorliegende Gesetz nichts geändert; es tritt also auch durch dieses eine Stundung solcher Leistungen nicht ein. Über Rentenschulden und Reallasten, deren Gläubiger eine öffentlich-rechtliche Grundkredit- oder Ablösungsanstalt ist, vgl. § 30 und die Anm. dazu.

§ 30[1].

Soweit zur Teilungsmasse einer öffentlich-rechtlichen Grundkredit- oder Ablösungsanstalt oder zur Deckung der von ihr ausgegebenen Aufwertungsschuldverschreibungen andere dingliche Rechte als Hypotheken und Grundschulden oder persönliche Forderungen, die auf Grund des Aufwertungsgesetzes aufgewertet sind, gehören, werden die obersten Landesbehörden ermächtigt, Vorschriften zu dem Zwecke zu erlassen, daß die Erträge der zur Teilungsmasse gehörenden und der zur Deckung der ausgegebenen Aufwertungsschuldverschreibungen dienenden Werte der auf Grund des § 1 eintretenden Zinserhöhung angepaßt werden[2]. Soweit es zur Durchführung dieser Maßnahmen erforderlich ist, können die Bestimmungen dieses Gesetzes ganz oder teilweise auf die bezeichneten dinglichen Rechte und persönlichen Forderungen ausgedehnt und auch der Inhalt der dinglichen Rechte geändert werden[2].

1 Der **§ 30** ist durch den Rechtsausschuß des Reichstags in den Gesetzentwurf der Reichsregierung eingefügt worden (Reichstagsdrucksache Nr. 2277). Das Material für die Auslegung dieser rasch entstandenen, ziemlich verwickelten, auch sprachlich wenig klar gefaßten Vorschrift ist deshalb ein sehr dürftiges; der Ausleger ist auf Presseberichte und eigene Vermutungen über den Zweck und Sinn der Vorschrift angewiesen.

2 Die Vorschrift bezweckt augenscheinlich, den besonderen Verhältnissen Rechnung zu tragen, welche bei den **öffentlich-rechtlichen Grundkredit- und Ablösungsanstalten** infolge der Art und Weise, in der die Aufwertung ihrer eigenen Schuldverschreibungen einerseits und der zu ihrer Deckung bestimmten Anlagen andrerseits sich vollzogen hat, entstanden sind. Die Aufwertung ihrer Schuldverschreibungen hat gemäß §§ 47 ff. AufwGes. in der für Pfandbriefe und „verwandte" Schuldverschreibungen — d. h. solche, für die,

wie bei Pfandbriefen, eine besondere „Deckung" besteht — vorgeschriebenen Weise stattgefunden, nämlich durch Bildung einer Teilungsmasse, die gleichmäßig unter die Gläubiger zu verteilen ist, und zwar nach Maßgabe der näheren Bestimmungen, die auf Grund der in § 50 AufwGes. der Reichsregierung erteilten und von dieser in Art. 94 Abs. 2 DurchfVO. an die obersten Landesbehörden weitergegebenen Ermächtigung von diesen Behörden erlassen worden sind. Vgl. mein AufwRecht zu §§ 47 Anm. 2, 50 Anm. 3, 51 Anm. 6. Auf Grund dieser Bestimmungen sind, entsprechend den Vorschriften in Art. 84 DurchfVO., von den Grundkreditanstalten an ihre Aufwertungsgläubiger Liquidationspfandbriefe (Aufwertungsschuldverschreibungen) ausgegeben worden, für die eine besondere, der Teilungsmasse entnommene Deckung gebildet worden ist und deren Verzinsung sich nach den voraussichtlichen Erträgnissen dieser Deckung richtet. Die Deckung der Schuldverschreibungen der öffentlichen Grundkredit- und Ablösungsanstalten besteht aber angeblich (anscheinend anders als bei sonstigen Kreditanstalten) zu einem erheblichen Teile in anderen dinglichen Rechten als Hypotheken und Grundschulden, namentlich in Rentenschulden und Reallasten (vgl. über deren Aufwertung oben zu § 29 Anm. 3), zum Teil auch in persönlichen Forderungen (wohl Darlehensforderungen, Industrieobligationen), die auf Grund des Aufwertungsgesetzes nach den für solche geltenden Vorschriften (§§ 62 ff., 33 ff.) aufgewertet sind. In der Aufwertung dieser Werte tritt durch das vorliegende Gesetz keine Änderung ein, insbesondere nehmen sie nicht an der auf Grund des § 1 vom 1. Januar 1932 ab eintretenden Erhöhung des Zinssatzes der Hypotheken und Grundschulden teil (vgl. wegen der Industrieobligationen die Einleitung). Von den beteiligten Kreisen wurde nun geltend gemacht, daß infolgedessen die Erträgnisse der als Deckung dienenden Anlagen der öffentlichen Grundkreditanstalten hinter den Erträgnissen der zu gleichem Zwecke dienenden Anlagen anderer Kreditanstalten zurückbleiben würden. Um diese angebliche Benachteiligung der öffentlichen Grundkreditanstalten im staatspolitischen Interesse des durch sie vertretenen öffentlichen Immobiliarkredits auszugleichen, gibt der § 30 den obersten Landesbehörden die Ermächtigung, Vorschriften zu dem Zwecke zu erlassen, daß, soweit solche Werte zur Teilungsmasse einer öffentlich-rechtlichen Grundkredit- oder Ablösungsanstalt oder zur Deckung der von ihr ausgegebenen Aufwertungsschuldverschreibungen gehören, die Erträge dieser Werte der auf Grund des § 1 eintretenden Zinserhöhung angepaßt werden, und, soweit es zur Durchführung dieser Maßnahmen erforderlich ist, die Bestimmungen des vorliegenden Gesetzes ganz oder teilweise auf die bezeichneten dinglichen Rechte und persönlichen Forderungen auszudehnen, auch den Inhalt der dinglichen Rechte zu ändern. Die obersten Landesbehörden haben durch diese in das Aufwertungsrecht von neuem tief einschneidende Vorschrift es in der Hand, die Vorschriften über die Aufwertung der bezeichneten Rechte und persönlichen Forderungen, soweit als Gläubiger öffentliche Grundkreditanstalten in Betracht kommen und die Rechte zu deren Teilungsmasse oder Deckung gehören, derart zu ändern, daß ihre Erträgnisse dem gemäß § 1 durch die Reichsregierung festzusetzenden Zinssatze entsprechen, namentlich also zu ihren Gunsten für Industrieobligationen, soweit diese erst nach dem 1. Januar 1932 fällig werden, einen solchen Zinssatz einzuführen, während alle anderen Gläubiger von Industrieobligationen auf die in § 36 in Verbindung mit §§ 25 ff. AufwGes. und Art. 38 DurchfVO. z. AufwGes. vorgeschriebene Verzinsung bis auf weiteres beschränkt bleiben sollen, eine auf die Dauer kaum aufrechtzuerhaltende Rechtsungleichheit. Bei Rentenschulden und Reallasten wird die Anpassung in der Weise zu erfolgen haben, daß die Jahresbeträge der wiederkehrenden Leistungen angemessen erhöht werden, wodurch der „Inhalt" des dinglichen Rechts geändert wird. Eine solche Änderung wird zu ihrer Wirksamkeit gegenüber dem öffentlichen Glauben des Grundbuchs der Eintragung bedürfen, da sie durch die in § 27 enthaltenen Befreiungen von der Eintragung nicht getroffen wird, soweit nicht etwa die obersten Landesbehörden die Befreiung auch auf sie ausdehnen.

3. Abschnitt.

Schlußvorschriften.

§ 31.

Soweit nicht die Landesjustizverwaltung etwas anderes anordnet, finden die Vorschriften dieses Gesetzes entsprechende Anwendung auch dann, wenn das Grundbuch noch nicht als angelegt gilt[1].

1 Die Frage, ob das Aufwertungsgesetz auch in denjenigen Bezirken Anwendung zu finden hat, für welche das Grundbuch im Sinne des BGB. und der GBO. noch nicht als angelegt gilt, insbesondere auf die in diesen Bezirken gemäß Art. 189 EGBGB. noch bestehenden landesrechtlichen Grundpfandrechte, ist bestritten. Von der Rechtslehre (Schlegelberger-Harmening zu § 8 Anm. 4; auch Mügel in den früheren Auflagen) wurde die Frage verneint. Das RG. hat aber schon in RGZ. 113, 93 das AufwGes. für entsprechend anwendbar erklärt auf landesrechtliche Reallasten und sodann in AufwRechtspr. 1928, 971 auch auf landesrechtliche Hypotheken. Grundschulden oder eine ihnen entsprechende Belastung sind den älteren Landesrechten meist unbekannt. Die Verordnung vom 29. 9. 1927 (RGBl. I 299) zur Durchführung des Gesetzes vom 9. Juli 1927 (vgl. oben zu § 1 Anm. 3) hat deshalb bestimmt, daß die oberste Landesbehörde die Anwendung dieses Gesetzes anordnen kann, falls das aufgewertete Recht auf einem Grundstücke lastet, für welches das Grundbuch noch nicht als angelegt gilt, und daß sie dabei bestimmen kann, daß an Stelle des aufgewerteten Rechts eine Grundschuld im Sinne des BGB. auch in solchen Bezirken eingetragen werden kann, in denen eine Grundschuld landesrechtlich nicht besteht. Das vorliegende Gesetz ordnet in **§ 71** als Regel die entsprechende Anwendung des Gesetzes an „auch dann, wenn" — soll heißen: „auch für Bezirke, in denen" — das Grundbuch noch nicht als angelegt gilt, gibt aber der Landesjustizverwaltung die Befugnis, „etwas anderes" — d. h. die gänzliche oder teilweise Nichtanwendung des Gesetzes — anzuordnen. Dabei ist augenscheinlich vorausgesetzt, daß die Rechtsauffassung, derzufolge das Aufwertungsgesetz auf solche Fälle Anwendung findet, gesetzlich begründet ist und sich auch weiter durchsetzt; denn da das vorliegende Gesetz nur eine Ergänzung des Aufwertungsgesetzes bildet, wäre seine Anwendung ohne die Anwendung des Aufwertungsgesetzes nicht wohl denkbar.

§ 32.

(1) Gerichtliche Entscheidungen stehen der Anwendung dieses Gesetzes nicht entgegen[1], [2].

(2) Unberührt durch die Vorschriften dieses Gesetzes bleiben die Anordnungen, die die Aufwertungsstelle auf Grund der §§ 26, 27 des Aufwertungsgesetzes getroffen hat[3].

1 **Rechtskräftige gerichtliche Entscheidungen** sind nach allgemeinen Rechtsgrundsätzen unabänderlich und werden, soweit sie ein streitiges Rechtsverhältnis endgültig geregelt haben, auch durch nachher ergangene neue Gesetze grundsätzlich nicht berührt; eine Ausnahme kann, angesichts der Bedeutung dieses Grundsatzes für die Rechtssicherheit und die öffentliche Ordnung, nur zugelassen werden, wenn der Gesetzgeber sie ausdrücklich anordnet (RGZ. 46, 66). Doch ist im Einzelfalle zu prüfen, ob die Natur des durch die Entscheidung geregelten materiellen Rechtsverhältnisses derart ist, daß es als für alle Zeiten und ohne Rücksicht auf später eintretende Veränderungen der tatsächlichen oder rechtlichen Umstände, wozu auch das Inkrafttreten neuer gesetzlicher Vorschriften gehört, geregelt zu gelten hat (RGZ. a. a. O.). Eine solche absolute Unveränderlichkeit ist namentlich dann nicht anzunehmen, wenn es sich um einen dauernden, auch unter der Herrschaft des neuen Rechts noch fortdauernden Zustand, insbesondere um fortdauernde Leistungen aus einem Rechtsverhältnisse, handelt, denen durch das neue Gesetz die gesetzliche Grundlage entzogen wird (RG. a. a. O.). Diese Ausnahme hat für den Fall der Verurteilung zu künftig wiederkehrenden Leistungen ihren gesetzlichen Ausdruck in § 323 ZPO. gefunden, der in solchen Fällen die Abänderung des Urteils im Wege der Klage zuläßt. Das Aufwertungsgesetz hat in § 68 Abs. 1 den Regelgrundsatz der Unabänderlichkeit zugrunde gelegt, indem es dort bestimmt hat, daß, wenn die Auf-

wertung der von ihm betroffenen Ansprüche durch eine rechtskräftige gerichtliche Entscheidung geregelt ist, es dabei sein Bewenden behält; nur für die Anwendung der Rückwirkungsvorschriften des Aufwertungsgesetzes hat es in Abs. 2 des § 68 eine Ausnahme zugelassen. Auf Grund dieses ausdrücklichen Ausspruchs mußte angenommen werden, daß auch die durch vor Inkrafttreten des AufwGes. rechtskräftig gewordene gerichtliche Entscheidungen geregelte Fälligkeit und Verzinsung aufgewerteter Ansprüche durch die darüber ergangenen neuen Vorschriften des Aufwertungsgesetzes (§§ 25—30) nicht berührt werden sollten. Vgl. über diese Fragen mein AufwRecht zu § 68 Anm. 1; Mügel zu § 68 Anm. 2. Einen anderen Standpunkt hat jedoch bereits die Aufwertungsnovelle vom 9. Juli 1927 (Anhang 1 dieses Kommentars) eingenommen, indem sie in § 17 Satz 2 vorschreibt, daß rechtskräftige Entscheidungen, die auf Grund des Aufwertungsgesetzes ergangen sind, der Anwendung der Novelle nicht entgegenstehen (vgl. über die Streitfrage, ob diese Vorschrift sich nur auf die in Satz 1 daselbst bezeichneten Rechtsverhältnisse bezieht, Mügel zu § 68 Anm. 5). Auch das vorliegende Gesetz hat ausdrücklich, und zwar ohne Einschränkung, den Satz ausgesprochen, daß gerichtliche Entscheidungen seiner Anwendung nicht entgegenstehen. Daß dabei nur rechtskräftige gerichtliche Entscheidungen ins Auge gefaßt sind, ist selbstverständlich, da nicht rechtskräftige Entscheidungen ohnehin die Anwendung des Gesetzes nicht hindern können. Ebenso selbstverständlich ist es aber auch, daß, unter Einschränkung des Wortlautes, nur solche gerichtliche Entscheidungen darunter fallen können, die, sei es vor oder nach Inkrafttreten des Gesetzes, aber auf der Grundlage und in Anwendung des bisherigen Rechtszustandes ergangen sind. Hat ein Urteil auf der Grundlage des neuen Gesetzes über ein Rechtsverhältnis rechtskräftig entschieden, so kann diese Entscheidung nicht in Frage gestellt werden mit der Behauptung, daß das Gesetz unrichtig ausgelegt, seine Vorschriften also in Wirklichkeit nicht angewendet worden seien. Ist sonach ein Eigentümer oder persönlicher Schuldner auf Grund des Aufwertungsgesetzes zur Zahlung des Aufwertungsbetrags am 1. Januar 1932 oder sonst vor dem 1. Januar

1935 verurteilt worden, so ist er ungeachtet der Rechtskraft dieser Entscheidung nicht gehindert, die Zahlung so lange zu verweigern, als nicht die Kündigung gemäß § 2 erfolgt und die Kündigungsfrist abgelaufen und, falls ihm eine Zahlungsfrist nach § 6 von der Aufwertungsstelle bewilligt worden, auch diese verstrichen ist. Wird gegen ihn auf Grund des rechtskräftigen Urteils Zwangsvollstreckung betrieben, so kann er die auf das vorliegende Gesetz gegründeten Einwendungen im Wege der Klage nach § 767 ZPO. geltend machen. Andrerseits ist der Gläubiger nicht gehindert, für die Zeit vom 1. Januar 1932 ab den nach § 1 geschuldeten erhöhten Zins zu verlangen, auch wenn der Eigentümer oder persönliche Schuldner rechtskräftig zur Zahlung eines geringeren Zinssatzes ohne Einschränkung auf die Zeit bis zum 1. Januar 1932 verurteilt ist.

2 Ob die Entscheidungen der Aufwertungsstelle als gerichtliche Entscheidungen zu gelten haben, hängt davon ab, ob man diese Stellen als „Gerichte" ansieht; vgl. darüber Vorbem. 2 vor § 16. Auf alle Fälle muß aber angenommen werden, daß unter die Vorschrift des Abs. 1 auch die Entscheidungen dieser Stellen fallen, da dem Gesetzgeber nicht unterstellt werden kann, daß er ihnen eine weitergehende Wirksamkeit zusprechen wollte als denen der ordentlichen Gerichte. Auch die Vorschrift des § 25 Abs. 1, wonach die rechtskräftigen Entscheidungen der Aufwertungsstelle für die Gerichte und Verwaltungsbehörden bindend sind, steht nicht entgegen, da der § 32 Abs. 1 als das speziellere Gesetz dem § 25 Abs. 1 vorgeht.

3 Das Gesetz legt jedoch im Absatz 2 des Paragraphen gewissen Entscheidungen der Aufwertungsstellen Wirksamkeit auch gegenüber seinen eigenen Vorschriften bei, indem es bestimmt, daß die Anordnungen, die diese Stellen **auf Grund der §§ 26, 27 AufwGes.** getroffen haben, unberührt bleiben. Es sind dies die Anordnungen, die in Berücksichtigung der besonderen wirtschaftlichen Lage einerseits des Eigentümers oder des persönlichen Schuldners, andrerseits des Gläubigers eine von den Bestimmungen des Aufw-Gesetzes für die Regelfälle abweichende Zahlungszeit bestimmt haben, indem sie dem Eigentümer oder persönlichen Schuldner eine längere Stundung als bis zum 1. Januar 1932 durch Gestattung von Teilzahlungen gewährten (§ 26), in welchem Falle aber nach § 28 Abs. 1 Satz 3 vom 1. Januar 1932 ab eine erhöhte Verzinsung eintrat (vgl. oben zu § 1 Anm. 5), oder aber vorzeitige Zahlung von Teilbeträgen vor dem 1. Januar 1932 ihnen auferlegten (§ 27). Diese Anordnungen bleiben bestehen, auch soweit sie mit den Vorschriften des vorliegenden Gesetzes nicht in Einklang stehen. Die Begr. (S. 13 zu §§ 30—33 des Entwurfs) rechtfertigt dies damit, daß in diesen Fällen eine Interessenabwägung in bezug auf die Rückzahlung des Aufwertungsbetrags bereits erfolgt und deshalb keine Veranlassung zu einer nochmaligen Entscheidung der Aufwertungsstelle gegeben sei. Es wird hiernach weder der Gläubiger noch der Eigentümer oder der persönliche Schuldner eine anderweite Zahlungsweise auf Grund des vorliegenden Gesetzes beanspruchen können, ohne Unterschied, ob die Anordnung zugunsten des einen oder des anderen ergangen war. Ging z. B. die Anordnung in Berücksichtigung der Verhältnisse des Eigentümers oder persönlichen Schuldners dahin, daß der AufwBetrag in Teilzahlungen über den 1. Januar 1932 hinaus zu leisten sei, so wird einerseits der Gläubiger nicht durch Kündigung nach § 2 eine frühere Leistung des ganzen Betrags oder eines größeren Teilbetrags herbeiführen können, andrerseits aber auch der Eigentümer oder persönliche Schuldner die Teilzahlungen zu den festgesetzten Terminen zu leisten haben, ohne Kündigung und den Ablauf der Kündigungsfrist oder eine Zahlungsfrist nach § 6 verlangen zu können; auch wird er nicht seinerseits durch Kündigung nach § 3 eine frühere Fälligkeit herbeiführen können. War andrerseits in Berücksichtigung der Verhältnisse des Gläubigers angeordnet, daß der Eigentümer oder persönliche Schuldner vorzeitige Teilzahlungen, frühestens vom 1. Januar 1926 ab, zu leisten habe (§ 27), so erscheint es fraglich, ob dadurch die durch das neue Gesetz gewährte Stundung über den 1. Januar 1932 hinaus ausgeschlossen wird. Das dürfte wohl zu verneinen sein, falls nicht ausdrücklich in der Anordnung gesagt ist, daß der Restbetrag am 1. Januar 1932 oder wann später gezahlt werden soll. Denn andernfalls enthält die Anordnung keine Regelung für die Zeit nach dem 1. Januar 1932, durch welche die Anwendung der Vorschriften des Gesetzes für diese Zeit ausgeschlossen werden könnte.

§ 33.

Die Reichsregierung wird ermächtigt, mit Zustimmung des Reichsrats, zur Durchführung dieses Gesetzes, zur Anpassung seiner Vorschriften an die Vorschriften des Bürgerlichen Gesetzbuchs, der Grundbuchordnung und des Aufwertungsgesetzes sowie zur Verhütung unvorhergesehener Härten die erforderlichen Rechtsverordnungen und allgemeinen Verwaltungsvorschriften zu erlassen[1]. Die Reichsregierung wird ferner ermächtigt, mit Zustimmung des Reichsrats die Vorschriften über das Verfahren der Aufwertungsstelle zu ändern oder zu ergänzen[2].

1 Wie das Aufwertungsgesetz (§ 88), so erteilt auch das vorliegende Gesetz der Reichsregierung die **Ermächtigung zum Erlasse von Verordnungen zur Durchführung des Gesetzes** (§ 33). Die Ermächtigung ist jedoch hier an die Zustimmung des Reichsrats gebunden. Die Verordnungen können Rechtsverordnungen sein oder nur allgemeine Verwaltungsvorschriften enthalten. Über den Begriff der Rechtsverordnung vgl. mein AufwRecht zu § 88 Anm. 3. Die Verordnungen können hiernach auch Abänderungen des bestehenden Rechts, insbesondere des BGB., der Grundbuchordnung, auch des Aufwertungsgesetzes enthalten, soweit solche zur Durchführung des vorliegenden Gesetzes sich als erforderlich erweisen. Dagegen besteht grundsätzlich die in dem Begriff der Durchführung liegende Schranke, daß die Rechtsverordnungen keine Abänderungen des Gesetzes, zu dessen Durchführung sie bestimmt sind, also des vorliegenden Gesetzes selbst, enthalten dürfen. Diese Schranke ist aber hier in bestimmter Richtung durchbrochen durch die Bestimmung, daß die Verordnungen nicht nur zur Durchführung des Gesetzes, sondern auch zur Anpassung seiner Vorschriften an die Vorschriften des BGB., der Grundbuchordnung und des Aufwertungsgesetzes erlassen werden können. Die Reichsregierung kann also, statt Vorschriften der genannten drei Gesetze soweit zu ändern, als es zur Durchführung des vorliegenden Gesetzes erforderlich erscheint, umgekehrt auch

Vorschriften des vorliegenden Gesetzes, statt sie durchzuführen, ändern, um sie den Vorschriften jener Gesetze anzupassen. Dabei wird sie sich jedoch auf solche Vorschriften, deren Nichtvereinbarkeit mit den genannten bestehenden Gesetzen von dem vorliegenden Gesetze nicht gewollt ist, zu beschränken haben; wo dieses Gesetz bewußte Abweichungen von dem allgemeinen Rechte enthält, darf die Reichsregierung nicht durch „Anpassung" an dieses dem Willen des Gesetzgebers entgegentreten. Die Ermächtigung geht aber weiter auch dahin, die „zur Verhütung nicht vorhergesehener Härten" erforderlichen Rechtsverordnungen zu erlassen. Hier handelt es sich speziell um Abweichungen von den Vorschriften des vorliegenden Gesetzes; hier ist aber ausdrücklich gesagt, daß nur unvorhergesehene, also den Absichten des Gesetzes nicht entsprechende Härten verhütet werden sollen. Wo das Gesetz eine als hart zu empfindende Bestimmung im Bewußtsein ihrer Folgen getroffen hat, kann die Reichsregierung daran nichts ändern.

2 Eine spezielle Ermächtigung erteilt ferner noch **Satz 2** des Paragraphen der Reichsregierung, gleichfalls mit Zustimmung des Reichsrats die Vorschriften über das **Verfahren der Aufwertungsstelle** zu ändern oder zu ergänzen. Diese Ermächtigung tritt neben die bereits in § 18 Abs. 1 Satz 3 des Gesetzes (vgl. zu § 18 Anm. 4) enthaltene zum Erlasse von Vorschriften über die Anpassung der in Satz 1 daselbst als sinngemäß anwendbar erklärten Vorschriften des FGG. an die besonderen Bedürfnisse des Zahlungsfristverfahrens. Die hier erteilte Ermächtigung bezieht sich zunächst auf die Verfahrensvorschriften, die das vorliegende Gesetz selbst in Abschnitt IV (§§ 16—26) unter der Überschrift „Verfahren vor der Aufwertungsstelle" gegeben hat, also mit Einschluß der Vorschriften über die sachliche und örtliche Zuständigkeit. Der Umstand, daß hier von dem Verfahren „der" Aufwertungsstelle die Rede ist, dürfte wohl einen sachlichen Unterschied nicht begründen. Ihrem Wortlaute nach geht aber die Ermächtigung dahin, daß die Reichsregierung auch die in anderen Gesetzen, namentlich im Aufwertungsgesetze und seinen Durchführungsverordnungen, enthaltenen Vorschriften über das Verfahren der oder vor den Aufwertungsstellen in anderen Verfahren als dem durch das vorliegende Gesetz geregelten Zahlungsmittelverfahren ändern

könnte. Doch dürfte diese, über das vorliegende Gesetz weit hinausreichende Wirkung wohl nicht im Sinne des Gesetzes liegen.

§ 34.

Dieses Gesetz tritt am 1. Oktober 1930 in Kraft.

Der Entwurf der Reichsregierung schlug vor, das Gesetz mit dem Tage der Verkündung in Kraft treten zu lassen. Bei der zweiten Beratung im Reichstage wurde die Abänderung getroffen, daß das Gesetz **am 1. Oktober 1930 in Kraft** tritt. Der Grund für diese Verschiebung ist augenscheinlich darin zu finden, daß der Reichsregierung die Möglichkeit gelassen werden sollte, für die nach § 1 Abs. 1 Satz 1 (vgl. zu § 1 Anm. 4) „bei dem Inkrafttreten des Gesetzes" zu treffende Festsetzung des Zinssatzes noch während einiger Monate die gegenwärtig in lebhafter Bewegung befindliche Entwicklung der Zinssätze im Wirtschaftsleben zu beobachten.

II. Gesetz über die Vereinigung der Grundbücher.

Vom 18. Juli 1930.

(RGBl. I 305.)

Der Reichstag hat das folgende Gesetz beschlossen, das mit Zustimmung des Reichsrats hiermit verkündet wird:

Inhaltsübersicht.

Das Gesetz zerfällt in 11 Abschnitte, welche im wesentlichen nachstehenden Inhalt haben:

Abschnitt 1 (§§ 1—7) bestimmt eine Ausschlußfrist bis zum 31. 12. 31, innerhalb deren die Eintragung der Aufwertung an der sich aus den Aufwertungsbestimmungen ergebenden Rangstelle bei dem zuständigen Grundbuchamte zu beantragen ist, und regelt die Folgen der Versäumung dieser Frist in der Weise, daß das in alter Währung eingetragene Recht erlischt und statt seiner auf Antrag des Gläubigers an nächstbereiter Stelle ein neues Recht eingetragen wird, sofern nicht ein Eigentumswechsel stattgefunden hat.

Abschnitt 2 (§§ 8—12) bestimmt, daß **Hypotheken-, Grundschuld- und Rentenbriefe,** die noch auf alte Währung lauten, mit Ablauf des 31. Dezember 1931, unter Umständen schon des 31. März 1931, kraftlos werden und daß den Berechtigten auf Antrag ein neuer Brief zu erteilen ist, es sei denn, daß der Aufwertungsbetrag des in dem Briefe verbrieften Rechts 500 Goldmark nicht übersteigt.

In **Abschnitt 3** wird der Rangvorbehalt des Eigentümers (§ 7 AufwGes.), wie die Begründung (unter A 2 a) sich ausdrückt, „abgebaut", und zwar in der Weise, daß die Befugnis zur Eintragung einer Hypothek oder Grundschuld für den Eigentümer an der Rangstelle nach dem aufgewerteten Rechte nicht mehr von Amts wegen eingetragen wird; daß ferner nach Inkrafttreten des Gesetzes die Befugnis zur Eintragung einer Hypothek oder Grundschuld in Höhe von weniger als 100 Goldmark, soweit sie noch nicht ausgeübt ist, erlischt, während für die Eintragung von Rechten in höherem Betrage eine Ausschlußfrist bis zum 31. März 1931 gesetzt ist, nach deren Ablauf die Befugnis gleichfalls erlischt, falls der Antrag auf Eintragung nicht innerhalb der Frist gestellt ist **(§§ 13—16).** Gleichzeitig wird zur Klarstellung der Wirkung der Rangvorbehaltsbefugnis auf die Rangverhältnisse bestimmt, daß diese Wirkung nur eine relative ist, d. h. daß sie nur gegenüber denjenigen nachgehenden Rechten Wirkung hat, die zur Zeit des Inkrafttretens des AufwGesetzes eingetragen oder nach dessen Vorschriften wiedereinzutragen waren, nicht gegenüber allen später begründeten Rechten (absolute Wirkung). Es wird damit eine in der Praxis der Gerichte entstandene Streitfrage im Sinne der vom Reichsgerichte (AufwRechtspr. 1927 S. 533) vertretenen Auffassung entschieden.

Im **Abschnitt 4 (§ 19)** wird durch Außerkraftsetzung des § 22 Abs. 2 AufwGes., die schon dort für einen von der Reichsregierung zu bestimmenden Zeitpunkt vorgesehen war, der öffentliche Glaube des Grundbuchs, der durch die genannte Vorschrift für Eintragungen, die nicht vor dem 1. Juli 1925 lagen, durchbrochen war — vgl. mein AufwRecht zu § 22 Anm. 1 b —, wieder hergestellt.

In den **Abschnitten 5—7** werden Einzelvorschriften gegeben über das Verfahren zur Bereinigung der Grundbücher nach Ablauf der Ausschlußfristen, und zwar zu ihrer Entlastung durch Abrundungen und Löschung gegenstandslos gewordener Widersprüche und Eintragungen von Amts wegen **(Abschn. 5, §§ 20—22)**; ferner zur Umschreibung unübersichtlicher Grundbücher nach den Vorschriften des Landesrechts und den von den Landesjustizverwaltungen innerhalb eines vom Gesetze bestimmten Rahmens zu treffenden Anordnungen über ein Verfahren zur Beseitigung von Unklarheiten und Unübersichtlichkeiten in den Rangverhältnissen (Rangbereinigungsverfahren, **Abschnitt 6, §§ 23, 24**); sodann über Erleichterungen des Grundbuchverkehrs durch Lockerung der Grundbuchsverfahrensvorschriften **(Abschnitt 7, §§ 25—27)**; schließlich durch Vorschriften, welche die (nach Maßgabe eines kammergerichtlichen Gutachtens zweifelhaft gewordene) Gültigkeit gewisser Eintragungen im Grundbuch sicherstellen sollen (§§ 28—32).

In **Abschnitt** 8 (§ 33) werden Kostenvorschriften gegeben.

In **Abschnitt 9** wird die in § 6 Abs. 1 Nr. 2 des Gesetzes vom 9. Juli 1927 (Anhang 1) vorgesehene Bestimmung des Zeitpunktes, nach welchem der öffentliche Glaube des Grundbuches gegenüber Eintragungen in Grundschulden umgewandelter aufgewerteter Hypotheken wieder in Kraft tritt (vgl. darüber Anm. 1 zu § 3 des Fälligkeits- und Verzinsungsgesetzes), auf den 31. Dezember 1931 festgesetzt.

In **Abschnitt 10** (§ 35) wird eine Erleichterungsvorschrift für Eintragungen im Erbbaugrundbuche gegeben.

Abschnitt 11 (§§ 36, 37) enthält die Vorschriften über Geltung, Inkrafttreten und Durchführung des Gesetzes.

1. Abschnitt.

Ausschlußfristen für die Eintragung der Aufwertung in das Grundbuch.

§ 1.

Der Antrag, die Aufwertung der Hypothek (§§ 4 bis 6, 14 bis 21, 78 des Aufwertungsgesetzes)[1] in das Grundbuch an der sich aus dem Aufwertungsgesetz und dem Gesetz vom 9. Juli 1927 (Reichsgesetzbl. I S. 171) ergebenden Rangstelle[2] einzutragen, kann nur bis zum Ablauf des 31. März 1931 gestellt werden[3, 4].

1 Die angeführten Paragraphen des AufwGes. betreffen die Aufwertung der Hypothek zum normalen Höchstsatze von 25 v. H. (§ 4), die Berechnung des Goldmarkbetrags auf Grund des Erwerbstages (§ 5), den Rang der aufgewerteten Hypothek (§ 6), die Aufwertung kraft Vorbehalts und Rückwirkung (§§ 14—21) und nach Annahme von Leistungen nach Inkrafttreten der 3. StNVO. (§ 78). Vgl. Näheres in meinem AufwRecht zu den genannten Paragraphen.

2 Die Rangstelle ergibt sich aus § 6 AufwGes. („Die aufgew. Hyp. behält ihren bisherigen Rang"), §§ 20 ff. (Wiedereintragung mit dem bisherigen Range, soweit nicht die Vorschriften über den öffentlichen Glauben des Grundbuchs entgegenstehen; für den früheren Gläubiger mit Rang nach dem gegenwärtigen und den diesem gleich- oder nachstehenden Rechten; s. jedoch wegen § 22 Abs. 2 zu § 19 dieses Gesetzes); §§ 4 ff. Ges. v. 9. 7. 1927 (Eintragung der durch Umwandlung der Hypothek entstandenen Grundschuld grundsätzlich mit dem bisherigen Range der Hypothek; vgl. Anm. 3 zu § 1 des Fäll.- u. VerzGes.).

3 Antrag ist erforderlich zur Eintragung: §§ 13 Abs. 1 GBO.; 6 Abs. 1 Satz 2 AufwGes. Antragsberechtigt (in Erweiterung des § 13 Abs. 2 GBO.) ist jeder, der ein rechtliches Interesse hat (§ 25 dieses Ges.), also außer dem Gläubiger und dem Eigentümer auch der Pfandgläubiger und (wegen § 1181 BGB.) der persönliche Schuldner. Der Antrag geht auf Berichtigung des durch die Aufwertung unrichtig gewordenen Grundbuchs; daher sind Er-

fordernisse der Eintragung nach §§ 22, 29 GBO. Bewilligung der Betroffenen oder Nachweis der Unrichtigkeit, d. h. der Aufwertung nach Grund und Höhe; doch bedarf es zum Nachweise des Erwerbstags und Erwerbspreises sowie des Erwerbsgrundes keiner öffentlichen Urkunden (Art. 2 DurchfVO. z. AufwGes.; § 1 DurchfVO. z. Novelle); auch greifen die Vermutungen der Art. 3, 4 der erstgenannten VO. Platz. Weitere Erfordernisse und Erleichterungen des Antrags in § 3. Der Antrag kann auch schon vor dem Inkrafttreten des Gesetzes gestellt werden; auch in diesem Falle bestimmen sich aber seine Erfordernisse nach § 3 des Gesetzes (§ 37 Abs. 2 Satz 1). Auch die Entscheidung über den Antrag kann bereits vor Inkrafttreten des Gesetzes erfolgen; in diesem Falle beginnt die Monatsfrist zur Beschwerde (§ 3 Abs. 3) nicht vor Inkrafttreten des Gesetzes (§ 37 Abs. 2 Satz 2).

4 Der Ausschluß tritt mit Ablauf der Frist ein, ohne daß es einer öffentlichen oder Einzel-**Aufforderung** zu ihrer Wahrung bedarf. Im Reichstagsausschusse war ein § 1a angenommen, der das Grundbuchamt anwies, nach näherer Bestimmung der Reichsregierung eine öffentliche Aufforderung zur Regelung des nach § 1 erforderlichen Antrags sowie Einzelaufforderungen an die aus dem Grundbuche ersichtlichen Berechtigten zu erlassen. Diese Vorschrift wurde aber gestrichen, nicht zum wenigsten mit Rücksicht auf die möglicherweise sich daraus ergebende Haftung des Staates. Im Plenum des Reichstags wurde versucht, eine solche Bestimmung wieder in das Gesetz einzufügen; doch wurde schließlich nur eine Entschließung angenommen, daß die Reichsregierung auf die Länder einwirken solle, damit von den Grundbuchämtern entsprechende Aufforderungen und Hinweise erlassen würden.

§ 2.

Ist der Antrag auf Eintragung der Aufwertung (§ 1) bis zum Ablauf des 31. März 1931 nicht gestellt, so erlischt die aufgewertete Hypothek, deren Geldbetrag im Grundbuch noch in Mark oder einer anderen nicht mehr geltenden inländischen Währung bezeichnet ist. Soweit sie noch im Grundbuch eingetragen ist, ist sie von Amts wegen zu löschen[1,2].

1 Das Erlöschen tritt ein unmittelbar mit Ablauf des 31. 3. 1931; das Grundbuch ist von da ab bis zur Löschung unrichtig. Die ganze Hypothek erlischt, auch der eingetragene Nennbetrag in Papiermark (anders der Entwurf). Ist die Hypothek erloschen, so kann auch der Antrag auf Umwandlung in eine Grundschuld mit Rang an der bisherigen Stelle (§§ 4 ff. Ges. v. 9. 7. 27, Anhang 1) nicht mehr gestellt werden. Über die Gebührenfreiheit der Löschungen vgl. § 33.

2 Nicht aufgewertete Hypotheken erlöschen nicht, z. B. nicht solche, die vom Währungsverfall nicht betroffen sind, oder solche mit einem das Aufwertungsmaß erreichenden verbliebenen Geldwert (§ 1 Abs. 1 Satz 1, 2 AufwGes.); vgl. mein AufwRecht zu § 1 Anm. 4, 5. Dagegen werden aufgewertet Hypotheken mit Goldmünzklauseln (vgl. mein AufwRecht zu § 1 Anm. 2), nicht solche mit Goldwertklauseln, die nicht eintragungsfähig sind, auch nicht solche, die in ausländischer Währung oder bereits in Goldmark oder Reichsmark eingetragen sind. Ferner Ausnahmen in § 36 Abs. 2 des Gesetzes.

§ 3.

(1) Die Frist (§ 1) wird nur durch einen Antrag gewahrt, der bei dem Grundbuchamte gestellt ist, von dem das Grundbuch für das belastete Grundstück geführt wird[1].

(2) Die Wirksamkeit des Antrags wird nicht dadurch beeinträchtigt, daß in ihm der Aufwertungsbetrag nicht oder nicht richtig angegeben ist[2].

(3) Weist das Grundbuchamt den Antrag zurück, so ist die Beschwerde nur binnen einer Frist von einem Monat zulässig; die Frist beginnt mit dem Zeitpunkt, in welchem die Verfügung dem Beschwerdeführer bekanntgemacht worden ist. Das gleiche gilt für die

weitere Beschwerde, soweit das Beschwerdegericht der Beschwerde nicht stattgibt[3].

(4) Sind nach Landesrecht die Amtsgerichte nicht ausschließlich zugleich die Grundbuchämter, so kann durch allgemeine Anordnung der Landesjustizverwaltung bestimmt werden, daß, falls zwei oder mehrere Grundbuchämter ihren Sitz an ein und demselben Orte haben, die Frist (§ 1) gewahrt ist, wenn der Antrag bei einem von diesen Grundbuchämtern rechtzeitig gestellt ist[1].

1 Ausnahme in Absatz 4. Über Abgabe an die zuständige Stelle vgl. Anm. 8 zu § 17 Fäll.- u. VerzGes.

2 Auch bei unrichtiger Angabe ist die Frist gewahrt; der Grundbuchrichter wird aber die Eintragung des unrichtigen AufwBetrags sogleich oder nach erfolgloser Zwischenverfügung (§ 18 GBO.) ablehnen können. Über die Pflicht zur Zwischenverfügung vgl. RGZ. 126, 107.

3 Beschwerde und weitere Beschwerde nach §§ 71 ff. GBO.; aber befristet, wenn der Antrag zurückgewiesen ist, andernfalls ohne Frist.

§ 4.

(1) Kann infolge Versäumung der im § 1 vorgeschriebenen Frist die Aufwertung einer Hypothek an der sich aus dem Aufwertungsgesetz und dem Gesetz vom 9. Juli 1927 (Reichsgesetzbl. I S. 171) ergebenden Rangstelle nicht mehr eingetragen werden, so ist auf Antrag des Gläubigers an nächstbereiter Rangstelle in gleicher Höhe eine neue Hypothek einzutragen[1].

(2) Der Bewilligung desjenigen, dessen Recht durch die Eintragung betroffen wird, bedarf es nicht[2]. Die Eintragung erfolgt nach den im Aufwertungsgesetz und dem Gesetz vom 9. Juli 1927 (Reichsgesetzbl. I

S. 171) und in den dazu erlassenen Durchführungsverordnungen für die Eintragung des Aufwertungsbetrags vorgesehenen Vorschriften[2].

(3) Die Eintragung der neuen Hypothek findet nicht statt, wenn das Eigentum an dem Grundstück durch Zuschlag in der Zwangsversteigerung oder durch rechtsgeschäftlichen Erwerb infolge eines nach dem 31. Dezember 1931 gestellten Eintragungsantrags gewechselt hat[3].

1 Anspruch des Gläubigers auf Ersatz der nach § 1 erloschenen Hypothek durch eine neue. Antragsberechtigt sind nur der Gläubiger und derjenige, der sein Recht auszuüben befugt ist, z. B. der Pfändungsgläubiger. Art der Ersatzhypothek die gleiche wie die erloschene (Verkehrs-, Sicherungs-, Gesamthypothek). Keine Berichtigung des Grundbuchs, sondern Eintragung eines bisher nicht bestehenden Rechts, das ohne Einigung (§ 873 BGB.) durch die Eintragung kraft Gesetzes entsteht. Die „nächstbereite Rangstelle" ist die allen eingetragenen Rechten nachfolgende. Der Wert der neuen Hypothek wird danach vielfach fraglich sein. Daß die Eintragung „in gleicher Höhe" erfolgen soll, kann nur bedeuten, daß der gleiche Nennbetrag zugrunde zu legen und von diesem aus der Goldmarkbetrag (§§ 2, 5 AufwGes.) und der Aufwertungsbetrag (§§ 4, 8 AufwGes.) zu berechnen und dieser einzutragen ist, gegebenenfalls unter Umwandlung in Reichsmark (§ 5 dieses Gesetzes).

2 Bewilligung des Betroffenen (Eigentümers, andere Rechte werden nicht betroffen, da keine Gleich- oder Nachberechtigten vorhanden) ist nicht erforderlich, da keine Einigungshypothek (Anm. 1); aber genügend (§ 19 GBO.). Falls sie nicht vorliegt, ist Nachweis der Aufwertungshöhe nach Erwerbsgrund, Erwerbstag, Erwerbspreis erforderlich, soweit nicht durch die Eintragung Vermutungen gemäß Art. 3, 4 DurchfVOAufwGes. geschaffen sind, also namentlich im Falle des Erwerbs durch Abtretung; öffentlicher Urkunden (§ 29 GBO.) bedarf es dazu nicht (Art. 2 DurchfVO. v. 29. 11. 25, § 1 DurchfVO. v. 12. 9. 27). Die Eintragung erfolgt nach den Vorschriften der bezeichneten Gesetze und Verordnungen, jedoch mit Ausnahme derjenigen, die sich auf die Rangstelle der aufgewerteten Hypothek beziehen.

3 Erwerb des Eigentums durch Zuschlag in der Zwangsversteigerung (§ 90 ZwVerstGes.) tritt mit der Verkündung ein, ohne Eintragung, rechtsgeschäftlicher Erwerb erst mit Eintragung (§ 873 BGB.), aber maßgebend hier der Zeitpunkt des Eintragungsantrags. Unerheblich, ob guter Glaube des Erwerbers, insbesondere an den Inhalt des Grundbuchs, vorliegt. Bei Erbfolge, auch testamentarischer oder erbvertragsmäßiger, ist die Ersatzhypothek nicht ausgeschlossen, da der Erwerb nicht durch das Rechtsgeschäft erfolgt (RGRKomm. zu § 892 Anm. 4 S. 134); anders bei Vermächtnissen.

§ 5.

(1) Bei der Eintragung der Aufwertung in das Grundbuch ist der Aufwertungsbetrag statt in Goldmark in Reichsmark einzutragen, wenn eine dahingehende Erklärung des Gläubigers[1] beigebracht ist. Eine Reichsmark ist einer Goldmark gleichzusetzen. Der Zustimmung des Eigentümers und desjenigen, der ein Recht an dem aufgewerteten Rechte hat[2], sowie einer Zustimmung der im Range gleich- oder nachstehenden Berechtigten bedarf es nicht.

(2) Die Erklärung des Gläubigers (Abs. 1 Satz 1) bedarf nicht der Form des § 29 der Grundbuchordnung[3].

1 Kein Antrag erforderlich; Zustimmungserklärung genügt.

2 Pfand- oder Pfändungsgläubiger.

3 Vgl. Anhang 4. Keine öffentliche oder öffentlich beglaubigte Urkunde erforderlich.

§ 6.

Die Vorschriften der §§ 1 bis 5 finden entsprechende Anwendung auf Grundschulden, Rentenschulden und Reallasten[1].

1 Die Aufwertung dieser Rechte erfolgt nach § 31 AufwGes. entsprechend der Aufwertung der Hypotheken. Bei Reallasten wird nach § 31 Abs. 1 Satz 2 Halbsatz 2 die Eintragung eines Ersatzrechts nicht verlangt werden können, wenn die Reallast nicht eingetragen war.

§ 7.

Die durch die Hypothek gesicherte persönliche Forderung wird durch die Vorschriften der §§ 1 bis 5 nicht berührt[1]).

1 Sie besteht nach Erlöschen der Hypothek tatsächlich ohne Sicherung durch eine Hypothek fort, sofern nicht eine neue Hypothek nach § 4 eingetragen wird. Nach der herrschenden Meinung (vgl. Anm. 2 zu § 1 Fäll.- u. VerzGes.) wird sie aber dennoch als eine durch Hypothek gesicherte im Sinne von § 9 AufwGes., § 1 Fäll.- u. VerzGes. zu gelten haben.

2. Abschnitt.

Hypotheken-, Grundschuld-, Rentenschuldbrief.

§ 8.

(1) Mit Ablauf des 31. Dezember 1931 wird ein Hypothekenbrief kraftlos, der den Geldbetrag der Hypothek dann noch in Mark oder einer anderen nicht mehr geltenden inländischen Währung bezeichnet[1, 2].

(2) Ist eine Hypothek, deren Geldbetrag im Grundbuch noch in Mark oder einer anderen nicht mehr geltenden inländischen Währung bezeichnet ist, im Grundbuch zu löschen, weil der Antrag, die Aufwertung einzutragen, nicht rechtzeitig gestellt ist (§ 2), so wird der über die Hypothek erteilte Brief, der auf Mark oder eine andere nicht mehr geltende inländische Währung lautet, schon mit Ablauf des 31. März 1931 kraftlos[3].

1 Hypothekenbrief § 1116 BGB. Voraussetzung ist ein über eine Hypothek des BGB. erteilter Brief. Hypotheken alten Rechts

gelten, wo das Grundbuch angelegt ist, als Buchhypotheken, über welche ein Brief nicht erteilt werden kann, sofern nicht durch Landesgesetz etwas anderes bestimmt ist (Art. 193, 194 EGBGB.). Wo das Grundbuch nicht angelegt ist, finden die §§ 8 ff. entsprechende Anwendung auf die Briefe über altrechtliche Pfandrechte; § 36 Abs. 1 und Anm.

2 Nur Briefe über aufgewertete Hypotheken werden kraftlos; vgl. zu § 2 Anm. 2. Nur solche, die am Stichtage noch auf alte Währung lauten, bei denen also die Aufwertung der Hypothek, falls sie bereits eingetragen, noch nicht durch Vermerk, sei es bei der Eintragung oder auf nachträgliche Vorlegung gemäß Art. 17 Abs. 2 DurchfVO., vermerkt ist. Daß der Brief zu diesem Zwecke bereits vorgelegt ist, wird nicht genügen.

3 Das Erlöschen des Briefs am 31. 12. 31 tritt auch ein, wenn die Aufwertung der Hypothek infolge rechtzeitig gestellten Antrags gemäß § 1 eingetragen ist und bestehenbleibt. Es soll dem weiteren Umlauf von Briefen, aus denen die Aufwertung nicht ersichtlich ist, entgegengetreten werden. Ist die Hypothek aber mit dem 31. März 1931 erloschen, so wird der Brief schon mit diesem Tage kraftlos, da sein Umlauf ohne Hypothek zu Täuschungen im Verkehr führen müßte.

§ 9.

Das Grundbuchamt hat den Besitzer eines kraftlos gewordenen Hypothekenbriefs zur Vorlegung des Briefes anzuhalten[1]. Der Brief ist unbrauchbar zu machen[2]. Eine mit dem Briefe verbundene Schuldurkunde ist abzutrennen und zurückzugeben[2].

1 Entspricht der Vorschrift des § 62 Abs. 2 GBO.; vgl. Anhang 4). Ob Zwangsmaßnahmen (Ordnungsstrafen) zulässig sind, richtet sich nach den Landesgesetzen. Vgl. zu § 62 GBO. RGZ. 83, 290.

2 Satz 2 und 3 entsprechen dem § 69 GBO.

§ 10.

(1) Dem Berechtigten ist auf Antrag ein neuer Brief an Stelle des kraftlos gewordenen Briefes zu

erteilen, es sei denn, daß die Erteilung eines neuen Briefes ausgeschlossen ist[1].

(2) Die Erteilung eines neuen Briefes gilt als nachträglich ausgeschlossen, wenn der Aufwertungsbetrag der Hypothek 500 Goldmark nicht übersteigt (Artikel 6 der Durchführungsverordnung vom 29. November 1925). Die Ausschließung ist im Grundbuch zu vermerken. Die Befugnis, die Ausschließung der Erteilung des Hypothekenbriefs aufzuheben (§ 1116 Abs. 3 BGB.), bleibt unberührt[2].

1 Voraussetzung für Erteilung eines neuen Briefes ist, daß die Hypothek nicht auf Grund des § 2 oder durch Löschung aus anderem Grunde erloschen ist. Ausschluß der Brieferteilung nach § 1116 Satz 2, 3 BGB.

2 Abs. 2 entspricht dem Art. 6 DurchfVO. v. 29. 11. 25. Gesetzliche Vermutung (Fiktion) einer vereinbarten Ausschließung, die kraft Gesetzes ohne Eintragung eintritt; der „Vermerk" im Grundbuch hat von Amts wegen zu erfolgen, ist aber für den Ausschluß nicht wesentlich. Die fingierte Ausschließung kann durch Einigung und Eintragung aufgehoben werden (§ 1116 Abs. 3); alsdann kann ein neuer Brief erteilt werden.

§ 11[1].

Wird ein neuer Brief erteilt (§ 10), so hat er die Angabe zu enthalten, daß er an die Stelle des bisherigen Briefes tritt[2]. Wird der bisherige Brief vorgelegt, so sind Vermerke, die nach den §§ 1140, 1145, 1157 des Bürgerlichen Gesetzbuchs für das Rechtsverhältnis zwischen dem Eigentümer und dem Gläubiger in Betracht kommen, auf den neuen Brief zu übertragen[3]. Die Erteilung des Briefes ist im Grundbuch zu vermerken. Eine mit dem bisherigen Briefe verbundene Schuldurkunde ist mit dem neuen Briefe zu verbinden[1].

1 Satz 1 bis 3 entsprechen dem § 68 Abs. 1 bis 3, Satz 4 dem § 58 GBO. (vgl. Anhang 4).

2 Als besonderen Inhalt, außer dem durch §§ 56, 57 GBO. vorgeschriebenen.

3 „Vermerke" auf dem Briefe können amtliche oder private, von dem Eigentümer oder einer anderen Person auf den Brief gesetzte einseitige Kenntnisgaben sein, die einer Unterschrift nicht bedürfen. Sie schließen ebenso wie der Inhalt des Briefes selbst die Berufung auf den öffentlichen Glauben an den Inhalt des Grundbuchs, falls dieser unrichtig ist, aus (§ 1140). Teilweise Befriedigungen auf dem Briefe zu vermerken ist der Gläubiger verpflichtet (§ 1145 Abs. 1 Satz 2). Im Falle der Abtretung können Einwendungen, die auf dem Briefe vermerkt sind, auch dem neuen Gläubiger entgegengesetzt werden (§ 1157 BGB.). Diese Vorschriften kommen nur zur Anwendung, wenn die Vermerke auf den neuen Brief übertragen sind.

§ 12.

Die Vorschriften der §§ 8 bis 11 finden auf Grundschuldbriefe und Rentenschuldbriefe entsprechende Anwendung[1].

1 Vgl. zu § 6. Grundschuldbrief: §§ 1116, 1192, 1195 BGB., Rentenschuldbrief: § 1199 BGB. Wo das Grundbuch als angelegt gilt, gelten altrechtliche Grundschuldbriefe als Grundschuldbriefe im Sinne des BGB., vorbehaltlich abweichender Bestimmung der Landesgesetze; Art. 195 EGBGB. Entsprechende Anwendung der §§ 8—11, wo das Grundbuch noch nicht angelegt ist, § 36.

3. Abschnitt.

Rangvorbehalt des Eigentümers.

1. Erlöschen des Rangvorbehalts.

§ 13.

(1) Die Befugnis des Eigentümers, an der ihm vorbehaltenen Rangstelle eine Hypothek oder Grund-

schuld eintragen zu lassen (§ 7 des Aufwertungsgesetzes), wird nicht mehr von Amts wegen in das Grundbuch eingetragen[1]. Dies gilt auch, wenn die Befugnis vor dem Inkrafttreten dieses Gesetzes nach den Vorschriften des Aufwertungsgesetzes einzutragen gewesen wäre[2].

(2) Die Vorschrift des Abs. 1 findet keine Anwendung, soweit auf Grund des § 7 Abs. 4 des Aufwertungsgesetzes ein wertbeständiges Recht die vorbehaltene Rangstelle einnimmt[3].

1 Vgl. die Inhaltsübersicht. Auf Antrag des Eigentümers findet die Eintragung auch weiter statt, jedoch nur, solange das aufgewertete Recht, an das sie sich anschließt, nicht nach § 2 erloschen ist.

2 Keine Eintragung von Amts wegen mehr nach Inkrafttreten des Gesetzes, auch wenn sie vorher hätte erfolgen sollen. Das kann Anlaß zu Schadenersatzansprüchen nach §§ 839 BGB., 12 GBO. geben.

3 Vgl. mein AufwRecht zu § 7 Anm. 7. Nehmen wertbeständige Rechte nach § 7 Abs. 4 AufwGes. die dem Eigentümer vorbehaltene Rangstelle ein, so sind sie an dieser Stelle auch weiter bei der Eintragung der Aufwertung von Amts wegen einzutragen.

§ 14.

Soweit die Befugnis des Eigentümers, an der ihm vorbehaltenen Rangstelle eine Hypothek oder Grundschuld eintragen zu lassen, noch nicht ausgeübt ist[1], erlischt sie mit dem Inkrafttreten dieses Gesetzes, wenn der Goldmarkbetrag der Hypothek oder Grundschuld niedriger wäre als 100 Goldmark[2].

1 Als ausgeübt gilt die Befugnis auch, soweit wertbeständige Rechte die dem Eigentümer vorbehaltene Rangstelle einnehmen (§ 7 Abs. 4 AufwGes.; vgl. zu § 13 Anm. 3). Auch die Vormerkung solcher Rechte steht bereits der Ausübung der Befugnis gleich (RGZ. 124, 200).

2 Der Goldmarkbetrag der einzutragenden Hypothek oder

Grundschuld beträgt 25 v. H. des aufgewerteten Rechts, ohne Rücksicht, ob dieses auf Grund des § 8 AufwGes. niedriger aufgewertet worden ist. Ist die Befugnis teilweise ausgeübt (vgl. Anm. 1), so erlischt sie, wenn der noch freie Teil der Rangstelle 100 Goldmark nicht erreicht.

§ 15.

(1) Soll von der unter Berücksichtigung des § 14 noch bestehenden Befugnis Gebrauch gemacht werden, so ist der Antrag, die Hypothek oder Grundschuld einzutragen, spätestens bis zum Ablauf des 31. März 1931 zu stellen[1]. Ist der Antrag nicht rechtzeitig gestellt, so erlischt die Befugnis[2]. Die Hypothek oder Grundschuld kann ohne Zustimmung der im Range gleich- oder nachstehenden Berechtigten in Reichsmark eingetragen werden. Eine Reichsmark ist einer Goldmark gleichzusetzen[3].

(2) Die Vorschrift des § 13 Abs. 2 bleibt unberührt[4]. Die Vorschriften des § 3 finden entsprechende Anwendung[5].

1 Die Befugnis besteht (wie zu ergänzen: „bei Inkrafttreten des Gesetzes") **noch**, soweit sie nicht vorher ausgeübt ist (vgl. zu § 14 Anm. 1) und auch nicht gemäß § 14 wegen Geringfügigkeit des einzutragenden Goldmarkbetrages mit dem Inkrafttreten des Gesetzes erlischt. In diesen Fällen bleibt sie zunächst bestehen; erlischt aber, falls sie nicht innerhalb der Ausschlußfrist durch Antrag auf Eintragung einer Hypothek oder Grundschuld an der vorbehaltenen Stelle ausgeübt wird.

2 Für die Antragsberechtigung gilt das zu § 1 Anm. 3 Bemerkte: § 25 anwendbar.

3 Eintragung in Goldmark gemäß Art. 9 DurchfVO. Es kann aber statt dessen Eintragung in **Reichsmark** erfolgen; ob nur auf Antrag oder auch von Amts wegen, bleibt zweifelhaft, und zwar ohne Zustimmung der Gleich- und Nachberechtigten. Dagegen wird, wie in § 5, eine zustimmende Erklärung des Gläubigers erforderlich sein, falls dieser nicht selbst den Antrag stellt. Zustimmung des Eigentümers ist hier nicht, wie in § 5, als nicht erforderlich erklärt; sie wird deshalb gleichfalls erforderlich sein. Reichsmark = Goldmark, wie in § 5.

4 Vgl. § 13 Anm. 2. Auch nach Inkrafttreten des Gesetzes findet die Eintragung der wertbeständigen Rechte an der vorbehaltenen Rangstelle von Amts wegen statt; eine Ausschlußfrist besteht dafür nicht.

5 Förmlichkeiten des Antrags und Beschwerdefrist wie nach § 3; vgl. die Anmerkungen zu § 3.

§ 16.

Ist die Befugnis des Eigentümers, an der ihm vorbehaltenen Rangstelle eine Hypothek oder Grundschuld eintragen zu lassen, auf Grund dieses Gesetzes erloschen[1], so sind die Eintragungen, die sich auf die Befugnis beziehen, im Grundbuch von Amts wegen zu löschen[2].

1 Nach Maßgabe der §§ 14, 15.

2 Zu löschen ist die Eintragung der Befugnis selbst sowie der eingetragene Verzicht auf sie (§ 7 Abs. 5 AufwGes.), ferner sonstige Vermerke, die sich auf sie beziehen, z. B. Rangvermerke bei den gleich- oder nachstehenden Rechten.

2. Klarstellung der Rangverhältnisse.

§ 17.

Die Befugnis des Eigentümers, an der ihm vorbehaltenen Rangstelle eine Hypothek oder Grundschuld eintragen zu lassen, steht dem Eigentümer nur gegenüber denjenigen nachgehenden Rechten zu, die zur Zeit des Inkrafttretens des Aufwertungsgesetzes eingetragen oder nach dessen Vorschriften wieder einzutragen waren (relative Wirkung der Rangbefugnis)[1].

1 § 17 gibt eine authentische Interpretation der „nachgehenden

Rechte" im Sinne von § 7 Abs. 1 Satz 1 AufwGes., deren Auslegung streitig geworden war. Vgl. die Inhaltsübersicht und die dort angeführte Entscheidung des Reichsgerichts. Ferner aus der amtlichen Begründung:

„Von den Streitfragen, die sich in der Praxis an die Befugnis geknüpft haben, hat die Frage der sogenannten absoluten oder relativen Wirkung der Befugnis den meisten Platz eingenommen. Es handelt sich darum, ob die Befugnis nur den zur Zeit des Inkrafttretens des Aufwertungsgesetzes bestehenden Rechten (relative Wirkung) oder auch allen später begründeten Rechten (absolute Wirkung) im Range vorgeht. Das Reichsgericht hat sich mit Beschluß vom 7. Juli 1927 (Aufwertungs-Rechtsprechung 1927 S. 533) der relativen Theorie angeschlossen, die bis dahin bereits überwiegend in Bayern, Württemberg und teilweise in Baden anerkannt war, während die Rechtsprechung im übrigen Reichsgebiet unter Führung des Kammergerichts überwiegend der absoluten Theorie gefolgt war. Der wirtschaftspolitische und der finanzpolitische Ausschuß des vorläufigen Reichswirtschaftsrats haben sich in ihrem Gutachten dafür ausgesprochen, die absolute Wirkung der Rangbefugnis gesetzlich festzulegen. Eine Rückkehr zur absoluten Theorie, wenn sie auch den Vorzug klarerer Grundbuchverhältnisse hat, erscheint aber nicht mehr angängig, nachdem in der Praxis mühsam eine gewisse Einheitlichkeit im Sinne der vom Reichsgericht anerkannten relativen Theorie erreicht worden ist. Jedenfalls empfiehlt es sich aber, für die Zukunft eine einheitlichere Handhabung der Vorschriften über die Rangbefugnis dadurch sicherzustellen, daß ihre Wirkung in bezug auf die Rangverhältnisse gesetzlich festgelegt wird. Der Entwurf schlägt vor, durch eine Auslegungsvorschrift klarzustellen, daß die Befugnis relative Wirkung hat (§ 17). Es erscheint aber notwendig, den gegenwärtigen Stand der Eintragungen in den Grundbüchern auch insoweit als wirksam anzuerkennen, als die absolute Wirkung zweifelsfrei und ohne nachträglichen Widerspruch im Grundbuch verlautbart ist (§ 18)."

Danach hat der Eigentümer nicht die Befugnis, an der ihm durch § 7 vorbehaltenen Rangstelle ein Recht mit der Wirkung eintragen zu lassen, daß es denjenigen dieser Rangstelle nachgehenden Rechten vorgeht, welche vor dem Inkrafttreten des Aufwertungsgesetzes überhaupt noch nicht eingetragen waren; wohl aber solchen Rechten, die vorher eingetragen waren, dann gelöscht worden, aber nach den Vorschriften des AufwGesetzes über Vorbehalt und Rückwirkung gemäß § 20 daselbst wieder einzutragen waren. Ausnahmen in § 18.

§ 18.

Ergibt sich aus dem Grundbuch, daß die Befugnis des Eigentümers auch gegenüber den nach Inkrafttreten des Aufwertungsgesetzes eingetragenen oder noch einzutragenden Rechten Wirkung erhalten sollte [1] (absolute Wirkung der Rangbefugnis) oder ist ein Recht mit diesem Range auf Grund der Befugnis im Grundbuch eingetragen[1], so hat es hierbei sein Bewenden, es sei denn, daß zur Zeit des Inkrafttretens dieses Gesetzes ein Widerspruch zugunsten der relativen Wirkung der Rangbefugnis (§ 17) eingetragen ist[2].

1 „Aus dem Grundbuche" ergibt sich das, wenn entweder bei der Eintragung der Befugnis ausdrücklich vermerkt ist, daß sie auch gegenüber nach Inkafttreten des AufwGes. eingetragenen oder einzutragenden Rechten besteht, oder wenn bei solchen Rechten vermerkt ist, daß ihnen die Befugnis oder das auf Grund der Befugnis eingetragene Recht vorgehe. — Das Recht ist „mit diesem Range" eingetragen, wenn bei der Eintragung ausdrücklich vermerkt ist, daß es auch den nach Inkrafttreten des AufwGesetzes eingetragenen oder einzutragenden Rechten vorgehe.

2 Widerspruch (§§ 892, 894, 899 BGB.) kann eingetragen sein auf Grund einer Bewilligung des Betroffenen (Gläubigers eines nachgehenden Rechts), einstweiligen Verfügung (§ 25 GBO.) oder von Amts wegen durch das Grundbuchamt, wenn es nach einer die absolute Wirkung begründenden Eintragung oder einem solchen Vermerk (Anm. 1) zu der Ansicht gelangt ist, daß die Eintragung unter Verletzung gesetzlicher Vorschriften erfolgt und dadurch das Grundbuch unrichtig geworden ist (§ 54 GBO.). Alsdann tritt infolge des Widerspruchs, der sich durch die neue Vorschrift als gerechtfertigt erweist, ungeachtet der Eintragung nur die relative Wirkung ein.

4. Abschnitt.

Öffentlicher Glaube des Grundbuchs.

§ 19.

Die Vorschrift des § 22 Abs. 2 des Aufwertungsgesetzes tritt mit dem Ablauf des 31. Dezember 1931 außer Kraft[1,2].

1 Durch § 22 Abs. 2 AufwGes. — vgl. mein AufwRecht zu § 22 Anm. 1 b — war der öffentliche Glaube des Grundbuchs (§ 892 BGB.), insofern er der Eintragung des Aufwertungsbetrags gelöschter oder umgeschriebener oder außerhalb des Grundbuchs gemäß § 1155 BGB. erworbener Hypotheken an der bisherigen Rangstelle bezw. für den früheren oder den durch Besitz des Hypothekenbriefes legitimierten Gläubiger (§§ 20, 21 AufwGes.) entgegengestanden hätte, insoweit aufgehoben worden, als der Zeitpunkt des Erwerbs des Rechts an dem Grundstück (§ 873 BGB.) oder der nach § 892 Abs. 2 dafür maßgebende Zeitpunkt der Stellung des Eintragungsantrags bezw. der später erfolgten Einigung nicht vor dem 1. Juli 1925 lag. Später erfolgte Erwerbungen von Rechten an dem Grundstücke können also in den Fällen der Aufwertung kraft Vorbehalts oder Rückwirkung die Wiedereintragung der gelöschten Hypothek zum Aufwertungsbetrag bezw. die Eintragung des Aufwertungsbetrags für den früher eingetragen gewesenen oder den noch eingetragenen, aber nicht mehr durch den Besitz des Hypothekenbriefes legitimierten Gläubiger mit dem bisherigen Range bis auf weiteres nicht hindern. Ferner war durch diese Vorschrift insoweit auch der § 21 Abs. 2 außer Kraft gesetzt, demzufolge der Aufwertungsbetrag des früheren Gläubigers hinter dem des gegenwärtigen Gläubigers und den diesem im Rang gleichstehenden oder nachgehenden Rechten im Range zurückstehen müßte. Bereits im AufwGesetz selbst (§ 22 Abs 2 Satz 2) war vorgesehen, daß dieser Zustand nur vorübergehend sein und der Zeitpunkt seiner Beendigung durch die Reichsregierung bestimmt werden sollte. Diese Bestimmung ist jetzt durch das Gesetz selbst erfolgt. Einem nach dem 31. Dezember 1931 erworbenen Rechte an dem Grundstücke (Eigentum, nachgehende Hypothek)

kann also ein Anspruch aus einer Wiedereintragung einer gelöschten Hypothek oder des früher eingetragenen oder aus der Eintragung des noch eingetragenen, aber gemäß § 1155 nicht mehr berechtigten Gläubigers nicht entgegengehalten werden. Nicht aufgehoben ist die Vorschrift des § 22 Abs. 1 AufwGes.; den dort bezeichneten Erwerbungen durch den Eigentümer und seine Verwandten in der Zeit nach dem 1. Januar 1925 wird also der öffentliche Glaube des Grundbuchs gegenüber Wiedereintragungen oder Eintragungen gemäß §§ 20, 21 AufwGes. auch nach 31. 12. 1931 nicht zur Seite stehen.

2 Hervorzuheben ist noch zur Vermeidung von Mißverständnissen, daß § 22 Abs. 2 AufwGes. sich nur auf die Eintragungen auf Grund der §§ 20, 21 bezieht, denen der öffentliche Glaube des Grundbuchs der Regel nach entgegensteht (§ 20 Abs. 1); nicht aber auf die Eintragung des Aufwertungsbetrags nach § 6, die überhaupt nicht erforderlich ist, um dem Aufwertungsbetrag den bisherigen Rang der in Papiermark eingetragenen Hypothek gegenüber Erwerbungen von Rechten am Grundstücke zu sichern, so daß in dieser Beziehung der öffentliche Glaube des Grundbuchs ohnehin schon ausgeschaltet ist — vgl. mein AufwRecht zu § 6 Anm. 1 —, ein Zustand, der nunmehr allerdings in absehbarer Zeit nach dem 31. 3. 1931 beendet sein wird, da bis dahin der Antrag auf Eintragung der Aufwertung gestellt sein muß (§§ 1, 2 des vorliegenden Gesetzes). Die Erledigung der Anträge, die sich in der letzten Zeit vor dem Fristablaufe naturgemäß gehäuft haben werden, wird, wie die Begründung annimmt, eine Übergangszeit von 6 Monaten erfordern; erst nach dieser Zeit wird eine allgemeine Wiederherstellung des öffentlichen Glaubens des Grundbuches möglich sein. Aus diesem Grunde ist in § 19 der Zeitpunkt des Außerkrafttretens des § 22 Abs. 2 erst auf den 31. Dezember 1931 bestimmt worden. Der anormale Zustand, der in den Grundstücksverkehr tief eingreift, ist dadurch allerdings noch für einen recht erheblichen Zeitraum aufrechterhalten.

5. Abschnitt.

Weitere Entlastung der Grundbücher.

Im Abschnitt 5 (§§ 20—22) ist eine Anzahl formaler Vorschriften gegeben, die bestimmt sind, dem Zwecke des Gesetzes zu dienen, die Grundbücher zu bereinigen und von unnötigen und die Übersicht erschwerenden Eintragungen zu befreien.

§ 20.

Die Landesjustizverwaltung kann anordnen, daß der im Grundbuch eingetragene Aufwertungsbetrag einer Hypothek, Grundschuld oder Rentenschuld auf volle Goldmark oder, falls Reichsmark eingetragen ist, auf volle Reichsmark abzurunden ist. Das gleiche gilt für den noch einzutragenden Aufwertungsbetrag[1].

§ 21.

Die infolge der Vorschriften der §§ 1 und 2 gegenstandslos gewordenen Widersprüche sind von Amts wegen zu löschen[2].

§ 22.

Die Landesgesetzgebung kann anordnen, daß Eintragungen über Rechte, auch sofern sie nicht von der Aufwertung betroffen sind, von Amts wegen gelöscht werden können, wenn festgestellt ist, daß sie gegenstandslos geworden sind[3].

1 **Abrundung** von Aufwertungsbeträgen, bei denen Teilbeträge von Goldmark oder Reichsmark eingetragen sind oder einzutragen wären, auf volle Goldmark oder Reichsmark. Die Abrundung kann nach dem Ermessen des Grundbuchamts nach oben oder nach unten erfolgen (Begr.).

2 **Widersprüche** (gegen die Richtigkeit des Grundbuchs, § 899 BGB.) sollen von Amts wegen **gelöscht** werden, sofern sie infolge der Vorschriften der §§ 1, 2 des Gesetzes gegenstandslos geworden sind. Wie die Begründung (zu § 21) ergibt, hat der Entwurf dabei solche Widersprüche im Auge gehabt, die auf Grund des Aufw.-Gesetzes und seiner Durchführungsbestimmungen eingetragen sind, namentlich: a) wegen eines Antrags auf Herabsetzung der Aufw.

(§ 8 Abs. 2); b) wegen des Anspruchs auf Wiedereintragung einer gelöschten Hypothek (§ 16 Abs. 2 und DurchfVO. Art. 15); c) wegen der Behauptung des Eigentümers, daß eine Aufwertung einer nicht gelöschten Hypothek nach den Vorschriften der §§ 14, 15 (Vorbehalt, Rückwirkung) nicht stattfinde (§ 16 Abs. 3). Doch trifft die Vorschrift auch die auf Grund anderer gesetzlicher Bestimmungen, insbesondere der §§ 894, 899 BGB., eingetragenen Widersprüche, sofern die Voraussetzung gegeben ist, daß sie infolge der Vorschriften der §§ 1, 2 des Gesetzes gegenstandslos geworden sind. Diese Voraussetzung trifft nur zu, wenn die aufgewertete Hypothek infolge nicht rechtzeitiger Stellung des Antrags auf Eintragung der Aufwertung erloschen ist. Da in diesen Fällen die Löschung der Hypothek selbst von Amts wegen zu erfolgen hat (§ 2 Satz 2), würde der Widerspruch, wenn er nicht gelöscht würde, gegenstandslos sein und das Grundbuch unnötig belasten; daher soll auch er von Amtswegen gelöscht werden. Auf Fälle, in denen die Gegenstandslosigkeit auf anderen Gründen beruht, bezieht sich, auch wenn die Eintragung auf Grund des AufwGesetzes erfolgt ist, die Vorschrift nicht. Daher wird im Falle des § 8 Abs. 2 oder des § 16 Abs. 2, 3 AufwGes., wenn sich der Widerspruch durch rechtskräftige Entscheidung über den streitigen Anspruch erledigt hat, die Löschung nicht von Amts wegen, sondern nur auf Bewilligung des Widersprechenden oder auf Grund einer den Widerspruch aufhebenden vollstreckbaren Entscheidung (§ 25 GBO.) erfolgen können, vorbehaltlich einer landesgesetzlichen Vorschrift nach § 22.

3 Weit über das Gebiet des Aufwertungsrechts hinaus greift die auf Wunsch des Reichsrats aufgenommene Bestimmung des § 22. Es soll dadurch Gelegenheit geboten werden, die Grundbücher durch **Löschung gegenstandslos gewordener Eintragungen** von Amts wegen überhaupt zu entlasten. Aufgabe der Landesjustizverwaltungen soll es sein, das Verfahren so zu gestalten, daß nur solche Eintragungen zur Löschung kommen, deren Gegenstandslosigkeit zweifelsfrei festgestellt ist. Den Grundbuchämtern wird dadurch eine große Verantwortlichkeit aufgebürdet, die zu Schadenersatzansprüchen gegenüber den Grundbuchbeamten und dem Staate (§ 12 GBO.) führen kann. — Dadurch, daß die zu löschenden Eintragungen „Rechte, auch sofern sie nicht von der Aufwertung betroffen sind", betreffen können, ist — ohne die mangelhafte sprachliche Fassung zu verkennen — zu schließen, daß die Anordnungen um so mehr auch die Löschung von Eintragungen über aufgewertete Rechte vorschreiben können.

6. Abschnitt.

Umschreibung unübersichtlicher Grundbücher.

Auch die Vorschriften des sechsten Abschnittes gehen, wie schon § 22, über das Gebiet des Aufwertungsrechts hinaus und bezwecken die Herstellung der Übersichtlichkeit der Grundbücher, die allerdings hauptsächlich durch die Eintragungen anläßlich der Aufwertung sehr beeinträchtigt ist, überhaupt. In erster Linie wird zu diesem Zwecke eine Umschreibung der Grundbücher (§ 23); in zweiter Linie, sofern dadurch die Übersichtlichkeit nicht hergestellt werden kann, ein Rangbereinigungsverfahren (§ 24) vorgesehen.

§ 23.

Unübersichtliche Grundbücher werden nach den Vorschriften des Landesrechts umgeschrieben[1].

1 Die Begründung (zu § 23) hebt hervor, daß durch **§ 23** „nur der bestehende Rechtszustand festgestellt werde". Es ist jedoch zu bemerken, daß durch § 1 GBO. (Anhang 4) die Einrichtung der Grundbücher, soweit sie nicht in der GBO. selbst geregelt ist, wozu auch die Bestimmungen über die Umschreibung gehören, unmittelbar den Landesjustizverwaltungen zugewiesen ist. Ihre darauf sich gründende Zuständigkeit soll durch § 23 augenscheinlich nicht berührt werden (vgl. auch § 24), so daß es besonderer landesrechtlicher Vorschriften darüber auch fernerhin nicht bedürfen wird.

§ 24.

(1) Die Landesjustizverwaltung kann im Rahmen der folgenden Richtlinien anordnen, daß bei der Umschreibung unübersichtlicher Grundbücher von Amts wegen oder auf Antrag eines Beteiligten Unklarheiten

und Unübersichtlichkeiten in den Rangverhältnissen beseitigt werden[1].

(2) Das Grundbuchamt hat zu versuchen, eine Einigung der Beteiligten auf eine klare Rangordnung herbeizuführen. Gelingt das nicht, so macht das Grundbuchamt den Beteiligten einen Vorschlag für eine neue Rangordnung. Dabei kann eine Änderung bestehender Rangverhältnisse insoweit vorgeschlagen werden, als es zur Klarstellung erforderlich ist. Den Beteiligten ist eine Widerspruchsfrist von mindestens einem Monat zu eröffnen[2].

(3) Wird rechtzeitig ein Widerspruch erhoben, so entscheidet das Grundbuchamt. Die Entscheidung ist mit Gründen zu versehen. Gegen die Entscheidung findet die sofortige Beschwerde nach den Vorschriften des Reichsgesetzes über die Angelegenheiten der freiwilligen Gerichtsbarkeit statt. Über die sofortige Beschwerde entscheidet das Landgericht. Gegen die Entscheidung des Landgerichts ist ein Rechtsmittel nicht zulässig[3].

(4) Ist innerhalb der Widerspruchsfrist kein Widerspruch erhoben worden oder sind die erhobenen Widersprüche erledigt, so ist das Grundbuchblatt nach Maßgabe der neuen Rangordnung umzuschreiben; die neue Rangordnung tritt damit an die Stelle der bisherigen[4].

(5) Das Verfahren ist auf Antrag eines Beteiligten bis zur Erledigung eines anhängigen Rechtsstreits, der die Rangverhältnisse an dem Grundstück zum Gegenstande hat, auszusetzen[5].

(6) Findet durch dieses Verfahren ein anhängiger Rechtsstreit seine Erledigung, so trägt jede Partei die ihr entstandenen außergerichtlichen Kosten. Die Gerichtskosten werden niedergeschlagen[6].

(7) Die Justizverwaltung eines Landes, in welchem die Amtsgerichte nicht zugleich die Grundbuchämter sind, kann anordnen, daß über den Widerspruch (Abs. 3) an Stelle des Grundbuchamts das Amtsgericht entscheidet, in dessen Bezirk das Grundbuchamt seinen Sitz hat. Die sofortige Beschwerde findet gegen die Entscheidung des Amtsgerichts statt[7].

1 Rangbereinigungsverfahren. Es findet nur statt, wo die Landesjustizverwaltungen entsprechende Anordnungen erlassen haben. Diese müssen sich im Rahmen des § 24 halten; sie dürfen also keine abweichenden Vorschriften über den Gang und die Wirkungen des Verfahrens enthalten; können aber dieses im einzelnen noch näher ausgestalten. Sie haben auch zu bestimmen, ob die Einleitung des Verfahrens von Amts wegen oder nur auf Antrag erfolgen soll. Sie können auch bestimmen, ob für jedes Grundstück einzeln oder gemeinschaftlich für mehrere (gleicher Eigentümer, Gesamthypothek). Das Verfahren findet nur statt bei Umschreibung des Grundbuchs, also gelegentlich einer für dieses wegen Unübersichtlichkeit angeordneten Umschreibung. Fernere Voraussetzung ist das Bestehen von Unklarheiten und Unübersichtlichkeiten in den Rangverhältnissen des einzelnen Grundstücks.

2 Einigungsversuch obligatorisch, in erster Linie auf „klare", hilfsweise auf „neue" Rangordnung. Der Vorschlag des Grundbuchamts für diese kann auch bestehende Rangverhältnisse ändern.

3 Entscheidungsverfahren, falls Einigung nicht zustande kommt. Der Vorschlag des Grundbuchamts (vgl. Anm. 2) ist seiner Entscheidung zugrunde zu legen. Rechtsmittel sofortige Beschwerde nach FGG. (§ 22, Anhang 3), also auf zwei Wochen befristet, sie geht an das Landgericht, keine weitere Beschwerde.

4 Nach endgültigem Zustandekommen der Rangordnung Ausführung derselben durch Umschreibung des das Grundstück betreffenden Grundbuchblattes.

5 Der Rechtsstreit kann noch während des Verfahrens anhängig gemacht werden. Zur Aussetzung auf Antrag eines Be-

teiligten ist das Grundbuchamt verpflichtet. Die Entscheidung in dem Rechtsstreite ist der Rangordnung zugrunde zu legen.

6 Ein anhängiger Rechtsstreit findet durch das Verfahren seine Erledigung, wenn die in diesem vorgeschlagene Rangordnung endgültig zustande kommt, bevor der Rechtsstreit rechtskräftig entschieden ist; das kann vorkommen, wenn kein Aussetzungsantrag (Abs. 5) gestellt ist. Für diesen Fall trifft Abs. 6 eine zur Förderung der Einigung bestimmte erleichternde Kostenvorschrift.

7 Landesrechtlicher Sonderfall; Amtsgerichte sind nicht Grundbuchämter in Baden, Württemberg, Mecklenburg.

7. Abschnitt.

Erleichterungen des Grundbuchverkehrs.

§ 25.

Den Antrag auf Eintragung nach den Vorschriften dieses Gesetzes zu stellen, ist jeder berechtigt, der ein rechtliches Interesse an der Eintragung hat[1].

1 Erweiterung des Kreises der nach § 13 Abs. 2 GBO. (Anhang 4) Antragsberechtigten. Nur anwendbar auf Eintragungen, die nach den Vorschriften dieses Gesetzes erfolgen sollen: §§ 1, 4, 15.

§ 26.

Für die Eintragung des Erlöschens einer aufgewerteten Hypothek oder Grundschuld, deren Geldbetrag 300 Goldmark oder Reichsmark nicht übersteigt, sowie für die Eintragung des Erlöschens einer aufgewerteten Rentenschuld oder Reallast, deren Jahresleistung 15 Goldmark oder Reichsmark nicht übersteigt[1], bedarf

1. der Nachweis der Voraussetzungen der Löschung nicht der im § 29 der Grundbuchordnung vorgeschriebenen Form[2],
2. der Nachweis der Erbfolge nicht der im § 36 der Grundbuchordnung vorgeschriebenen Form[3].

1 Voraussetzung ist Erlöschen außerhalb des Grundbuchs; so in den Fällen der §§ 1173 ff. (Gesamthypothek), 1178 (Hypothek für Zinsrückstände und Kosten); 1181 BGB. (Befriedigung des Gläubigers aus dem Grundstücke); 90 ZwVerstGes. (Zuschlag); auch im Falle der §§ 2, 6 dieses Gesetzes, doch wird für die Löschung von Amts wegen in diesem Falle kein besonderer Nachweis erforderlich sein. Nicht anwendbar auf die zur Aufhebung des Rechts (§ 875 BGB.) erforderlichen Löschungen.

2 Form nach § 29 GBO. (Anhang 4): Öffentliche Urkunden.

3 Form nach § 36 GBO.: Erbschein oder Verfügung von Todes wegen in öffentlicher Urkunde und Eröffnungsprotokoll.

§ 27.

(1) Bei einer Hypothek, Grundschuld oder Rentenschuld, über die ein Brief erteilt ist, darf eine Eintragung aus Anlaß der Aufwertung auch dann vorgenommen werden, wenn der Brief nicht vorgelegt wird[1].

(2) Das Grundbuchamt hat den Besitzer des Hypotheken-, Grundschuld- oder Rentenschuldbriefs zur Vorlegung des Briefes anzuhalten[2].

1 Weitere Abweichung von § 42 Abs. 1 Satz 1 GBO., der für einzelne Fälle der Aufwertungs-Eintragungen bereits durch frühere Vorschriften (§ 6 Abs. 1 Satz 2 Halbsatz 2 AufwGes., Art. 10, 17 DurchfVO.) außer Kraft gesetzt war.

2 Wegen Zwangsmaßnahmen vgl. zu § 9 Anm. 1.

Vorbemerkung zu den §§ 28—32.

Diese auf Wunsch der Reichsregierung vom Reichstag in das Gesetz eingefügten Paragraphen bezwecken die Sicherstellung der Gültigkeit und inhaltlichen Wirksamkeit bereits erfolgter Eintragungen, die in Frage gestellt waren durch ein Gutachten, welches das Kammergericht auf Erfordern des Pr. Justizministers am 13. Juli 1929 (JurWoch. 1929, 3346) über die nunmehr durch die Paragraphen geregelten Rechtsfragen erstattet hatte.

§ 28.

Ist oder wird bei der Wiedereintragung einer aufgewerteten Hypothek oder des früheren Gläubigers einer solchen (§§ 20, 21 des Aufwertungsgesetzes) in irgendeiner Weise auf die frühere Eintragung verwiesen, so gilt die frühere Eintragung als Teil der neuen Eintragung, soweit sich nicht aus dem Aufwertungsgesetz, dem Gesetze vom 9. Juli 1927 (Reichsgesetzbl. I S. 171) und den dazu erlassenen Durchführungsverordnungen oder aus der neuen Eintragung ein anderes ergibt[1]. Bei der Eintragung bedarf es weder der Eintragung der gesetzlichen Verzinsungs- und Rückzahlungsbedingungen noch der Bezugnahme auf die entsprechenden gesetzlichen Vorschriften[3,4].

1 Das KG. hatte in dem oben erwähnten Gutachten, wie schon in seiner Rechtsprechung (JurWoch. 1927 S. 1648) die Auffassung vertreten, die Wiedereintragung einer gelöschten Hypothek (§ 20 AufwGes.) könne auf keine andere Weise erfolgen als durch Neueintragung der gelöschten Hypothek mit ihrem gesamten bisherigen Inhalt, jedoch unter Berücksichtigung der durch die AufwGesetzgebung hervorgerufenen Änderungen; eine Bezugnahme oder ein irgendwie gearteter Hinweis auf den Inhalt der früheren Eintragung (die, weil gelöscht, als nicht mehr vorhanden gelten müsse) sei nicht statthaft. Um die vielfach unter Bezugnahme auf die frühere Eintragung erfolgten Eintragungen aufrechtzuerhalten, ist die Vorschrift des § 28 getroffen, und zwar gleichzeitig auch für den Fall, daß die Hypothek nicht gelöscht, sondern nur auf einen anderen Gläubiger umgeschrieben war und der frühere Gläubiger wiedereingetragen werden soll (§ 21 AufwGes.), obwohl für diesen Fall (da die frühere Eintragung noch besteht) das Gutachten des KG. nicht die gleichen strengen Anforderungen gestellt hatte. Danach gilt die frühere Eintragung, falls auf sie in irgendeiner Weise Bezug genommen ist, als Teil der neuen Eintragung, wobei allerdings zu

erfordern sein wird, daß sie noch lesbar ist, was in der Regel zutreffen wird, da sie nur „gerötet" ist (KG. a. a. O.).

2 Die in dem Hauptsatze gegebene Regel tritt nicht ein, der Inhalt der alten Eintragung gilt also nicht als Teil der neuen, soweit sich ein anderes aus den Aufwertungsgesetzen und -verordnungen oder aus der neuen Eintragung ergibt. Die abgeänderte gesetzliche Gestaltung, welche die Hypothek durch die Aufwertungsgesetzgebung erfahren hat (z. B. die infolge der Aufwertung eingetretene Änderung des Geldbetrages, der Fälligkeit, der Verzinsung) ist also auch gegenüber der alten Eintragung maßgebend und ebenso die Angaben, welche in der neuen Eintragung gemacht worden sind, auch soweit sie nicht von den Aufwertungsgesetzen geregelte Umstände betreffen, etwa auf Grund zulässiger Vereinbarungen; vgl. über die Zusatzhypothek § 31.

3 Die Vorschrift in Satz 2 entspricht dem Art. 1 der VO. vom 18. 6. 1926 (Anhang 2). Sie soll die Zweifel darüber, ob die VO. auch auf Wiedereintragungen anwendbar, beseitigen.

4 Die Vorschrift des Paragraphen („Ist oder wird") deckt sowohl bereits erfolgte Bezugnahmen, wie solche, die erst nach Inkrafttreten des Gesetzes erfolgen werden.

§ 29.

Ist bei der Wiedereintragung einer aufgewerteten Hypothek als Rang der Hypothek der Rang des gelöschten Rechtes ausdrücklich bezeichnet oder ergibt sich aus der Eintragung in sonstiger Weise, daß die Hypothek diesen Rang haben soll, so gilt die Hypothek als mit dem Range eingetragen, den das gelöschte Recht nach dem Grundbuch einnehmen würde, wenn die Löschung nicht erfolgt wäre[1]. Dies gilt nicht, soweit sich aus der Neueintragung ein anderes ergibt[2].

1 Das KG. hat in dem obenerwähnten Gutachten auch angenommen, daß bei der Wiedereintragung einer gelöschten Hypothek, wie bei einer Neueintragung, ihr der ihr nach dem Gesetze materiell grundsätzlich zukommende Rang der früheren Hypothek

(§ 6 in Verbindung mit § 20 AufwGes.) nur dann verschafft wird, wenn er durch einen entsprechenden Rangvermerk im Grundbuche ersichtlich gemacht wird, und daß dazu Vermerke, die lediglich auf den Rang der gelöschten Hypothek Bezug nehmen, nicht genügen. Um die in der Praxis häufig erfolgten Wiedereintragungen mit solchen Rangvermerken zu decken und auch künftig erfolgenden Wirksamkeit zu verleihen, ist die Vorschrift des **§ 29** getroffen. Darnach „gilt" die Hypothek als mit dem Range eingetragen, den das gelöschte Recht, wenn es nicht gelöscht wäre, nach dem Grundbuche einnehmen würde, sofern bei der Wiedereintragung als Rang der wiedereingetragenen Hypothek ausdrücklich der Rang „des gelöschten Rechts" bezeichnet oder auch nur in sonstiger Weise sich (durch Auslegung) ergibt, daß die Hypothek diesen Rang haben soll (z. B. „Rang wie früher").

2 Satz 2 ist (soviel erkennbar) überflüssig, da schon in Satz 1 ersichtlich gemacht ist, daß es sich nur um eine Auslegungsregel handelt, die versagt, wenn sich „ein anderes aus der Eintragung ergibt".

§ 30.

(1) Ist der Rang einer aufgewerteten Hypothek lediglich durch Bezugnahme auf das Aufwertungsgesetz bezeichnet und stimmt der Rang, den die Hypothek nach dem Aufwertungsgesetze hat, nicht mit dem Range überein, der sich aus dem Grundbuch ohne Berücksichtigung der Bezugnahme ergeben würde, so hat die Bezugnahme auf das Gesetz die Wirkung eines Widerspruchs gegen die Richtigkeit der sich aus dem Grundbuch ergebenden Rangfolge zugunsten desjenigen, der durch die Unrichtigkeit dieser Rangfolge betroffen würde[1].

(2) Die Vorschrift des Abs. 1 gilt entsprechend, wenn hinsichtlich des Umfanges eines Rechtes, auf den sich eine Rangeintragung bezieht, lediglich auf das Aufwertungsgesetz Bezug genommen ist[2].

1 Auch die Bezugnahme auf das Aufwertungsgesetz bei der Rangbezeichnung („mit dem aus §§ 6, 20, 21 AufwGes. sich ergebenden Range" oder dgl.) war in dem Gutachten des KG. als nicht wirksam bezeichnet worden, um der wiedereingetragenen Hypothek den ihr nach dem AufwGesetze zukommenden Rang der früheren Hypothek zu verschaffen. Auch das Gesetz (**§ 30**) geht anscheinend von dieser Rechtsauffassung aus. Es legt aber für den Fall, daß der aus dem AufwGesetze sich ergebende Rang mit demjenigen, der sich aus dem Grundbuche ohne Berücksichtigung der Bezugnahme ergeben würde und der an sich maßgebend ist, nicht übereinstimmt, der Bezugnahme die Bedeutung eines Widerspruchs gegen die Richtigkeit des Grundbuchs hinsichtlich der sich aus dem Grundbuche ergebenden Rangfolge (§ 899 BGB.) bei, durch welches der gutgläubige Erwerb eines Rechts mit einem dem gesetzlichen Range der aufgewerteten Hypothek vorgehenden Range im Vertrauen auf die Richtigkeit des Grundbuchs ausgeschlossen wird (§ 892 Abs. 1 Satz 1), und zwar zugunsten desjenigen, „der durch die Unrichtigkeit dieser Angabe betroffen würde", (wenn sie wirksam wäre). Das wird in der Regel der Gläubiger oder der frühere Gläubiger sein.

2 (Abs. 2): Entsprechende Anwendung auf den Fall, daß bei der Rangeintragung der Umfang des Rechts nur durch Bezugnahme auf das AufwGes. bezeichnet ist, z. B. „in Höhe des gesetzlichen Aufwertungsbetrags mit Rang vom 1. Juli 1918".

§ 31.

(1) Die Vorschriften über die Eintragung der gesetzlichen Aufwertung (§§ 6, 14 bis 21, 78 des Aufwertungsgesetzes) finden auf die Eintragung einer den gesetzlichen Aufwertungsbetrag übersteigenden Hypothek (§ 67 des Aufwertungsgesetzes) Anwendung[1]).

(2) Die Eintragung ist nicht deshalb unzulässig, weil der gesetzliche Aufwertungsbetrag mit der vereinbarten Mehraufwertung zu einer Eintragung zusammengefaßt ist. Die Vorschriften des § 67 Abs. 1 Satz 2, 3 des Aufwertungsgesetzes bleiben unberührt[1].

1 Auch hinsichtlich des durch Vereinbarung nach § 67 AufwGes. begründeten höheren Aufwertungsbetrags, welcher, soweit er 25 v. H. übersteigt, als ein neu begründetes Rechtsverhältnis gilt (vgl. mein AufwRecht zu § 67 Anm. 4, 8) — der sog. Zusatzhypothek — hat das KG. in seinem Gutachten angenommen, daß ihre Eintragung nur in der gleichen Weise wirksam erfolgen könne, wie die einer neuen Hypothek, und daß für sie die Bestimmungen des AufwGesetzes über die Eintragung der Aufwertung, namentlich hinsichtlich des Zinssatzes, nicht gelten. Bei dieser Rechtsauffassung würde die Wirksamkeit einer zusammengefaßten Eintragung der Zusatzhypothek mit der des gesetzlichen Aufwertungsbetrages, die in der Praxis häufig erfolgt ist, in Frage gestellt sein. Um derartige Eintragungen zu decken, ordnet § 31 die Anwendbarkeit der Vorschriften des AufwGes. über die Eintragung der AufwHypothek auf die Eintragung der Zusatzhypothek und (in Abs. 2 Satz 1) die Zulässigkeit ihrer Zusammenfassung mit der des gesetzlichen Aufwertungsbetrags an. Unberührt bleiben die Vorschriften des § 67 Abs. 1 Satz 2, 3, nach denen der vereinbarte Mehrbetrag materiell als neues Schuldverhältnis gilt und nicht den Rang der aufgewerteten Hypothek (§ 6) hat.

§ 32.

Die Vorschriften der §§ 28, 29, 30, 31 finden entsprechende Anwendung auf Grundschulden, Rentenschulden und Reallasten[1].

1 Hinsichtlich der in § 32 bezeichneten Rechte wird bei den Eintragungen die gleiche Praxis geübt, wie hinsichtlich der Hypotheken. Andrerseits trafen die Rechtsgrundsätze des KG. auch für sie zu. Deshalb sind die Vorschriften der §§ 28—31 auf sie entsprechend anwendbar erklärt.

8. Abschnitt.

Kosten.

§ 33.

Für die auf Grund der §§ 2, 6, 16, 21 erfolgende

Löschung von Amts wegen werden Gebühren nicht erhoben[1].

1 Gebührenfrei sind (infolge Beschlusses des Rechtsausschusses des Reichstags, Reichstagsdrucksache Nr. 2282) die von Amts wegen erfolgenden Löschungen der nach §§ 2, 6 des Gesetzes erloschenen Hypothek und sonstigen Rechte, der erloschenen Befugnis des Eigentümers (§§ 14, 15, 16) und der durch §§ 1, 2 gegenstandslos gewordenen Widersprüche (§ 21), nicht aber der auf Grund des § 22 zu löschenden Eintragungen nicht von der Aufwertung betroffener Rechte. Doch hat der Reichstag bei der Verabschiedung des Gesetzes eine Entschließung angenommen des Inhalts, daß die Reichsregierung auf die Länder einwirken solle, damit bei Eintragungen auf Grund des Gesetzes, auch abgesehen von dem Falle des § 33, Gebühren nicht oder nur in mäßigem Umfange erhoben werden.

9. Abschnitt.

Änderung des Gesetzes vom 9. Juli 1927.

§ 34.

Im § 6 Abs. 1 Ziffer 2 Satz 1 des Gesetzes über die Verzinsung aufgewerteter Hypotheken usw. vom 9. Juli 1927 (Reichsgesetzbl. I S. 171) werden die Worte „nach einem Zeitpunkt, den die Reichsregierung bestimmen wird“, ersetzt durch die Worte „nach dem 31. Dezember 1931“[1].

1 In **§ 34** wird vom Gesetze selbst die in § 6 Abs. 1 Ziff. 2 Satz 1 der Aufwertungsnovelle vom 9. Juli 1927 der Reichsregierung vorbehaltenen Bestimmung des Zeitpunktes getroffen, nach welchem der Erwerb eines Rechts an einem Grundstück erfolgt oder vorgemerkt sein muß, um die Eintragung einer Grundschuld in Höhe von 25 v. H. an Stelle der wegen geringerer Aufwertung der persönlichen Forderung geringer aufgewerteten und mit einem geringeren Aufwertungsbetrag eingetragenen Hypothek auszuschließen, und von welchem ab dadurch der öffentliche Glaube

des Grundbuchs, der durch § 6 a. a. O. zeitweise aufgehoben war, wiederhergestellt wird. Vgl. Anhang 1 und Anm. 3 zu § 1 Fäll. u. VerzGes.

10. Abschnitt.

Eintragungen im Erbbaugrundbuche.

§ 35.

Im § 14 Abs. 1 der Verordnung über das Erbbaurecht vom 15. Januar 1919 (Reichsgesetzbl. S. 72) wird hinter Satz 2 folgender neuer Satz eingefügt:

„Zur näheren Bezeichnung des Inhalts des Erbbaurechts kann auf die Eintragungsbewilligung Bezug genommen werden."

Satz 3 folgt als Abs. 2.

Die dem § 14 neu eingefügte Vorschrift gilt auch für Eintragungen, die vor dem Inkrafttreten dieses Gesetzes bewirkt sind[1].

1 § 35 entscheidet eine Streitfrage, die in der Rechtsprechung entstanden ist darüber, ob § 874 BGB., der bei der Eintragung eines ein Grundstück belastenden Rechts zur näheren Bezeichnung des Inhalts des Rechts Bezugnahme auf die Eintragungsbewilligung gestattet, Anwendung finden kann auf die Eintragung des Erbbaurechts im Erbbaugrundbuche, was von der herrschenden Meinung verneint wurde, da es sich nicht um Eintragung eines belastenden Rechts handle. Vgl. RGRKomm. zu § 14 ErbbaurechtsVO. Anm. 2. Der jetzt dem § 14 Abs. 1 der VO. hinzugefügte Satz entspricht dem § 874 BGB.

11. Abschnitt.

Geltung und Durchführung des Gesetzes.

§ 36.

(1) Die Vorschriften dieses Gesetzes finden, soweit nicht die Landesjustizverwaltung etwas anderes an-

ordnet, auch dann entsprechende Anwendung, wenn das Grundbuch noch nicht angelegt ist[1].

(2) Die Vorschriften der §§ 1 bis 6 finden keine Anwendung,

1. soweit die Aufwertung durch ein Sondergesetz (§ 1 Abs. 2 des Aufwertungsgesetzes) geregelt oder nach § 63 Abs. 5 des Aufwertungsgesetzes der landesgesetzlichen Regelung überlassen ist[2],
2. soweit es sich um Rechte handelt, die zu ihrer Begründung und zur Wirksamkeit gegenüber dem öffentlichen Glauben des Grundbuchs nicht der Eintragung bedürfen[2].

1 Zu Absatz 1 vgl. Anm. 2 zu § 31 Fälligkeits- und Verzinsungsges., welcher eine entsprechende Vorschrift enthält.

2 Durch Absatz 2 wird in den dort (unter 1 und 2) bezeichneten Fällen die Anwendung der Vorschriften der §§ 1—6 des Gesetzes (Ausschlußfristen für die Eintragung der Aufwertung in das Grundbuch) ausgeschlossen. Als **Sondergesetz** wird hauptsächlich das Gesetz über die anderweitige Festsetzung von Geldbezügen aus Altenteilsverträgen vom 18. 8. 1923 (RGBl. I S. 815) in Betracht kommen (Anhang XVI meines AufwRechts), das auch die Aufwertung der für Geldleistungen aus solchen Verträgen bestellten dinglichen Rechte ordnet (§ 4). — Durch **§ 63 Abs. 5 AufwGes.** sind die Länder ermächtigt, Vorschriften über die Aufwertung von Erbpachtzinsen, Grundmieten, Erbleihen und ähnlichen Ansprüchen zu erlassen; vgl. mein AufwRecht Anm. 9 zu § 63. — Zur Begründung und Wirksamkeit gegenüber dem öffentlichen Glauben des Grundbuchs **bedürfen nicht der Eintragung** die besonderen bergrechtlichen Gebrauchs- und Nutzungsrechte, die nach § 8 Pr. Allg. Berggesetz im Wege des Zwangsverfahrens erworben werden können (Art. 22 Nr. 2 PrAG. zum BGB.); sofern sie etwa auf Geldleistungen gehen, würde auf deren Aufwertung also das vorliegende Gesetz keine Anwendung finden. Altrechtliche Grunddienstbarkeiten (Art. 187 EGBGB.) können wohl nicht auf Geldleistungen gehen.

§ 37.

(1) Die §§ 17, 18, 28 bis 32 treten mit dem auf die Verkündung folgenden Tage in Kraft; im übrigen tritt das Gesetz am 1. Oktober 1930 in Kraft[1].

(2) Die Vorschriften des § 3 finden auch Anwendung, wenn der Antrag (§ 1) vor Inkrafttreten des Gesetzes gestellt ist. Die im § 3 Abs. 3 für die Einlegung der Beschwerde und der weiteren Beschwerde vorgeschriebene Frist endet nicht vor Ablauf von einem Monat nach Inkrafttreten des Gesetzes[2].

(3) Die Reichsregierung wird ermächtigt, die zur Durchführung dieses Gesetzes, insbesondere auch zur weiteren Erleichterung des Grundbuchverkehrs erforderlichen Rechtsverordnungen und allgemeinen Verwaltungsvorschriften zu erlassen[3].

(4) Die Reichsregierung wird ferner ermächtigt, anzuordnen, daß und in welcher Weise nicht der Aufwertung unterliegende Rechte, deren Geldbetrag noch in Mark oder einer anderen nicht mehr geltenden inländischen Währung bezeichnet ist, in Reichsmark umzuschreiben sind[4].

1 Sofortiges Inkrafttreten derjenigen Vorschriften, die sich als authentische Interpretation des bisherigen Rechtszustandes darstellen und als solche rückwirkende Kraft haben sollen (§§ 17, 18, 28—32).

2 Zu Absatz 2 vgl. Anm. 3 zu § 1.

3 Ermächtigung der Reichsregierung nur zu Durchführungsverordnungen, nicht in dem weiten Umfange wie in § 33 Fäll. u. Verzinsungsges.; vgl. Anm. 1 dazu.

4 Über nichtaufgewertete Rechte in alter Währung vgl. Anm. 2 zu § 2.

Anhänge.

1. Gesetz über die Verzinsung aufgewerteter Hypotheken und ihre Umwandlung in Grundschulden sowie über Vorzugsrenten. Vom 9. Juli 1927.

(RGBl. I S. 171.)

Artikel I.

§ 1. (1) Im Falle der Aufwertung einer gelöschten Hypothek ist der Aufwertungsbetrag des dinglichen Rechtes wie der persönlichen Forderung ohne Rücksicht darauf, ob und wann die Hypothek wieder eingetragen wird, spätestens für die Zeit vom 1. April 1926 ab zu verzinsen. Dies gilt auch für die Verzinsung des Aufwertungsbetrags eines früheren Gläubigers.

(2) Zinsen, die für einen früheren Zeitraum gezahlt sind, können auch dann nicht zurückgefordert werden, wenn die Leistung unter Vorbehalt bewirkt ist.

§ 2. (1) Soweit die nach § 1 geschuldeten Zinsen noch nicht gezahlt sind, ist der Eigentümer oder der Schuldner berechtigt, sie je zur Hälfte an den beiden nächsten auf das Inkrafttreten dieses Gesetzes folgenden Zinsterminen mit den an diesen Terminen fälligen Zinsen zu entrichten.

(2) Vorschriften in Gesetzen, Satzungen oder Verträgen, nach denen im Falle der Nichtleistung oder nicht rechtzeitigen Leistung von Zinsbeträgen der ganze Kapitalbetrag der Hypothek oder der persönlichen Forderung fällig wird, gelten nicht hinsichtlich der gemäß Abs. 1 für die Zeit vom 1. April 1926 bis zum 1. April 1927 zu zahlenden Zinsen.

§ 3. Die Vorschriften der §§ 1, 2 finden auf Grundschulden entsprechende Anwendung.

Artikel II.

§ 4. (1) Auf Antrag des Gläubigers einer aufgewerteten Hypothek ist die Hypothek bei der Eintragung des Aufwertungsbetrags in eine Grundschuld umzuwandeln. Der Antrag ist bei dem Grundbuchamte zu stellen. Die Zustimmung des Eigentümers oder der im Range gleich- oder nachstehenden Berechtigten ist nicht erforderlich.

(2) Mit der Eintragung der Grundschuld erlischt in Höhe des eingetragenen Aufwertungsbetrags die persönliche Forderung. Einreden, die der Eigentümer zur Zeit der Eintragung der Umwandlung gegen die Hypothek geltend machen kann, bleiben gegenüber der Grundschuld erhalten. Die Vorschriften der §§ 891 bis 899, 1140 des Bürgerlichen Gesetzbuchs gelten auch für diese Einreden.

(3) Hat der persönliche Schuldner beantragt, die Aufwertung der persönlichen Forderung auf weniger als 25 vom Hundert des Goldmarkbetrags zu bestimmen, so ist das Verfahren auf Antrag des Gläubigers bis zur Entscheidung über den Antrag auf Eintragung der Grundschuld auszusetzen.

§ 5. Ist der Aufwertungsbetrag der Hypothek bereits eingetragen, so kann der Gläubiger die nachträgliche Umwandlung der Hypothek in eine Grundschuld beantragen, wenn ein Verfahren zur Festsetzung einer geringeren Aufwertung der persönlichen Forderung anhängig ist oder wird; § 4 gilt entsprechend. Im übrigen bestimmen sich nach Eintragung des Aufwertungsbetrags die Voraussetzungen und die Wirkungen der Umwandlung der Hypothek in eine Grundschuld vorbehaltlich der Vorschriften des § 6 ausschließlich nach den Vorschriften des Bürgerlichen Gesetzbuchs.

§ 6. (1) Ist infolge geringerer Aufwertung der persönlichen Forderung die Hypothek auf weniger als 25 vom Hundert des Goldmarkbetrags aufgewertet, so gilt folgendes:

1. Ist der Aufwertungsbetrag noch nicht eingetragen, so ist auf Antrag des Gläubigers unter Umwandlung der Hypothek mit deren bisherigem Range eine Grundschuld in Höhe von 25 vom Hundert des Goldmarkbetrags des

aufgewerteten Rechtes einzutragen; die Zustimmung des Eigentümers und der im Range gleich- oder nachstehenden Berechtigten ist nicht erforderlich.

Handelt es sich um die Umwandlung einer wiedereinzutragenden Hypothek, so ist die Grundschuld mit dem aus §§ 20 bis 22 des Aufwertungsgesetzes sich ergebenden Range einzutragen.

2. Ist der Aufwertungsbetrag bereits eingetragen, so gilt die Vorschrift der Ziffer 1 Abs. 1 gleichfalls, soweit nicht entweder vor dem 15. März 1927 oder nach einem Zeitpunkt, den die Reichsregierung bestimmen wird, ein Recht an dem Grundstück oder ein Recht an einem solchen Rechte durch Rechtsgeschäft erworben oder vorgemerkt ist. Ist zu dem Erwerbe des Rechtes die Eintragung erforderlich, so gilt als Zeitpunkt des Erwerbes im Sinne dieser Vorschrift der Zeitpunkt der Stellung des Eintragungsantrags, sofern nicht die nach § 873 des Bürgerlichen Gesetzbuchs erforderliche Einigung erst später zustande kommt.

3. Sind nach der Eintragung des Aufwertungsbetrags in den nach Ziffer 2 maßgebenden Zeitabschnitten Rechte am Grundstück oder Rechte an einem solchen Rechte durch Rechtsgeschäft erworben oder vorgemerkt, ohne daß das Grundstück in diesen Zeitabschnitten den Eigentümer durch rechtsgeschäftlichen Erwerb gewechselt hat, so ist auf Antrag des Gläubigers unter Umwandlung der Hypothek mit deren bisherigem Range eine Grundschuld in Höhe von 25 vom Hundert des Goldmarkbetrags des aufgewerteten Rechtes einzutragen, wenn die Gläubiger der geschützten Rechte zustimmen. Wird diese Zustimmung nicht nachgewiesen, so ist auf Antrag des Gläubigers die Hypothek in eine Grundschuld gleicher Höhe umzuwandeln und außerdem an der nächstfreien Stelle mit dem sich aus diesem Gesetz ergebenden Range für ihn eine Zusatzgrundschuld in Höhe des Betrags einzutragen, um den der eingetragene Aufwertungsbetrag hinter 25 vom

Hundert des Goldmarkbetrags des aufgewerteten Rechtes zurückbleibt.

4. Kann nach den Vorschriften der Ziffer 2 die Grundschuld mit dem auf 25 vom Hundert des Goldmarkbetrags erhöhten Aufwertungsbetrage nicht eingetragen werden, weil das Grundstück in den nach Ziffer 2 maßgebenden Zeitabschnitten den Eigentümer durch rechtsgeschäftlichen Erwerb gewechselt hat, so ist die Umwandlung der Hypothek auch in eine Grundschuld gleicher Höhe nur nach Maßgabe der Vorschriften des Bürgerlichen Gesetzbuchs zulässig. Dasselbe gilt für den Fall der Eintragung einer Vormerkung zur Sicherung des Anspruchs auf Auflassung auf Grund einer Bewilligung des Eigentümers.

(2) Dem rechtsgeschäftlichen Erwerbe steht ein Erwerb im Wege der Zwangsversteigerung gleich.

(3) Soweit in den Fällen des Abs. 1 Ziffer 1, 2, 3 der Aufwertungsbetrag der Grundschuld gegenüber dem Aufwertungsbetrage der Hypothek erhöht ist, beginnt die Verzinsung der Grundschuld mit dem 1. April 1927; dasselbe gilt im Falle der Eintragung einer Zusatzgrundschuld auf Grund der Vorschrift des Abs. 1 Ziffer 3.

(4) Mit der Eintragung der Grundschuld, im Falle der Ziffer 3 mit der Eintragung der Grundschuld und der Zusatzgrundschuld, erlischt die persönliche Forderung in Höhe des eingetragenen Aufwertungsbetrags; hierbei ist im Falle des Abs. 1 Ziffer 3 dem Aufwertungsbetrage der Grundschuld der Betrag der Zusatzgrundschuld hinzuzurechnen. Einreden, die der Eigentümer zur Zeit der Eintragung der Umwandlung gegen die Hypothek geltend machen kann, bleiben gegenüber der Grundschuld erhalten. Die Vorschriften der §§ 891 bis 899, 1140 des Bürgerlichen Gesetzbuchs gelten auch für diese Einreden.

§ 7. (1) Die Befugnis des Eigentümers, sich auf die für ihn gegebenen Härtevorschriften des Aufwertungsgesetzes zu berufen, bleibt unberührt.

(2) Soweit eine solche Berufung Erfolg hat, findet eine

Heraufsetzung des Aufwertungsbetrags und eine Eintragung einer Zusatzgrundschuld (§ 6) nicht statt.

§ 8. (1) Ist der persönliche Schuldner dem Eigentümer gegenüber verpflichtet, die aufgewertete Hypothek zu beseitigen, so wird er von dieser Verpflichtung nicht dadurch befreit, daß die Hypothek auf Grund der §§ 4 bis 6 in eine Grundschuld umgewandelt wird; die Verpflichtung zur Beseitigung gilt auch für die Zusatzgrundschuld.

(2) Bei der Beurteilung der Frage, inwieweit der Schuldner im Einzelfalle nach Treu und Glauben von der Verpflichtung zur Beseitigung des dinglichen Rechtes befreit ist, sind auch die Umstände zu berücksichtigen, die der Schuldner mangels einer Umwandlung der Hypothek in eine Grundschuld zur Begründung eines Antrags auf Festsetzung einer geringeren Aufwertung der persönlichen Forderung hätte geltend machen können.

§ 9. Für die Eintragung der Umwandlung einer Hypothek in eine Grundschuld (§§ 4 bis 6) sowie für die Eintragung einer Zusatzgrundschuld (§ 6 Abs. 1 Ziffer 3) werden Gebühren und Kosten nicht erhoben.

Artikel III.

§ 10. Mehrere im Range unmittelbar aufeinanderfolgende aufgewertete Hypotheken eines Gläubigers sind auf dessen Antrag als einheitliches Recht einzutragen, wenn der Eigentümer zustimmt. Der Zustimmung des Eigentümers bedarf es nicht, wenn das Recht des Eigentümers zur selbständigen Rückzahlung der einzelnen Hypotheken ausgeschlossen ist und auf Grund der Zahlung von Tilgungsbeträgen eine Eigentümergrundschuld nicht oder erst hinter den Kapitalbeträgen der mehreren Hypotheken zur Entstehung gelangt. Entsprechendes gilt für Grundschulden, Rentenschulden und Reallasten.

§ 11. Der unmittelbare Zusammenhang zwischen mehreren für denselben Gläubiger eingetragenen Rechten im Sinne des § 7 Abs. 1 Satz 3 des Aufwertungsgesetzes wird nicht dadurch unterbrochen, daß eines oder mehrere der Rechte ganz oder teilweise als Eigentümergrundschuld auf den Eigentümer übergegangen sind.

§ 12. (1) Ist hinter einer Gesamthypothek oder Gesamtgrundschuld dem Eigentümer eine Rangstelle vorbehalten, so ist dieser Rangvorbehalt auf Antrag auf den Teilbetrag zu beschränken, der dem Verhältnis des Wertes des belasteten Grundstücks zu dem Werte sämtlicher Grundstücke entspricht; dabei bleibt ein Grundstück, für das der Rangvorbehalt nicht besteht oder weggefallen ist, außer Betracht. Der Betrag wird auf Antrag von der Aufwertungsstelle festgesetzt.

(2) Antragsberechtigt sind der Eigentümer, der Gläubiger eines die vorbehaltene Rangstelle gemäß § 7 Abs. 4 des Aufwertungsgesetzes einnehmenden Rechtes sowie der Gläubiger eines dem Rangvorbehalte gleich- oder nachstehenden Rechtes. Die Anträge können nur bis zum 31. Dezember 1927 gestellt werden; in den Fällen der §§ 203, 204, 206, 207 des Bürgerlichen Gesetzbuchs ist der Antrag noch bis zum Ablauf von drei Monaten nach Fortfall des Hindernisses zulässig.

§ 13. Geht nach § 6 Abs. 2 des Aufwertungsgesetzes eine Hypothek, Grundschuld, Rentenschuld oder Reallast mit einem Teile des Aufwertungsbetrags einer Gesamthypothek oder Gesamtgrundschuld im Range nach, so ist auf Antrag des Gläubigers des aufgewerteten Rechtes der Vorrang der Gesamthypothek oder Gesamtgrundschuld auf den Betrag zu beschränken, der dem Verhältnis des Wertes des belasteten Grundstücks zu dem Werte sämtlicher Grundstücke entspricht. Der Betrag wird auf Antrag von der Aufwertungsstelle festgesetzt. Die Anträge können nur bis zum 31. Dezember 1927 gestellt werden; in den Fällen der §§ 203, 204, 206, 207 des Bürgerlichen Gesetzbuchs ist der Antrag noch bis zum Ablauf von drei Monaten nach Fortfall des Hindernisses zulässig.

§ 14. Ist eine Hypothek, Grundschuld, Rentenschuld oder Reallast von dem Erwerber eines Grundstücks oder für seine Rechnung abgelöst worden, so kann er sich gegenüber dem Antrag auf Wiedereintragung des Rechtes nicht darauf berufen, daß in dem im § 892 des Bürgerlichen Gesetzbuchs bestimmten Zeitpunkt das Recht im Grundbuch gelöscht war, oder daß in diesem Zeitpunkt eine dem § 29 der Grundbuchordnung entsprechende Löschungsbewilligung oder löschungsfähige Quittung bereits erteilt war oder gleichzeitig erteilt wurde.

§ 15. In den Fällen des § 10 Abs. 1 Ziffer 5 des Aufwertungsgesetzes und bei Gutsüberlassungsverträgen (§ 10 Abs. 1 Ziffer 2 des Aufwertungsgesetzes) kann die Aufwertungsstelle auf Antrag den Aufwertungsbetrag im Jahre 1921 begründeter Forderungen auf über 100 vom Hundert des Goldmarkbetrags festsetzen, wenn dieses zur Vermeidung einer groben Unbilligkeit erforderlich ist. Hierbei darf der Satz von 400 vom Hundert des Goldmarkbetrags und, wenn die Forderung nach dem 30. September 1921 begründet ist, der Satz von 600 vom Hundert des Goldmarkbetrags nicht überschritten werden. Der Antrag kann bei der Aufwertungsstelle nur bis zum 1. Oktober 1927 gestellt werden. In den Fällen der §§ 203, 204, 206, 207 des Bürgerlichen Gesetzbuchs kann der Antrag noch bis zum Ablauf eines Monats nach Fortfall des Hindernisses gestellt werden.

§ 16. (1) Weist der Gläubiger nach, daß ohne sein Verschulden die Anmeldung des Anspruchs auf Aufwertung der durch Hypothek gesicherten Forderung gemäß § 16 des Aufwertungsgesetzes bis zum 1. Januar 1926 bei der Aufwertungsstelle unterblieben ist, so ist auf Antrag von der Aufwertungsstelle die Wiedereinsetzung in den vorigen Stand zu erteilen, wenn der Gläubiger die Anmeldung der Forderung bis zum 1. Oktober 1927 nachholt. Die Vorschriften der §§ 74, 75 des Aufwertungsgesetzes finden Anwendung.

(2) Eine Aufwertung der Hypothek findet in diesem Falle nicht statt.

(3) Wird die Wiedereinsetzung in den vorigen Stand erteilt, so kann eine Abweichung von dem normalen Höchstsatz (§ 12 des Aufwertungsgesetzes) noch innerhalb eines Monats seit Rechtskraft des Beschlusses beantragt werden. In den Fällen der §§ 203, 204, 206, 207 des Bürgerlichen Gesetzbuchs

kann der Antrag noch bis zum Ablauf eines Monats nach Fortfall des Hindernisses gestellt werden.

Artikel IV.

§ 17. Vergleiche aus der Zeit nach dem 14. Juli 1925, die lediglich den Streit oder die Ungewißheit über den Beginn der Verzinsung oder über eines der im Artikel II und III bezeichneten Rechtsverhältnisse betreffen, stehen der Anwendung dieses Gesetzes nicht entgegen. Dasselbe gilt für rechtskräftige Entscheidungen, die auf Grund des Aufwertungsgesetzes ergangen sind.

§ 18. Findet infolge der Vorschriften dieses Gesetzes ein anhängiger Rechtsstreit seine Erledigung, so trägt jede Partei die ihr entstandenen außergerichtlichen Kosten. Die Gerichtskosten werden niedergeschlagen.

Artikel V.

§ 19. Im § 19 Abs. 1 des Gesetzes über die Ablösung öffentlicher Anleihen vom 16. Juli 1925 (Reichsgesetzbl. I S. 137) wird die Zahl „800" durch die Zahl „1000" ersetzt.

Artikel VI.

§ 20. (1) Dieses Gesetz tritt mit dem auf die Verkündung folgenden Tage in Kraft.

(2) Die Reichsregierung wird ermächtigt, zur Durchführung dieses Gesetzes und zur Anpassung seiner Bestimmungen an die Vorschriften des Bürgerlichen Gesetzbuchs und des Aufwertungsgesetzes die erforderlichen Rechtsverordnungen und allgemeinen Verwaltungsvorschriften zu erlassen; sie kann mit Zustimmung des Reichsrats und eines Ausschusses des Reichstags Rechtsverordnungen und allgemeine Verwaltungsvorschriften erlassen, soweit sie es zur Vereinfachung und Beschleunigung der Aufwertung oder zur Verhütung unvorhergesehener Härten für notwendig erachtet.

1a. Verordnung zur weiteren Durchführung des Aufwertungsgesetzes und zur Durchführung des Gesetzes vom 9. Juli 1927.

Vom 12. September 1927.

(RGBl. I S. 299.)

Auszug.

I. Durchführung des Aufwertungsgesetzes.

§ 1. Der Nachweis des Erwerbsgrundes des Rechtes bedarf für die Eintragung der Aufwertung im Grundbuch nicht der im § 29 der Grundbuchordnung vorgeschriebenen Form. Das gleiche gilt für die Voraussetzungen des § 3 Abs. 2 und des § 5 Abs. 2 des Aufwertungsgesetzes.

§ 2. Gibt der Eigentümer eine aufgewertete Hypothek, die er infolge des Verzichts des Gläubigers erworben hat (§ 1168 Abs. 1 des Bürgerlichen Gesetzbuchs), auf, so ist die Löschung des Rechtes auch dann zulässig, wenn weder der Erwerb durch den Eigentümer noch der Aufwertungsbetrag eingetragen ist. Zur Löschung bedarf es nicht des Nachweises, daß das Recht aufgewertet ist.

§ 3. (1) Im Falle des § 17 des Aufwertungsgesetzes wird auch dem früheren Gläubiger ein Hypotheken- oder Grundschuldbrief erteilt, wenn der ihm zustehende Aufwertungsbetrag 500 Goldmark übersteigt. Dies gilt nicht, wenn die Erteilung des Briefes ausgeschlossen war; die Befugnis aus § 1116 Abs. 3 des Bürgerlichen Gesetzbuchs bleibt unberührt.

(2) Ist abweichend von der Vorschrift im Abs. 1 dem früheren Gläubiger ein Brief nicht erteilt, so kann er die Erteilung des Briefes nachträglich verlangen.

§ 4. Gehören mehrere öffentlich-rechtliche Kredit- oder Ablösungsanstalten zu einem öffentlich-rechtlichen Verbande, so findet die Verordnung über die Mobilisierung von Aufwertungshypotheken durch öffentlich-rechtliche Kredit- und Ablösungsanstalten vom 13. Januar 1927 (Reichsgesetzbl. I S. 41) auch dann Anwendung, wenn die aufgewerteten Hypotheken von einer einzelnen Anstalt erworben, die Goldpfandbriefe aber von dem Verband ausgegeben werden. Dasselbe gilt für Grundschulden und Reallasten.

II. Durchführung des Gesetzes vom 9. Juli 1927.

1. Erleichterung des Grundbuchverkehrs.

§ 5. Soweit nicht in dieser Verordnung etwas anderes bestimmt ist, finden die zum Aufwertungsgesetz erlassenen Durchführungsverordnungen bei der Durchführung des Gesetzes vom 9. Juli 1927 sinngemäß Anwendung. Sind die gesetzlichen Verzinsungsbedingungen abweichend von Artikel I des Gesetzes vom 9. Juli 1927 im Grundbuch eingetragen, so findet eine Berichtigung des Grundbuchs nicht statt.

§ 6. Grundstückswert im Sinne der §§ 12, 13 des Gesetzes vom 9. Juli 1927 ist der berichtigte Wehrbeitragswert. § 7 Abs. 2 des Aufwertungsgesetzes findet entsprechende Anwendung.

§ 7. Lastet das aufgewertete Recht auf einem Grundstück, für das das Grundbuch noch nicht als angelegt gilt, so kann die oberste Landesbehörde anordnen, daß die Bestimmungen des Gesetzes vom 9. Juli 1927 Anwendung finden und an Stelle des Rechtes eine Grundschuld im Sinne des Bürgerlichen Gesetzbuchs eingetragen werden kann.

§ 8. Ist die Hypothek gemäß Artikel II des Gesetzes vom 9. Juli 1927 oder § 7 dieser Verordnung in eine Grundschuld umgewandelt, so finden auf die Grundschuld und die Zusatzgrundschuld die Vorschriften der §§ 9 bis 12 Anwendung.

§ 9. In Ansehung der Verzinslichkeit, des Zinssatzes, der Zahlungszeit, der Kündigung und des Zahlungsorts bleiben die für die Forderung geltenden Bestimmungen maßgebend.

§ 10. (1) Über die Grundschuld und die Zusatzgrundschuld wird ein Brief nur erteilt, wenn die Erteilung des Briefes bei der Hypothek nicht ausgeschlossen war. Artikel 6 der Durchführungsverordnung zum Aufwertungsgesetze vom 29. November 1925 findet Anwendung.

(2) Sofern nicht die Erteilung eines neuen Briefes für die Grundschuld beantragt wird, ist die Umwandlung auf

dem bisherigen Briefe zu vermerken und eine mit dem Briefe verbundene Schuldurkunde abzutrennen. Für die Zusatzgrundschuld wird ein besonderer Brief erteilt. Die Erteilung des Briefes ist auf dem Briefe für die Grundschuld zu vermerken. Die Erteilung eines gemeinschaftlichen Grundschuldbriefs findet nicht statt.

§ 11. (1) Das Grundbuchamt hat jedem, der ein berechtigtes Interesse darlegt, auf Antrag eine Bescheinigung darüber zu erteilen, ob der Gläubiger die Umwandlung der Hypothek in eine Grundschuld beantragt hat. Die Bescheinigung ist gebührenfrei.

(2) Artikel 126 Abs. 2 der Durchführungsverordnung zum Aufwertungsgesetze vom 29. November 1925 findet Anwendung.

§ 12. (1) Das Grundbuchamt hat den Antrag auf Umwandlung dem Eigentümer mitzuteilen. Für die Mitteilungen sind die Vorschriften der Zivilprozeßordnung über die Zustellung von Amts wegen maßgebend.

(2) Der Eigentümer kann sich noch bis zum Ablauf von drei Monaten seit der Zustellung der Mitteilung auf die für ihn gegebenen Härtevorschriften des Aufwertungsgesetzes berufen, soweit sich aus der Umwandlung für ihn eine Mehrbelastung ergibt.

§ 13. (1) Die Anträge des Gläubigers gemäß §§ 4, 5, 6, 10, 12, 13 des Gesetzes vom 9. Juli 1927 bedürfen nicht der im § 29 der Grundbuchordnung vorgeschriebenen Form.

(2) Der Form des § 29 der Grundbuchordnung bedarf

a) die Zustimmung des Eigentümers gemäß § 10 des Gesetzes vom 9. Juli 1927,

b) die Zustimmung der Gläubiger der geschützten Rechte gemäß § 6 Abs. 1 Ziffer 3 des Gesetzes vom 9. Juli 1927.

2. Verordnung zur weiteren Erleichterung des Grundbuchverkehrs in Aufwertungssachen. Vom 18. Juni 1926.

(RGBl. I S. 273.)

Art. 1. (1) Bei der Eintragung der Aufwertung im Grundbuch bedarf es weder der Eintragung der gesetzlichen Verzinsungs- und Rückzahlungsbedingungen noch der Bezugnahme auf die entsprechenden gesetzlichen Vorschriften.

(2) Wird bei der Wiedereintragung einer Hypothek, Grundschuld oder Rentenschuld gemäß §§ 20, 21, 31 des Aufwertungsgesetzes ein neuer Brief erteilt, so bedarf es eines Grundbuchvermerkes über die Erteilung des Briefes nicht.

Art. 2. (1) In den bei der Eintragung einer Hypothek zu erteilenden Hypothekenbrief ist, sofern das Grundbuch gelöschte Rechte aufweist, die möglicherweise kraft Rückwirkung aufwertungsfähig und im Falle der Wiedereintragung mit dem Range vor der neuen Hypothek oder mit gleichem Range einzutragen sind, ein Vermerk hierüber aufzunehmen. In dem Vermerk ist der Zeitpunkt der Löschung anzugeben und auf die Möglichkeit einer Wiedereintragung des gelöschten Rechtes mit dem Range vor der neuen Hypothek oder mit gleichem Range hinzuweisen.

(2) Diese Vorschriften finden auf den Grundschuldbrief und den Rentenschuldbrief entsprechende Anwendung.

3. Auszug aus dem Gesetze über die Angelegenheiten der freiwilligen Gerichtsbarkeit.

Erster Abschnitt.

Allgemeine Vorschriften.

§ 1. Für diejenigen Angelegenheiten der freiwilligen Gerichtsbarkeit, welche durch Reichsgesetz den Gerichten übertragen sind, gelten, soweit nicht ein anderes bestimmt ist, die nachstehenden allgemeinen Vorschriften.

§ 2. Die Gerichte haben sich Rechtshilfe zu leisten. Die

§§ 156 bis 168 des Gerichtsverfassungsgesetzes finden Anwendung.

§ 3. Soweit für die örtliche Zuständigkeit der Gerichte der Wohnsitz eines Beteiligten maßgebend ist, bestimmt sich für Deutsche, die das Recht der Exterritorialität genießen, sowie für Beamte des Reichs oder eines Landes, die im Ausland angestellt sind, der Wohnsitz nach den Vorschriften des § 15 der Zivilprozeßordnung.

Ist der für den Wohnsitz einer Militärperson maßgebende Garnisonort in mehrere Gerichtsbezirke geteilt, so wird der als Wohnsitz geltende Bezirk von der Landesjustizverwaltung durch allgemeine Anordnung bestimmt.

§ 4. Unter mehreren zuständigen Gerichten gebührt demjenigen der Vorzug, welches zuerst in der Sache tätig geworden ist.

§ 5. Besteht Streit oder Ungewißheit darüber, welches von mehreren Gerichten örtlich zuständig ist, so wird das zuständige Gericht durch das gemeinschaftliche obere Gericht und, falls dieses das Reichsgericht ist, durch dasjenige Oberlandesgericht bestimmt, zu dessen Bezirke das zuerst mit der Sache befaßte Gericht gehört. Ist das zuständige Gericht in einem einzelnen Falle an der Ausübung des Richteramts rechtlich oder tatsächlich verhindert, so erfolgt die Bestimmung durch das ihm im Instanzenzuge vorgeordnete Gericht.

Eine Anfechtung der Entscheidung findet nicht statt.

§ 6. Ein Richter ist von der Ausübung des Richteramts kraft Gesetzes ausgeschlossen:

1. in Sachen, in denen er selbst beteiligt ist oder in denen er zu einem Beteiligten in dem Verhältnis eines Mitberechtigten oder Mitverpflichteten steht;
2. in Sachen seines Ehegatten, auch wenn die Ehe nicht mehr besteht;
3. in Sachen einer Person, mit der er in gerader Linie oder im zweiten Grade der Seitenlinie verwandt oder verschwägert ist;
4. in Sachen, in denen er als Vertreter eines Beteiligten

bestellt oder als gesetzlicher Vertreter eines solchen aufzutreten berechtigt ist.

Ein Richter kann sich der Ausübung seines Amtes wegen Befangenheit enthalten. Die Ablehnung eines Richters ist ausgeschlossen.

§ 7. Gerichtliche Handlungen sind nicht aus dem Grunde unwirksam, weil sie von einem örtlich unzuständigen Gericht oder von einem Richter vorgenommen sind, der von der Ausübung des Richteramts kraft Gesetzes ausgeschlossen ist.

§ 8. Auf das gerichtliche Verfahren finden die Vorschriften des Gerichtsverfassungsgesetzes über die Gerichtssprache, über die Sitzungspolizei und über die Beratung und Abstimmung entsprechende Anwendung, die Vorschriften über die Gerichtssprache mit den sich aus dem § 9 ergebenden Abweichungen.

§ 9. Der Zuziehung eines Dolmetschers bedarf es nicht, wenn der Richter der Sprache, in der sich die beteiligten Personen erklären, mächtig ist; die Beeidigung des Dolmetschers ist nicht erforderlich, wenn die beteiligten Personen darauf verzichten. Auf den Dolmetscher finden die Vorschriften des § 6 entsprechende Anwendung.

§ 10. Auf das gerichtliche Verfahren sind die Gerichtsferien ohne Einfluß. Die Bearbeitung der Vormundschaftssachen und der Nachlaßsachen kann während der Ferien unterbleiben, soweit das Bedürfnis einer Beschleunigung nicht vorhanden ist.

§ 11. Anträge und Erklärungen können zum Protokolle der Geschäftsstelle des zuständigen Gerichts oder der Geschäftsstelle eines Amtsgerichts erfolgen.

§ 12. Das Gericht hat von Amts wegen die zur Feststellung der Tatsachen erforderlichen Ermittelungen zu veranstalten und die geeignet erscheinenden Beweise aufzunehmen.

§ 13. Die Beteiligten können mit Beiständen erscheinen. Sie können sich, soweit nicht das Gericht das persönliche Erscheinen anordnet, auch durch Bevollmächtigte vertreten lassen. Die Bevollmächtigten haben auf Anordnung des

Gerichts oder auf Verlangen eines Beteiligten die Bevollmächtigung durch eine öffentlich beglaubigte Vollmacht nachzuweisen.

§ 14. Die Vorschriften der Zivilprozeßordnung über das Armenrecht sowie die Vorschriften der §§ 34 bis 36 der Rechtsanwaltsordnung finden entsprechende Anwendung.

§ 15. Die Vorschriften der Zivilprozeßordnung über den Zeugenbeweis, über den Beweis durch Sachverständige und über das Verfahren bei der Abnahme von Eiden finden entsprechende Anwendung. Über die Beeidigung eines Zeugen oder Sachverständigen entscheidet jedoch, unbeschadet der §§ 393, 402 der Zivilprozeßordnung, das Ermessen des Gerichts.

Behufs der Glaubhaftmachung einer tatsächlichen Behauptung kann ein Beteiligter zur Versicherung an Eides Statt zugelassen werden.

§ 16. Gerichtliche Verfügungen werden mit der Bekanntmachung an denjenigen, für welchen sie ihrem Inhalte nach bestimmt sind, wirksam.

Die Bekanntmachung erfolgt, wenn mit ihr der Lauf einer Frist beginnt, durch Zustellung nach den für die Zustellung von Amts wegen geltenden Vorschriften der Zivilprozeßordnung; durch die Landesjustizverwaltung kann jedoch für Zustellungen im Ausland eine einfachere Art der Zustellung angeordnet werden. In denjenigen Fällen, in welchen mit der Bekanntmachung nicht der Lauf einer Frist beginnt, soll in den Akten vermerkt werden, in welcher Weise, an welchem Orte und an welchem Tage die Bekanntmachung zur Ausführung gebracht ist; durch die Landesjustizverwaltung kann näher bestimmt werden, in welcher Weise in diesen Fällen die Bekanntmachung zur Ausführung gebracht werden soll.

Einem Anwesenden kann die Verfügung zu Protokoll bekanntgemacht werden. Auf Verlangen ist ihm eine Abschrift der Verfügung zu erteilen.

§ 17. Für die Berechnung der Fristen gelten die Vorschriften des Bürgerlichen Gesetzbuchs.

Fällt das Ende der Frist auf einen Sonntag oder allgemeinen Feiertag, so endigt die Frist mit dem Ablaufe des nächstfolgenden Werktags.

§ 18. Erachtet das Gericht eine von ihm erlassene Verfügung nachträglich für ungerechtfertigt, so ist es berechtigt, sie zu ändern; soweit eine Verfügung nur auf Antrag erlassen werden kann und der Antrag zurückgewiesen worden ist, darf die Änderung nur auf Antrag erfolgen.

Zu der Änderung einer Verfügung, die der sofortigen Beschwerde unterliegt, ist das Gericht nicht befugt.

§ 19. Gegen die Verfügungen des Gerichts erster Instanz findet das Rechtsmittel der Beschwerde statt.

Über die Beschwerde entscheidet das Landgericht.

§ 20. Die Beschwerde steht jedem zu, dessen Recht durch die Verfügung beeinträchtigt ist.

Soweit eine Verfügung nur auf Antrag erlassen werden kann und der Antrag zurückgewiesen worden ist, steht die Beschwerde nur dem Antragsteller zu.

§ 21. Die Beschwerde kann bei dem Gerichte, dessen Verfügung angefochten wird, oder bei dem Beschwerdegericht eingelegt werden.

Die Einlegung erfolgt durch Einreichung einer Beschwerdeschrift oder durch Erklärung zum Protokolle der Geschäftsstelle desjenigen Gerichts, dessen Verfügung angefochten wird, oder der Geschäftsstelle des Beschwerdegerichts.

§ 22. Die sofortige Beschwerde ist binnen einer Frist von zwei Wochen einzulegen. Die Frist beginnt mit dem Zeitpunkt, in welchem die Verfügung dem Beschwerdeführer bekanntgemacht worden ist.

Einem Beschwerdeführer, der ohne sein Verschulden verhindert war, die Frist einzuhalten, ist auf Antrag von dem Beschwerdegerichte die Wiedereinsetzung in den vorigen Stand zu erteilen, wenn er die Beschwerde binnen zwei Wochen nach der Beseitigung des Hindernisses einlegt und die Tatsachen, welche die Wiedereinsetzung begründen, glaubhaft macht. Eine Versäumung der Frist, die in dem Verschulden eines Vertreters ihren Grund hat, wird als eine unverschuldete nicht angesehen. Gegen die Entscheidung über den Antrag findet die sofortige weitere Beschwerde statt. Nach dem Ablauf eines Jahres, von dem Ende der versäumten Frist an gerechnet, kann die Wiedereinsetzung nicht mehr beantragt werden

§ 23. Die Beschwerde kann auf neue Tatsachen und Beweise gestützt werden.

§ 24. Die Beschwerde hat nur dann aufschiebende Wirkung, wenn sie gegen eine Verfügung gerichtet ist, durch die eine Strafe festgesetzt wird.

Das Gericht, dessen Verfügung angefochten wird, kann anordnen, daß die Vollziehung auszusetzen ist.

Das Beschwerdegericht kann vor der Entscheidung eine einstweilige Anordnung erlassen; es kann insbesondere anordnen, daß die Vollziehung der angefochtenen Verfügung auszusetzen ist.

§ 25. Die Entscheidung des Beschwerdegerichts ist mit Gründen zu versehen.

§ 26. Die Entscheidung des Beschwerdegerichts wird in den Fällen, in welchen die sofortige weitere Beschwerde stattfindet, erst mit der Rechtskraft wirksam. Das Beschwerdegericht kann jedoch die sofortige Wirksamkeit der Entscheidung anordnen.

§ 27. Gegen die Entscheidung des Beschwerdegerichts ist das Rechtsmittel der weiteren Beschwerde zulässig, wenn die Entscheidung auf einer Verletzung des Gesetzes beruht. Die Vorschriften der §§ 550, 551, 561, 563 der Zivilprozeßordnung finden entsprechende Anwendung.

§ 28. Über die weitere Beschwerde entscheidet das Oberlandesgericht.

Will das Oberlandesgericht bei der Auslegung einer reichsgesetzlichen Vorschrift, welche eine der im § 1 bezeichneten Angelegenheiten betrifft, von der auf weitere Beschwerde ergangenen Entscheidung eines anderen Oberlandesgerichts, falls aber über die Rechtsfrage bereits eine Entscheidung des Reichsgerichts ergangen ist, von dieser abweichen, so hat es die weitere Beschwerde unter Begründung seiner Rechtsauffassung dem Reichsgerichte vorzulegen. Der Beschluß über die Vorlegung ist dem Beschwerdeführer bekanntzumachen.

In den Fällen des Abs. 2 entscheidet über die weitere Beschwerde das Reichsgericht.

§ 29. Die weitere Beschwerde kann bei dem Gericht erster Instanz, bei dem Landgericht oder bei dem Oberlandesgericht eingelegt werden. Erfolgt die Einlegung durch Einreichung einer Beschwerdeschrift, so muß diese von einem Rechtsanwalt unterzeichnet sein. Der Zuziehung eines Rechtsanwalts bedarf es nicht, wenn die Beschwerde von einer Behörde oder von einem Notar eingelegt wird, der in der Angelegenheit für den Beschwerdeführer einen Antrag bei dem Gericht erster Instanz gestellt hat.

Soweit eine Verfügung der sofortigen Beschwerde unterliegt, findet auch gegen die Entscheidung des Beschwerdegerichts die sofortige weitere Beschwerde statt.

Das Gericht erster Instanz und das Landgericht sind nicht befugt, der weiteren Beschwerde abzuhelfen.

Im übrigen finden die Vorschriften über die Beschwerde entsprechende Anwendung.

§ 30. Die Entscheidungen über Beschwerden erfolgen bei den Landgerichten durch eine Zivilkammer, bei den Oberlandesgerichten und bei dem Reichsgerichte durch einen Zivilsenat. Ist bei einem Landgericht eine Kammer für Handelssachen gebildet, so tritt für Handelssachen diese Kammer an die Stelle der Zivilkammer.

Die Vorschriften des § 137 des Gerichtsverfassungsgesetzes finden entsprechende Anwendung.

§ 31. Zeugnisse über die Rechtskraft einer Verfügung sind von der Geschäftsstelle des Gerichts erster Instanz zu erteilen.

§ 32. Ist eine Verfügung, durch die jemand die Fähigkeit oder die Befugnis zur Vornahme eines Rechtsgeschäfts oder zur Entgegennahme einer Willenserklärung erlangt, ungerechtfertigt, so hat, sofern nicht die Verfügung wegen Mangels der sachlichen Zuständigkeit des Gerichts unwirksam ist, die Aufhebung der Verfügung auf die Wirksamkeit der inzwischen von ihm oder ihm gegenüber vorgenommenen Rechtsgeschäfte keinen Einfluß.

§ 33. Soll in den gesetzlich zugelassenen Fällen jemand durch Ordnungsstrafen zur Befolgung einer gerichtlichen Anordnung angehalten werden, so muß der Festsetzung der Strafe eine Androhung vorausgehen. Die einzelne Strafe darf den Betrag von dreihundert Mark nicht übersteigen.

§ 34. Die Einsicht der Gerichtsakten kann jedem insoweit gestattet werden, als er ein berechtigtes Interesse glaubhaft macht. Das gleiche gilt von der Erteilung einer Abschrift; die Abschrift ist auf Verlangen zu beglaubigen.

4. Auszug aus der Grundbuchordnung.

Erster Abschnitt. Allgemeine Vorschriften.

§ 1. Die Grundbücher werden von den Grundbuchämtern geführt.

Die Einrichtung der Bücher bestimmt sich nach den Anordnungen der Landesjustizverwaltung, soweit sie nicht in diesem Gesetze geregelt ist.

§ 2. Die Grundbücher sind für Bezirke einzurichten.

Die Bezeichnung der Grundstücke erfolgt in den Büchern nach einem amtlichen Verzeichnis, in welchem die Grundstücke unter Nummern oder Buchstaben aufgeführt sind. Die Einrichtung des Verzeichnisses wird durch landesherrliche Verordnung bestimmt.

§ 3. Jedes Grundstück erhält im Grundbuch eine besondere Stelle (Grundbuchblatt). Das Grundbuchblatt ist für das Grundstück als das Grundbuch im Sinne des Bürgerlichen Gesetzbuchs anzusehen.

§ 4. Über mehrere Grundstücke desselben Eigentümers, die im Bezirke desselben Grundbuchamts belegen sind, kann ein gemeinschaftliches Grundbuchblatt geführt werden, solange hiervon Verwirrung nicht zu besorgen ist.

§ 5. Ein Grundstück soll nur dann einem anderen Grundstück als Bestandteil zugeschrieben oder mit ihm vereinigt werden, wenn hiervon Verwirrung nicht zu besorgen ist.

§ 6. Soll ein Grundstücksteil mit einem Rechte belastet werden, so ist er von dem Grundstück abzuschreiben und als selbständiges Grundstück einzutragen. Ist das Recht eine Dienstbarkeit oder eine Reallast, so kann die Abschreibung unterbleiben, wenn hiervon Verwirrung nicht zu besorgen ist.

§ 7. Ist auf dem Blatte eines Grundstücks ein Erbbaurecht eingetragen, so ist auf Antrag für dieses Recht ein besonderes Grundbuchblatt anzulegen. Die Anlegung erfolgt von Amts wegen, wenn das Recht veräußert oder belastet werden soll.

Die Anlegung wird auf dem Blatte des Grundstücks vermerkt.

§ 8. Rechte, die dem jeweiligen Eigentümer eines Grundstücks zustehen, sind auf Antrag auch auf dem Blatte dieses Grundstücks zu vermerken. Antragsberechtigt ist der Eigentümer des Grundstücks sowie jeder, dessen Zustimmung nach § 876 Satz 2 des Bürgerlichen Gesetzbuchs zur Aufhebung des Rechtes erforderlich ist.

Der Vermerk ist von Amts wegen zu berichtigen, wenn das Recht geändert oder aufgehoben wird.

§ 9. Urkunden, auf die eine Eintragung sich gründet oder Bezug nimmt, sind von dem Grundbuchamt aufzubewahren. Die Herausgabe einer solchen Urkunde darf nur erfolgen, wenn statt der Urkunde eine beglaubigte Abschrift aufbewahrt wird.

Ist über das einer Eintragungsbewilligung zugrunde liegende Rechtsgeschäft eine Urkunde errichtet, so können die Beteiligten die Urkunde oder eine beglaubigte Abschrift dem Grundbuchamte zur Aufbewahrung übergeben.

§ 10. Eine Eintragung in das Grundbuch ist nicht aus dem Grunde unwirksam, weil ein Grundbuchbeamter sie bewirkt hat, der von der Mitwirkung bei der Eintragung kraft Gesetzes oder infolge einer Ablehnung ausgeschlossen ist.

§ 11. Die Einsicht des Grundbuchs ist jedem gestattet,

der ein berechtigtes Interesse darlegt. Das gleiche gilt von Urkunden, auf die im Grundbuche zur Ergänzung einer Eintragung Bezug genommen ist, sowie von den noch nicht erledigten Eintragungsanträgen.

Soweit die Einsicht des Grundbuchs, der im Abs. 1 bezeichneten Urkunden und der noch nicht erledigten Eintragungsanträge gestattet ist, kann eine Abschrift gefordert werden; die Abschrift ist auf Verlangen zu beglaubigen.

§ 12. Verletzt ein Grundbuchbeamter vorsätzlich oder fahrlässig die ihm obliegende Amtspflicht, so trifft den Beteiligten gegenüber die im § 839 des Bürgerlichen Gesetzbuchs bestimmte Verantwortlichkeit an Stelle des Beamten den Staat oder die Körperschaft, in deren Dienste der Beamte steht. Das Recht des Staates oder der Körperschaft, von dem Beamten Ersatz zu verlangen, bleibt unberührt.

Zweiter Abschnitt. **Eintragungen in das Grundbuch.**

§ 13. Eine Eintragung soll, soweit nicht das Gesetz ein anderes vorschreibt, nur auf Antrag erfolgen. Der Zeitpunkt, in welchem ein Antrag bei dem Grundbuchamt eingeht, soll auf dem Antrage genau vermerkt werden.

Antragsberechtigt ist jeder, dessen Recht von der Eintragung betroffen wird oder zu dessen Gunsten die Eintragung erfolgen soll.

§ 14. Die Berichtigung des Grundbuchs durch Eintragung eines Berechtigten darf auch von demjenigen beantragt werden, welcher auf Grund eines gegen den Berechtigten vollstreckbaren Titels eine Eintragung in das Grundbuch verlangen kann, sofern die Zulässigkeit dieser Eintragung von der vorgängigen Berichtigung des Grundbuchs abhängt.

§ 15. Ist die zu einer Eintragung erforderliche Erklärung von einem Notar beurkundet oder beglaubigt, so gilt dieser als ermächtigt, im Namen eines Antragsberechtigten die Eintragung zu beantragen.

§ 16. Einem Eintragungsantrage, dessen Erledigung an einen Vorbehalt geknüpft wird, soll nicht stattgegeben werden.

Werden mehrere Eintragungen beantragt, so kann von dem Antragsteller bestimmt werden, daß die eine Eintragung nicht ohne die andere erfolgen soll.

§ 17. Werden mehrere Eintragungen beantragt, durch die dasselbe Recht betroffen wird, so darf die später beantragte Eintragung nicht vor der Erledigung des früher gestellten Antrags erfolgen.

§ 18. Steht einer beantragten Eintragung ein Hindernis entgegen, so hat das Grundbuchamt entweder den Antrag unter Angabe der Gründe zurückzuweisen oder dem Antragsteller eine angemessene Frist zur Hebung des Hindernisses zu bestimmen. Im letzteren Falle ist der Antrag nach dem Ablaufe der Frist zurückzuweisen, wenn nicht inzwischen die Hebung des Hindernisses nachgewiesen ist.

Wird vor der Erledigung des Antrags eine andere Eintragung beantragt, durch die dasselbe Recht betroffen wird, so ist zugunsten des früher gestellten Antrags von Amts wegen eine Vormerkung oder ein Widerspruch einzutragen; die Eintragung gilt im Sinne des § 17 als Erledigung dieses Antrags. Die Vormerkung oder der Widerspruch wird von Amts wegen gelöscht, wenn der früher gestellte Antrag zurückgewiesen wird.

§ 19. Eine Eintragung erfolgt, wenn derjenige sie bewilligt, dessen Recht von ihr betroffen wird.

§ 20. Im Falle der Auflassung eines Grundstücks sowie im Falle der Bestellung, Änderung des Inhalts oder Übertragung eines Erbbaurechts darf die Eintragung nur erfolgen, wenn die erforderliche Einigung des Berechtigten und des anderen Teiles erklärt ist.

§ 21. Steht ein Recht, das durch die Eintragung betroffen wird, dem jeweiligen Eigentümer eines Grundstücks zu, so bedarf es der Bewilligung derjenigen, deren Zustimmung nach § 876 Satz 2 des Bürgerlichen Gesetzbuchs zur Aufhebung des Rechtes erforderlich ist, nur dann, wenn das Recht auf dem Blatte des Grundstücks vermerkt ist.

§ 22. Zur Berichtigung des Grundbuchs bedarf es der

Bewilligung desjenigen, dessen Recht von der Berichtigung betroffen wird, nicht, wenn die Unrichtigkeit nachgewiesen wird. Dies gilt insbesondere für die Eintragung oder Löschung einer Verfügungsbeschränkung.

Die Berichtigung des Grundbuchs durch Eintragung eines Eigentümers oder eines Erbbauberechtigten darf, sofern nicht der Fall des § 14 vorliegt, nur mit Zustimmung des Eigentümers oder des Erbbauberechtigten erfolgen.

§ 25. Ist eine Vormerkung oder ein Widerspruch auf Grund einer einstweiligen Verfügung eingetragen, so bedarf es zur Löschung nicht der Bewilligung des Berechtigten, wenn die einstweilige Verfügung durch eine vollstreckbare Entscheidung aufgehoben ist. Diese Vorschrift findet entsprechende Anwendung, wenn auf Grund eines vorläufig vollstreckbaren Urteils nach den Vorschriften der Zivilprozeßordnung eine Vormerkung oder ein Widerspruch eingetragen ist.

§ 26. Soll die Übertragung einer Hypothek, Grundschuld oder Rentenschuld, über die ein Brief erteilt ist, eingetragen werden, so genügt es, wenn an Stelle der Eintragungsbewilligung die Abtretungserklärung des bisherigen Gläubigers vorgelegt wird.

Diese Vorschrift findet entsprechende Anwendung, wenn eine Belastung der Hypothek, Grundschuld oder Rentenschuld oder die Übertragung oder Belastung einer Forderung, für die ein eingetragenes Recht als Pfand haftet, eingetragen werden soll.

§ 27. Eine Hypothek, eine Grundschuld oder eine Rentenschuld darf nur mit Zustimmung des Eigentümers des Grundstücks gelöscht werden.

Ein Recht, mit dem eine Hypothek, eine Grundschuld oder eine Rentenschuld belastet ist, darf nur mit Zustimmung desjenigen gelöst werden, welchem die Hypothek, die Grundschuld oder die Rentenschuld zusteht. Für eine Löschung, die zur Berichtigung des Grundbuchs erfolgen soll, ist die Zustimmung nicht erforderlich, wenn die Unrichtigkeit nachgewiesen wird.

§ 28. In der Eintragungsbewilligung oder, wenn eine

solche nicht erforderlich ist, in dem Eintragungsantrag ist das Grundstück übereinstimmend mit dem Grundbuch oder durch Hinweisung auf das Grundbuchblatt zu bezeichnen. Einzutragende Geldbeträge sind in Reichswährung anzugeben.

§ 29. Eine Eintragung soll nur erfolgen, wenn die Eintragungsbewilligung oder die sonstigen zu der Eintragung erforderlichen Erklärungen vor dem Grundbuchamte zu Protokoll gegeben oder durch öffentliche oder öffentlich beglaubigte Urkunden nachgewiesen werden. Andere Voraussetzungen der Eintragung bedürfen, soweit sie nicht bei dem Grundbuchamt offenkundig sind, des Nachweises durch öffentliche Urkunden.

§ 30. Für den Eintragungsantrag sowie für die Vollmacht zur Stellung eines solchen gelten die Vorschriften des § 29 nur, wenn durch den Antrag zugleich eine zu der Eintragung erforderliche Erklärung ersetzt werden soll.

§ 31. Wird im Falle der Auflassung eines Grundstücks sowie im Falle der Bestellung oder Übertragung eines Erbbaurechts die erforderliche Einigung des Berechtigten und des anderen Teiles durch Bevollmächtigte vor dem Grundbuchamt erklärt, so ist die Vollmacht stempelfrei, wenn das der Einigung zugrunde liegende Rechtsgeschäft von einem Notar beurkundet und die Vollmacht in der Urkunde erteilt ist.

§ 32. Erklärungen, durch die ein Eintragungsantrag zurückgenommen oder eine zur Stellung des Eintragungsantrags erteilte Vollmacht widerrufen wird, bedürfen der im § 29 Satz 1 vorgeschriebenen Form.

§ 33. Der Nachweis, daß der Vorstand einer Aktiengesellschaft aus den im Handelsregister eingetragenen Personen besteht, wird durch ein Zeugnis des Gerichts über die Eintragung geführt.

Das gleiche gilt von dem Nachweise der Befugnis zur Vertretung einer offenen Handelsgesellschaft, einer Kommanditgesellschaft, einer Kommanditgesellschaft auf Aktien oder einer Gesellschaft mit beschränkter Haftung.

§ 34. Der Nachweis, daß zwischen Ehegatten Gütertrennung oder ein vertragsmäßiges Güterrecht besteht oder daß ein Gegenstand zum Vorbehaltsgut eines Ehegatten gehört, wird durch ein Zeugnis des Gerichts über die Eintragung des güterrechtlichen Verhältnisses im Güterrechtsregister geführt.

§ 35. Ist in den Fällen der §§ 33, 34 das Grundbuchamt zugleich das Registergericht, so genügt statt des Zeugnisses die Bezugnahme auf das Register.

§ 36. Der Nachweis der Erbfolge kann nur durch einen Erbschein geführt werden. Beruht jedoch die Erbfolge auf einer Verfügung von Todes wegen, die in einer öffentlichen Urkunde enthalten ist, so genügt es, wenn an Stelle des Erbscheins die Verfügung und das Protokoll über die Eröffnung der Verfügung vorgelegt werden; erachtet das Grundbuchamt die Erbfolge durch diese Urkunden nicht für nachgewiesen, so kann es die Vorlegung eines Erbscheins verlangen.

Das Bestehen der fortgesetzten Gütergemeinschaft sowie die Befugnis eines Testamentsvollstreckers zur Verfügung über einen Nachlaßgegenstand ist nur auf Grund der in den §§ 1507, 2368 des Bürgerlichen Gesetzbuchs vorgesehenen Zeugnisse als nachgewiesen anzunehmen; auf den Nachweis der Befugnis des Testamentsvollstreckers finden jedoch die Vorschriften des Abs. 1 Satz 2 entsprechende Anwendung.

5. Verordnung zur Durchführung des Gesetzes über die Fälligkeit und Verzinsung der Aufwertungshypotheken. Vom 28. August 1930.

(RGBl. I S. 446.)

Auf Grund des § 33 des Gesetzes über die Fälligkeit und Verzinsung der Aufwertungshypotheken vom 18. Juli 1930 (Reichsgesetzbl. I S. 300) verordnet die Reichsregierung nach Zustimmung des Reichsrats:

§ 1. Erster Werktag im Sinne des § 2 Abs. 1 Satz 3 des Gesetzes über die Fälligkeit und Verzinsung der Aufwertungshypotheken ist

für eine Kündigung zum Schlusse des ersten Kalendervierteljahrs der 31. März, für eine Kündigung zum Schlusse des zweiten Kalendervierteljahrs der 30. Juni,

für eine Kündigung zum Schlusse des dritten Kalendervierteljahrs der 30. September,

für eine Kündigung zum Schlusse des vierten Kalendervierteljahrs der 31. Dezember.

§ 2. Erster Werktag im Sinne des § 3 Satz 2 des Gesetzes über die Fälligkeit und Verzinsung der Aufwertungshypotheken ist

für eine Kündigung zum Schlusse des ersten Kalendervierteljahrs der 31. Dezember,

für eine Kündigung zum Schlusse des zweiten Kalendervierteljahrs der 31. März,

für eine Kündigung zum Schlusse des dritten Kalendervierteljahrs der 30. Juni,

für eine Kündigung zum Schlusse des vierten Kalendervierteljahrs der 30. September.

§ 3. Fällt einer der in den §§ 1 und 2 bestimmten Tage auf einen Sonntag oder einen am Erklärungsorte staatlich anerkannten allgemeinen Feiertag, so ist der nächstfolgende Werktag der erste Werktag im Sinne des § 2 Abs. 1 Satz 3 und des § 3 Satz 2 des Gesetzes über die Fälligkeit und Verzinsung der Aufwertungshypotheken.

§ 4. Diese Verordnung tritt am 1. Oktober 1930 in Kraft.

6. Zweite Verordnung über das Kostenwesen bei den Aufwertungsstellen. Vom 29. August 1930.

(GS. S. 265).

Auf Grund des § 26 des Gesetzes über die Fälligkeit und Verzinsung der Aufwertungshypotheken vom 18. Juli 1930 (Reichsgesetzbl. I S. 300) wird folgendes verordnet:

§ 1. Für das Verfahren über den Antrag auf Bewilligung einer Zahlungsfrist werden Gebühren und Auslagen nach Maßgabe der folgenden Vorschriften berechnet.

§ 2. Für die Gebührenberechnung ist der Wert des

Streitgegenstandes maßgebend. Dieser Wert ist von der Aufwertungsstelle, im Beschwerdeverfahren von dem Beschwerdegericht, unter Berücksichtigung der gestellten Anträge nach freiem Ermessen, mindestens jedoch auf ein Viertel des Betrags des dinglichen Rechtes oder der persönlichen Forderung festzusetzen, wegen deren der Antrag auf Bewilligung einer Zahlungsfrist gestellt ist.

§ 3. Schuldner der Gebühren und Auslagen ist der Antragsteller, soweit sie nicht ausnahmsweise auf Grund des § 26 Satz 2 des Gesetzes über die Fälligkeit und Verzinsung der Aufwertungshypotheken vom 18. Juli 1930 (Reichsgesetzbl. I S. 300) dem Gläubiger auferlegt sind. Die Vorschriften der §§ 2, 4, 5 des Preußischen Gerichtskostengesetzes vom 28. Oktober 1922 in der Fassung des Gesetzes vom 12. April 1923 und der Verordnungen vom 8. Dezember 1923, 31. August 1925 und 7. März 1927 (Gesetzsamml. 1922 S. 363; 1923 S. 107, 556; 1925 S. 111; 1927 S. 20) finden entsprechende Anwendung.

§ 4. Soweit nicht in dieser Verordnung besondere Bestimmungen über die Fälligkeit getroffen sind, werden die Gebühren bei Beendigung des Verfahrens, die Auslagen bei ihrer Entstehung fällig. Im übrigen richtet sich die Berechnung und Einziehung der Kosten sowie das Erinnerungs- und Beschwerdeverfahren über den Kostenansatz nach den Vorschriften, welche für die nach dem Preußischen Gerichtskostengesetze zu erhebenden Gerichtskosten maßgebend sind. Der § 8 des Preußischen Gerichtskostengesetzes findet entsprechende Anwendung.

§ 5. Volle Gebühr im Sinne dieser Verordnung ist die im § 32 des Preußischen Gerichtskostengesetzes bestimmte Gebühr. Der Mindestbetrag einer Gebühr ist zwei Reichsmark.

§ 6. Für die Entgegennahme des Antrags auf Bewilligung einer Zahlungsfrist gemäß § 6 des Gesetzes über die Fälligkeit und Verzinsung der Aufwertungshypotheken vom 18. Juli 1930 werden von dem Antragsteller fünf Zehnteile der vollen Gebühr erhoben. Die Gebühr ist bei Eingang des Antrags fällig; sie wird auf die für das Verfahren zu erhebende Gebühr (§ 7 Abs. 1 a) angerechnet.

§ 7. (1) Die volle Gebühr wird erhoben:

a) für das Verfahren vor der Aufwertungsstelle;
b) für die Anordnung und Vornahme von Beweisverhandlungen;
c) für die das Verfahren abschließende Entscheidung.

(2) Fünf Zehnteile der vollen Gebühr werden erhoben:

a) für die Beurkundung eines Vergleichs einschließlich des vorangegangenen Verfahrens und der etwaigen Anordnung und Vornahme von Beweisverhandlungen;
b) für eine einstweilige Anordnung auf Grund des § 11 des Gesetzes über die Fälligkeit und Verzinsung der Aufwertungshypotheken vom 18. Juli 1930.

(3) Bei Einleitung des Verfahrens kann ein Vorschuß in Höhe von fünf Zehnteilen der vollen Gebühr erhoben werden.

§ 8. In der Beschwerdeinstanz werden erhoben:

1. die volle Gebühr
   a) für die Anordnung und Vornahme von Beweisverhandlungen,
   b) für die die Beschwerdeinstanz abschließende Entscheidung;
2. fünf Zehnteile der vollen Gebühr
   a) für die Beurkundung eines Vergleichs einschließlich der etwaigen Anordnung und Vornahme von Beweisverhandlungen,
   b) für die Zurücknahme der Beschwerde, falls eine Entscheidung noch nicht ergangen ist,
   c) für die Entscheidung über eine einstweilige Anordnung (§ 7 Abs. 2 b).

§ 9. (1) Wird vom Beschwerdegericht eine Sache zur anderweitigen Verhandlung an die Vorinstanz zurückverwiesung, so gilt die Fortsetzung des Verfahrens in dieser Instanz hinsichtlich der Gebührenerhebung nicht als ein neues Verfahren.

(2) Werden gemäß § 20 Abs. 1 Nr. 1 des Gesetzes über die Fälligkeit und Verzinsung der Aufwertungshypotheken vom 18. Juli 1930 mehrere denselben Antragsteller betreffende Verfahren zum Zwecke gleichzeitiger Verhandlung und Entscheidung miteinander verbunden, so sind die Gebühren während der Dauer der Verbindung von dem Gesamtwerte zu berechnen.

§ 10. (1) Für die Erhebung der Auslagen gelten die Vorschriften der §§ 109 bis 112 und 114 des Preußischen Gerichtskostengesetzes. Zur Deckung der baren Auslagen kann von dem Antragsteller ein angemessener Vorschuß erhoben werden.

(2) Eine Erhebung von Stempeln findet nicht statt. Urkunden, von denen im Verfahren Gebrauch gemacht wird, sind nur insoweit einem Stempel unterworfen, als sie es ohne diesen Gebrauch sein würden. Für die Behandlung dieser Stempel gilt der § 29 des Preußischen Gerichtskostengesetzes sinngemäß.

§ 11. Diese Verordnung tritt am 1. Oktober 1930 in Kraft.

IV. Termin- und Fristen-Kalender.

23. Juli 1930: Inkrafttreten der §§ 17, 18, 28—32 GBGes., betreffend die relative Wirkung der Eigentümerbefugnis (vgl. S. 142 ff.) und die zweifelhaft gewordene Gültigkeit gewisser Eintragungen auf Grund des AufwGes. (vgl. S. 153 ff.); § 37 Abs. 1 GBGes.

1. Oktober 1930: Inkrafttreten des F. u. VGes. und des GBGes. im übrigen; §§ 34 F. u. VGes., 37 Abs. 1 GBGes.

1. Oktober 1930: Von da ab keine Eintragung der Eigentümerbefugnis (§ 7 AufwGes.) von Amts wegen; § 13 GBGes.

1. Oktober 1930: Erlöschen der bis dahin nicht ausgeübten Eigentümerbefugnis (§ 7 AufwGes.) für Eintragung einer Hypothek oder Grundschuld von weniger als 100 Goldmark; § 14 GBGes. vgl. S. 140).

2. Oktober 1930: Frühestes Zugehen einer Kündigungserklärung des Gläubigers nach § 2 F. u. VGes. (vgl. S. 33).

31. März 1931: Ablauf der Ausschlußfrist für Stellung des Antrags auf Eintragung der Aufwertung an der bisherigen Rangstelle; §§ 1, 6 GBGes.; vgl. S. 130, 135.

31. März 1931: Ablauf der Ausschlußfrist für den Antrag auf Eintragung einer Hypothek oder Grundschuld für den Eigentümer an der ihm vorbehaltenen Rangstelle; § 15 GBGes.; vgl. S. 141.

31. März 1931: Kraftloswerden von Hypothekenbriefen, Grundschuldbriefen, Rentenbriefen über aufgewertete Rechte, für die der Antrag auf Eintragung der Aufwertung nicht rechtzeitig (bis dahin) gestellt ist; § 8 Abs. 2 GBGes.; vgl. S. 136.

31. Dezember 1931: Frühester Ablauf der Kündigungsfrist nach § 2 F. u. VGes.; vgl. S. 30, 33.

31. Dezember 1931: Kraftloswerden von Hypotheken-, Grundschuld- und Rentenbriefen, die dann noch auf alte Währung lauten; §§ 8 Abs. 1, 12 GBGes.; vgl. S. 136, 139.

31. Dezember 1931: Außerkrafttreten des § 22 Abs. 2 AufwGes., der den öffentlichen Glauben des Grundbuchs gegenüber einem Rechtserwerbe an einem Grundstücke, dessen Eintragung am 1. 7. 1925 oder später erfolgt oder beantragt ist, zugunsten der Eintragung des Aufwertungsbetrags an der bisherigen Rangstelle der Hypothek außer Kraft setzte; § 19 GBGes.; vgl. S. 145.

1. Januar 1932: Ein von diesem Termine ab gestellter Antrag auf Eintragung eines rechtsgeschäftlichen Eigentumswechsels an dem Grundstücke schließt die Eintragung einer neuen Hypothek an nächstbereiter Rangstelle nach Erlöschen der aufgewerteten Hypothek infolge Nichteintragung aus; § 4 Abs. 3 GBGes.; vgl. S. 134.

1. Januar 1932: Von diesem Tage ab erworbene oder vorgemerkte Rechte schließen die Umwandlung einer infolge geringerer Aufwertung der persönlichen Forderung zu einem geringeren AufwBetrage eingetragenen Hypothek in eine Grundschuld zum AufwBetrage von 25 v. H. gemäß § 6 Abs. 1 Nr. 2 Aufw-Novelle vom 9. 7. 1927 aus; § 34 GBGes.; vgl. S. 159.

1. Januar 1932: Beginn der Verzinsung der aufgew. Hypothek und der persönlichen Forderung zu dem von der Reichsregierung festgesetzten, über 5 v. H. hinausgehenden Zinssatze; § 1 F. u. VGes. vgl. S. 13, 20.

31. Dezember 1934: Letzter Endtermin der von der AufwStelle zu bewilligenden Zahlungsfrist; § 9 F. u. VGes.; vgl. S. 52.

31. Dezember 1934: Letzter Endtermin für die Einstellung der Zwangsversteigerung bei Zwangsbewirtschaftung; § 15 Abs. 2 F. u. VGes.; vgl. S. 68, 71.

1. Januar 1935: Eintritt der Fälligkeit nicht zu einem früheren Zeitpunkte auf Grund des § 2 F. u. VGes. gekündigter, nach Gesetz oder Vertrag bis dahin fällig gewordener aufgewerteter Hypotheken; § 2 F. u. VGes.; vgl. S. 30, 31.

1. Januar 1935: Wiederbeginn einer etwaigen besonderen Verpflichtung von Hypothekenbanken, sonstigen Grundkreditanstalten, öff. Sparkassen und Versicherungsgesellschaften zur Kündigung zu ihrer Teilungsmasse oder zur Deckung ihrer Pfandbriefe dienender aufgewerteter Hypotheken, Grundschulden usw.; § 5 F. u. VGes.; vgl. S. 41.

1. Januar 1938: Beginn der Wirksamkeit einer Änderung des nach § 1 Abs. 1 F. u. VGes. von der Reichsregierung bestimmten Zinssatzes durch die Reichsregierung für Tilgungshypotheken; § 1 Abs. 4 F. u. VGes.; vgl. S. 13, 29.

Sachregister.

(Die Zahlen weisen auf die Seiten des Buches hin.)

A.

B.

D.

E.

F.

T.

U.

V.

Berichtigung.

Auf **Seite 146** müssen die **Zeilen 1 bis 4 von oben** wie folgt lauten:

„kann also ein Anspruch auf Wiedereintragung einer gelöschten Hypothek oder auf Wiederumschreibung einer umgeschriebenen Hypothek auf den Namen des früher eingetragen gewesenen Gläubigers in Höhe des Aufwertungsbetrags oder ein Anspruch des noch eingetragenen, aber gemäß § 1155 BGB. nicht mehr legitimierten Gläubigers einer Briefhypothek auf den Aufwertungsbetrag (§§ 20, 21 AufwGes.) im Falle gutgläubigen Erwerbs des Rechts nicht entgegengehalten werden." . . .

Nachweis wichtiger Gesetzesausgaben

mit und ohne Erläuterungen, größere und kleinere Kommentare, Lehrbücher, Sammelwerke, Entscheidungs-sammlungen, Zeitschriften

Zusammengestellt vom Verlage Walter de Gruyter & Co., Berlin W 10
Mai 1930

Inhaltsübersicht

Zum Jubiläum des Reichsgerichts

erschienen am 1. Oktober 1929 in unserem Verlage:

Fünfzig Jahre Reichsgericht

am 1. Oktober 1929

Von **Dr. Adolf Lobe**

Senatspräsident am Reichsgericht i. R., M. d. R.

unter Mitarbeit von

Mitgliedern und Beamten des Reichsgerichts, der Reichsanwaltschaft und der Rechtsanwaltschaft am Reichsgericht

Groß-Oktav. VIII, 436 Seiten. Mit 14 Bildnissen und 15 Abbildungen
Geheftet Rm. 20.—, in Halbfranz gebunden Rm. 24.—

Das Thema dieser Festschrift, die die Mitglieder und Beamten des Reichsgerichts, der Reichsanwaltschaft und der Rechtsanwaltschaft am Reichsgericht dem obersten deutschen Gerichtshof widmen, ist die organisatorische Gestaltung des Reichsgerichts und seiner Einrichtungen, die die Voraussetzungen einer ersprießlichen Tätigkeit sind und in deren Schutz sich seine Aufgaben und Arbeit gestalten.

Die Reichsgerichtspraxis im deutschen Rechtsleben

Festgabe der juristischen Fakultäten zum 50jährigen Bestehen des Reichsgerichts (1. Oktober 1929)

unter Mitwirkung der Professoren

**Gerhard Anschütz, Heidelberg / Ernst Heymann, Berlin / Theod. Kipp, Berlin
Wilhelm Kisch, München / Alfred Schultze, Leipzig / Heinr. Siber, Leipzig**

herausgegeben von

Otto Schreiber

weiland Professor in Königsberg i. Pr.

6 Bände. Groß-Oktav. Geh. Rm. 110.—,
in Halbfranz geb. Rm. 134.—

I. Band: Öffentliches Recht. II. Band: Zivil- und Handelsrecht. III. Band: Zivil- und Handelsrecht (Fortsetzung). IV. Band: Handels- und Wirtschaftsrecht. V. Band: Strafrecht und Strafprozeß. VI. Band: Zivilprozeßrecht

Die Bände werden einzeln abgegeben.

Mit dieser umfangreichen Festgabe wird eine große, systematisch geordnete Reihe hervorragender Monographien veröffentlicht, die durchweg besonders wichtige und schwierige Fragen aus allen Teilen des Rechts behandeln.

Ein ausführlicher Prospekt steht unter Bezugnahme auf diese Anzeige kostenlos zur Verfügung.

Walter de Gruyter & Co. / Berlin W 10

Genthiner Straße 38

I. Allgemeines, Sammelwerke.

Handwörterbuch der Rechtswissenschaft: Unter Mitberatung von Reichsgerichtspräsident Dr. E. Bumke, L. Busch, Oberreichsanwalt Dr. L. Ebermayer, Geh. Justizrat Professor Dr. Fr. Endemann, Geh. Justizrat Professor Dr. E. Heymann, Senatspräsident am Reichsgericht Dr. O. Strecker, Präsident des Bayrischen Obersten Landesgerichts Staatsrat Dr. K. v. Unzner herausgegeben von Dr. jur. **Fritz Stier-Somlo,** o. Professor **an der Universität Köln, und Dr. jur Alex. Elster,** Berlin. 6 Bände. Lexikon-Oktav. 1926/29.
In Halbleder geb. RM. 304.—

Dazu erscheint im Sommer 1930 ein Ergänzungsband, der das Handwörterbuch bis auf den letzten Stand von Wissenschaft und Praxis fortführt.

„Es zeigt sich doch jetzt immer mehr, daß Ihr Handwörterbuch ein ganz großer Wurf war. Wie ich höre, wird es auch in der Praxis in steigendem Maße benutzt." Professor Dr. Nipperdey, Köln.

Bürgerliches Rechtslexikon. (Nach dem Bürgerlichen Gesetzbuch, dem Handelsgesetzbuch und sonstigen Reichs- und Landesgesetzen.) Von E. **Christiani,** weil. Amtsgerichtsrat. Vierte, durchgearbeitete und verbesserte Auflage von Dr. Alexander **Elster,** Rechtsanwalt Dr. Hugo Hoormann, Amtsgerichtsrat Georg Krause, Lexikon-Oktav. IV, 474 Seiten. 1930 . . . . Geb. RM. 15.—

Christianis „Bürgerliches Rechtslexikon" erscheint nach seinen großen Erfolgen vor dem Kriege nunmehr in vierter Auflage. Die besondere Art der Stichwortaufteilung und die verständliche Darstellung haben es in alle Kreise gelangen lassen, die stets eine Gelegenheit zu zuverlässiger Rechtsbelehrung haben müssen.

Hedemann, J. W., **Einführung in die Rechtswissenschaft.** Zweite, erweiterte und umgestaltete Auflage. Oktav. XXII, 566 Seiten. 1927. (Lehrbücher und Grundrisse der Rechtswissenschaft Bd. IX.)
RM. 14.—, geb. RM. 16.—

„. . . Das Buch Hedemanns, welches die Aufgabe einer Einführung am reichsten und umfassendsten auffaßt und löst . . ." Juristische Wochenschrift.

Sternberg, Theodor, **Einführung in die Rechtswissenschaft.**
I. Teil: Methoden- und Quellenlehre. Zweite, neugestaltete Auflage. Verbesserter Neudruck. 190 Seiten. 1927. (Sammlung Göschen Bd. 169.)
Geb. RM. 1.80
II. Teil: Das Rechtssystem. Erste Hälfte: Grundbegriffe und Privatrecht. Zweite, vermehrte Auflage. 133 Seiten. 1922. (Sammlung Göschen Bd. 170.) . . . . Geb. RM. 1.80

Eine in ihrer Knappheit ganz ausgezeichnete Darstellung der juristischen Begriffe und Probleme.

Schröder, Richard, und **Glitsch,** Heinrich, **Deutsche Rechtsgeschichte. schichte.** Sechste, verbesserte Auflage. Groß-Oktav. Mit einer Abbildung im Text, fünf Tafeln und einem Bildnis. 1124 Seiten. 1922.
RM. 26.—, in Halbleder geb. RM. 30.—

Dieses bekannte Lehrbuch hat sich seit langen Jahren bestens bewährt.

Fehr, Hans, **Deutsche Rechtsgeschichte.** Zweite, verbesserte und ergänzte Auflage. Oktav. 416 Seiten. 1925. (Lehrbücher und Grundrisse der Rechtswissenschaft Bd. X.) RM. 13.—, geb. RM. 14.50

Das Buch gibt eine plastische Darstellung der deutschen Rechtsgeschichte, die eine Anhäufung von Stoff ausdrücklich vermeidet, vielmehr das Schwergewicht auf eine mehr ideengeschichtliche Behandlung des Gegenstandes legt.

Schröder, Richard, und **Glitsch**, Heinrich, **Deutsche Rechtsgeschichte.** Zweite Auflage. Neudruck.
I. Bis zum Ende des Mittelalters. 160 Seiten. 1929. (Sammlung Göschen Bd. 621.) . . . . Geb. RM. 1.80
II. Die Neuzeit. 90 Seiten. 1929. (Sammlung Göschen Bd. 664.) Geb. RM. 1.80

Eine gemeinverständliche kurze Darstellung der deutschen Rechtsgeschichte.

Giese, Friedrich, **Preußische Rechtsgeschichte.** Übersicht über die Rechtsentwicklung der preußischen Monarchie und ihrer Landesteile. Ein Lehrbuch für Studierende. Groß-Oktav. 256 Seiten. 1920. RM. 5.—, geb. RM. 6.50

„Das Buch ist nicht ein, sondern das (bisher fehlende) Lehrbuch der preußischen Rechtsgeschichte."
Dr. Karl Strupp im „Verwaltungsarchiv".

von Mayr, Robert, **Römische Rechtsgeschichte.** I. Buch. Die Zeit des Volksrechtes. 1. Hälfte: Das öffentliche Recht. 150 Seiten. 1912. (Sammlung Göschen Bd. 577.) . . . . Geb. RM. 1.80
2. Hälfte: Das Privatrecht. 117 Seiten. 1912. (Sammlung Göschen Bd. 578.) . . . . Geb. RM. 1.80
II. Buch: Die Zeit des Amts- und Verkehrsrechtes. 1. Hälfte: Das öffentliche Recht. 158 Seiten. 1912. (Sammlung Göschen Bd. 645.) Geb. RM. 1.80
2. Hälfte: Das Privatrecht I. 122 Seiten. 1913. (Sammlung Göschen Bd. 646.) . . . . Geb. RM. 1.80
Das Privatrecht II. 150 Seiten. 1913. (Sammlung Göschen Bd. 647.) Geb. RM. 1.80
III. Buch. Die Zeit des Reichs- und Volksrechtes. 111 Seiten. 1913. (Sammlung Göschen Bd. 648.) . . . . Geb. RM. 1.80
IV. Buch. Die Zeit der Orientalisierung des römischen Rechtes. 155 Seiten. 1913. (Sammlung Göschen Bd. 697.) . . . . Geb. RM. 1.80

Stammler, Rudolf, **Lehrbuch der Rechtsphilosophie.** Dritte, vermehrte Auflage. Groß-Oktav. XVI, 396 Seiten. 1928. RM. 13.—, geb. RM. 15.—

„. . . Ein Werk aus einem Gusse, ein herbes Werk von größter wissenschaftlicher Strenge, eine Schule, durch die jeder gehen muß, der mit den rechtsphilosophischen Problemen der Gegenwart ringt."
Schweizerische Juristenzeitung.

Stammler, Rudolf, **Rechts- und Staatstheorien der Neuzeit.** Leitsätze zu Vorlesungen. Zweite, vermehrte und verbesserte Auflage. Oktav. IV, 116 Seiten. 1925. . . . . RM. 3.50, geb. RM. 4.50

Ein unentbehrlicher Führer durch die Rechts- und Staatstheorien der Neuzeit.

Stammler, Rudolf, **Wirtschaft und Recht** nach der materialistischen Geschichtsauffassung. Eine sozialphilosophische Untersuchung. Fünfte, durch einen Nachtrag ergänzte Auflage. Oktav. VIII, 704 Seiten. 1924. . . . . RM. 14.—, geb. RM. 16.—

„Das Werk Stammlers darf den Ruhm in Anspruch nehmen, unter allen Büchern, die in der letzten Zeit auf dem hier in Betracht kommenden Gebiet erschienen sind, die stärkste Wirkung hervorgebracht zu haben." Historische Zeitschrift.

Friedrichs, Karl, **Der Allgemeine Teil des Rechts.** Eine Darstellung der gemeinsamen Lehren des öffentlichen und des privaten Rechts. Groß-Oktav. X, 306 Seiten. 1927. . . . . . . RM. 12.—, geb. RM. 13.50

„Eine solche Arbeit fehlte bisher in der juristischen Literatur. Friedrichs ist wie kein anderer berufen, eine grundlegende Arbeit über dieses Gebiet zu schreiben." Mitteilungen des Preuß. Richtervereins.

Maas, Georg, und **Magnus,** Julius, **Abkürzungsverzeichnis der Rechtssprache.** Abkürzungen der Bezeichnungen von Rechtsquellen, Behörden, Entscheidungen usw. des deutschen und österreichischen Rechts. Oktav. IV, 140 Seiten. 1929. . . . . RM. 4.—

„Bis jetzt fehlte eine Zusammenstellung, die in zuverlässiger Weise die gebräuchlichsten Abkürzungen wiedergab. Diese Lücke füllt das neue Buch in glücklicher Weise aus." Der junge Rechtsgelehrte.

Endemann, Friedrich, **Grundriß des römischen Privatrechts.** Oktav. X, 256 und 30 Seiten. 1925. (Lehrbücher und Grundrisse der Rechtswissenschaft Bd. XII.) . . . . RM. 9.—, geb. RM. 10.50

„. . . ein nach jeder Richtung hochstehendes Werk."

Der junge Rechtsgelehrte.

Stammler, Rudolf, **Aufgaben aus dem römischen Recht.** Der „Institutionenübungen für Anfänger" vierte Auflage. Oktav. IV, 92 Seiten. 1919. Mit Figuren im Text . . . . Geb. RM. 5.—

Zum selbständigen Einarbeiten in das System des römischen Privatrechts.

II. Bürgerliches Recht

1. Bürgerliches Gesetzbuch

Lehmann, Heinrich, **Allgemeiner Teil des Bürgerlichen Gesetzbuches.** Dritte, vermehrte und verbesserte Auflage (9. bis 12. Tausend). Oktav. XIV, 439 Seiten. 1928. (Lehrbücher und Grundrisse der Rechtswissenschaft Bd. I.) . . . . RM. 12.—, geb. RM. 13.50

„Es liegt ein großer pädagogischer Wert in diesem Buch. Es wird sich unter den Studenten rasch großer Beliebtheit erfreuen."

Das Recht.

Leonhard, R., **Der Allgemeine Teil des Bürgerlichen Gesetzbuches** in seinem Einflusse auf die Fortentwicklung der Rechtswissenschaft. Groß-Oktav. XVI, 537 Seiten. 1900. (Recht des Bürgerlichen Gesetzbuches in Einzeldarstellungen Nr. X.) . . . . RM. 10.—

Die Sammlung „Recht des Bürgerlichen Gesetzbuches" umfaßt systematische Darstellungen des BGB. aus der Feder erster Juristen der Wissenschaft und Praxis.

Oertmann, Paul, **Allgemeiner Teil des Bürgerlichen Gesetzbuches.**

I. Einleitung. Lehre von den Personen und von den Sachen. Dritte, verbesserte Auflage. 136 Seiten. 1926. (Sammlung Göschen Bd. 447.) Geb. RM. 1.80

II. Erwerb und Verlust, Geltendmachung und Schutz der Rechte. Dritte, verbesserte Auflage. 147 Seiten. 1928. (Sammlung Göschen Bd. 448.) . . . . Geb. RM. 1.80

Nach der die Vorgeschichte des BGB. und einzelne für seine Bedeutung und Anwendung wichtige Hauptfragen behandelnden Einleitung bespricht der Verfasser die Lehre von den Personen und von den Sachen. Er verarbeitet den Inhalt der einzelnen Gesetzesparagraphen wissenschaftlich und erörtert dabei auch mehrfach Fragen, die im BGB. selbst nicht geregelt, höchstens gestreift werden.

Plancks Kommentar zum Bürgerlichen Gesetzbuch nebst Einführungsgesetz. Bisher herausgegeben von E. Strohal. Bearbeitet von E. Brodmann, L. Busch, J. Ebbecke, F. Flad, M. Greiff, K. Gunkel, P. Knoke, M. Landois, A. Lobe, Fr. Oegg, H. Siber, O. Strecker, K. von Unzner. Vierte, völlig neubearbeitete Auflage. Lexikon-Oktav. Bisher sind erschienen:

I. Band: Allgemeiner Teil. 606 Seiten. 1913. RM. 15.—, geb. RM. 17.—

II. Band, 1. Hälfte: Recht der Schuldverhältnisse. (Allgemeiner Teil.) 640 Seiten. 1914 . . . . RM. 15.—, geb. RM. 17.—

II. Band, 2. Hälfte: Recht der Schuldverhältnisse. (Besonderer Teil.) 1296 Seiten. 1928 . . . . RM. 49.—, geb. RM. 52.—
III. Band: Sachenrecht. 1464 Seiten. 1920. RM. 30.—, geb. RM. 33.—
IV. Band: Familienrecht. 1. Hälfte §§ 1297—1588. 701 Seiten. 1928. RM. 26.—, geb. RM. 28.—
V. Band: Erbrecht.
Erste Lieferung: §§ 1922—1984. 192 Seiten. 1924 . . RM. 6.—
Zweite Lieferung: §§ 1985—2063. 160 Seiten. 1926 . . RM. 7.—
Dritte Lieferung: §§ 2064—2196. 256 Seiten. 1929 . . RM. 12.—

„Für jeden Praktiker, der tiefer in den Rechtsstoff eindringen muß, um die zur Entscheidung stehende Frage zu prüfen, ist Plancks Kommentar immer ein zuverlässiger Ratgeber und seine Erläuterung und Meinung von hohem Wert und Gewicht, stets sorgfältiger Beachtung wert." Zentralblatt für freiwillige Gerichtsbarkeit.

Das Bürgerliche Gesetzbuch mit besonderer Berücksichtigung der Rechtsprechung des Reichsgerichts. Erläutert von Dr. Busch, Erler, Dr. Lobe, Michaelis, Oegg, Sayn, Schliewen und Seyffarth, Reichsgerichtsräten und Senatspräsidenten am Reichsgericht. Siebente, unveränderte Auflage. 5 Bände. §§ 1—2385. Lexikon-Oktav. 3182 Seiten. 1928 . . . . RM. 125.—, in Halbleder geb. RM. 150.—
I. Band: Allgemeiner Teil. Recht der Schuldverhältnisse I. (Allgemeiner Teil.) — II. Band: Recht der Schuldverhältnisse II. (Einzelne Schuldverhältnisse.) — III. Band: Sachenrecht. — IV. Band: Familienrecht. — V. Band: Erbrecht. Alphabetisches Sachverzeichnis.
(Das Werk wird nur komplett abgegeben.)

„Eine neue Auflage dieses für die Praxis wertvollsten Kommentars ist ein Ereignis für die Juristenwelt." Blätter für Rechtspflege im Bezirk des Kammergerichts.

Achilles-Greiff, Bürgerliches Gesetzbuch nebst Einführungsgesetz. Mit Einleitung, Anmerkungen und Sachregister. Nach dem Tode des ersten Herausgebers Dr. A. Achilles in Verbindung mit J. Altstötter, Oberamtsrichter in Sonthofen, O. Meyer, Oberlandesgerichtspräsident in Celle, Dr. J. Kieckebusch, Land- und Amtsgerichtsrat in Kassel, Dr. O. Strecker, Senatspräsident am Reichsgericht i. R. in Leipzig, herausgegeben von Dr. M. Greiff, Wirkl. Geh. Oberjustizrat, Oberlandesgerichtspräsident i. R. in Berlin. Dreizehnte, vermehrte und verbesserte Auflage. Mit Erläuterungen der Verordnung über das Erbbaurecht, des Gesetzes über die religiöse Kindererziehung und des Gesetzes für Jugendwohlfahrt. Groß-Oktav. XXIII, 1304 Seiten. 1930. (Guttentagsche Sammlung Deutscher Reichsgesetze Bd. 38/39.) . . . . RM. 24.—

„Das ausgezeichnete Buch, das einer weiteren Empfehlung kaum bedarf, wird seine führende Stellung unter den Handausgaben ohne Zweifel behaupten." Juristische Rundschau.

Bürgerliches Gesetzbuch nebst Einführungsgesetz. Vom 18. August 1896 mit Berücksichtigung der bis zum 1. Januar 1928 ergangenen Abänderungen. Textausgabe mit ausführlichem Sachregister. Sechzehnte Auflage. (61. bis 66. Tausend). Taschenformat. 758 Seiten. 1928. (Guttentagsche Sammlung von Textausgaben ohne Anmerkungen mit Sachregister.) . . . . Geb. RM. 5.—

Die vorliegende Ausgabe zeichnet sich durch Vollständigkeit und besondere Ausführlichkeit des Sachregisters aus.

Lindemann, Otto, Ausführungsgesetz zum Bürgerlichen Gesetzbuche vom 20. September 1899 nebst einem Anhang: Verordnung zur Ausführung des Bürgerlichen Gesetzbuchs vom 16. November 1899. Nach dem Tode des früheren Herausgebers Kammergerichtsrat Dr. P. Siméon, erläutert von Geh. Oberjustizrat Otto Lindemann, Ministerialdirektor im Pr. Justizministerium. Vierte Auflage. Etwa 220 Seiten. 1930. (Guttentagsche Sammlung Preußischer Gesetze Bd. 23.) Geb. RM. 5.—

Die neue Auflage kommt im richtigen Augenblick, um dem fühlbaren Mangel an neuen Bearbeitungen der Ausführungsgesetze zum Bürgerlichen Gesetzbuch abzuhelfen. Sie ist völlig neu bearbeitet und nach den Ergebnissen von Gesetzge'ung und Rechtsprechung bis in die jüngste Zeit ergänzt.

v. Schwerin, Cl., Frhr., **Grundzüge des deutschen Privatrechts.** Zweite Auflage. Oktav. XII, 342 Seiten. 1928. (Lehrbücher und Grundrisse der Rechtswissenschaft Bd. XIII.) RM. 9.50, geb. RM. 11.—

„Was dem Studenten not tut, ist ein kurzgefaßtes Handbuch. ... Ein ausgezeichnetes Hilfsmittel dieser Art ist das vorliegende Buch.“
Zeitschrift für Rechtspflege in Bayern.

Wegner, Arthur, **Jugendrecht.** Ein Lehrbuch zur Einführung. Oktav. IX, 219 Seiten. 1929 . . . . RM. 6.—, geb. RM. 7.50

„Ein gleichartiges und gleichwertiges Werk über das Jugendgericht gibt es noch nicht.“ *Breslauer Zeitung.*

Schuldverhältnisse insbesondere

Hedemann, Justus Wilh., **Schuldrecht des Bürgerlichen Gesetzbuches.** Oktav. Zweite Auflage in Bearbeitung. (Lehrbücher und Grundrisse der Rechtswissenschaft Bd. II.)

„Die Schrift bietet die beste mir bekannte Einführung in das schwierige Recht der Schuldverhältnisse.“ *Staats- und Selbstverwaltung.*

Oertmann, Paul, **Schuldrecht.** (BGB. II.)
I. Allgemeine Lehren. Dritte, verbesserte Auflage. 142 Seiten. 1927. (Sammlung Göschen Bd. 323.) . . . . Geb. RM. 1.80
II. Die einzelnen Schuldverhältnisse. Dritte, verbesserte Auflage. 159 Seiten. 1929. (Sammlung Göschen Bd. 324.) . . Geb. RM. 1.80

„In knapper Form und gemeinverständlicher Ausdrucksweise ist ein vorzüglicher Überblick über den Stoff gegeben.“
Leipziger Zeitschrift für deutsches Recht.

Meyer, Georg, **Das Recht der Beschlagnahme von Lohn- und Gehaltsforderungen.** Sechste Auflage. Taschenformat. 1927. Mit Nachtrag 1928. (Guttentagsche Sammlung Deutscher Reichsgesetze Bd. 55.) Geb. RM. 4.50

„Das Buch ist in flüssiger, übersichtlicher Form geschrieben und schöpft aus der Praxis für die Praxis; ein Handbuch nicht nur für den Juristen, sondern ebenso für das kaufmännische Büro, die Fabrik und das Handelsgeschäft.“ *Württembg. Wirtschafts-Zeitung.*

Seligsohn, Franz, **Haftpflichtgesetz.** Groß-Oktav. 349 Seiten. 1920. RM. 8.—, geb. RM. 9.50

„Das reiche Material hat der Verfasser mit logischer Schärfe und in knapper Form bearbeitet und damit ein mustergültiges Werk geschaffen, das für die meist veralteten Kommentare zum Reichshaftpflichtgesetz einen wertvollen Ersatz bietet.“
Blätter für Rechtspflege im Bezirk des Kammergerichts.

Krieg, O., **Mietrecht und Wohnungsmangelgesetzgebung** im Reiche, in Preußen und in Berlin, einschließlich Hauszinssteuer, Kostenwesen und Rechtsentscheiden des Kammergerichts und des Obersten Landesgerichts. Zusammengestellt und mit ausführlichem Schlagwortregister versehen. Vierte Auflage. Taschenformat. XII, 594 Seiten. 1928. (Guttentagsche Sammlung Deutscher Reichsgesetze Bd. 156.) Geb. RM. 10.—

„Eine solche Ausgabe zu besitzen, ist wertvoll. Diese Ausgabe verdient schon wegen ihrer Vollständigkeit besondere Beachtung. Ein vortreffliches Sachregister ist beigegeben.“ *Juristische Wochenschrift*

Stölzle, Hans, **Viehkauf** nach Bürgerlichem Gesetzbuch und ausländischem Recht. Verordnung, betreffend die Hauptmängel und Gewährfristen beim Viehhandel. Von Eugen Fröhner. Sechste, vermehrte und wesentlich verbesserte Auflage. Taschenformat. 699 Seiten. 1926. (Guttentagsche Sammlung Deutscher Reichsgesetze Bd. 50.) Geb. RM. 15.—

„Das Buch ist Juristen wie Laien als lichtvoller Ratgeber in allen Fragen nur auf das wärmste zu empfehlen."
Deutsche Juristen-Zeitung.

Hoffmann, J., **Abzahlungsgeschäfte.** Vierte Auflage, besorgt von K.-A. Crisolli. Taschenformat. Im Druck. (Guttentagsche Sammlung Deutscher Reichsgesetze Bd. 34.)

„Jeder, der mit Abzahlungsgeschäften zu tun hat, kann sich bestens aus dem Büchlein informieren. Der Kommentar ermöglicht es auch dem Laien, sich mit allen einschlägigen Fragen vertraut zu machen."
Berliner Intelligenz-Blatt.

Harnier, Ed., **Sicherung der Bauforderungen.** Dritte Auflage. Taschenformat. 122 Seiten. 1912. (Guttentagsche Sammlung Deutscher Reichsgesetze Bd. 93.) . . . . Geb. RM. 1.80

„Die vorliegende Neubearbeitung der kleinen Ausgabe des äußerst schwierigen Gesetzes findet einen weiterstreckten Interessenkreis. Nach einer äußerst klaren Einleitung werden seine Bestimmungen an der Hand der Gesetzesmaterialien und auf dem Boden des geltenden Rechts, unter Herstellung des Zusammenhanges mit ihm, in knappen Anmerkungen erläutert." Mitteilungen der Handelskammer Breslau.

Göppert, H., **Gesetz, betreffend die gemeinsamen Rechte der Besitzer von Schuldverschreibungen.** Zweite Auflage, bearbeitet von E. Trendelenburg. Taschenformat. 156 Seiten. 1915. (Guttentagsche Sammlung Deutscher Reichsgesetze Bd. 52.) . . . . . Geb. RM. 1.50

Dungs, H., **Sechs Haager Abkommen über internationales Privatrecht.** Taschenformat. 116 Seiten. 1910. (Guttentagsche Sammlung Deutscher Reichsgesetze Bd. 98.) . . . . Geb. RM. 1.50

„Die diesen Abkommen vom Verfasser beigefügten Erläuterungen sind kurz und klar gefaßt und entsprechen den allgemeingültigen Anschauungen. Der Kommentar von Dungs kann nur angelegentlichst empfohlen werden." Juristisches Literaturblatt.

Bogeng, G., **Die Haager Abkommen über das internationale Privatrecht.** Taschenformat. 173 Seiten. 1908. (Guttentagsche Sammlung Deutscher Reichsgesetze Bd. 90.) . . . . Geb. RM. 2.—

Sachenrecht insbesondere

Hedemann, Justus Wilh., **Sachenrecht des Bürgerlichen Gesetzbuches.** Oktav. XXXII, 507 Seiten. 1924. (Lehrbücher und Grundrisse der Rechtswissenschaft Bd. III.) . . . . . RM. 12.—, geb. RM. 13.50

„Ein trotz seiner Kürze ausgezeichnetes und inhaltreiches Lehrbuch, nicht nur für den Studierenden, sondern auch für ältere Juristen. Die Arbeit ist wissenschaftlich tiefgründig und doch gemeinverständlich geschrieben." Zeitschrift des Deutschen Notarvereins.

Kretschmar, F., **Sachenrecht.**

I. Allgemeine Lehren. Besitz und Eigentum. Zweite, verbesserte Auflage. 142 Seiten. 1922. (Sammlung Göschen Bd. 480.) Geb. RM. 1.80

II. Begrenzte Rechte. 144 Seiten. 1923. (Sammlung Göschen Bd. 481.) Geb. RM. 1.80

Diese Bändchen bieten die Grundzüge des Sachenrechts in gedrängter und klarer Form.

Lenzen, Georg, **Das Deutsche Pfandleihrecht.** Kommentar zum preußischen Pfandleihgesetz unter Berücksichtigung der außerpreußischen Gesetze. Oktav. XXVI, 266 Seiten. 1929 . . . . Geb. RM. 20.—

„Diese zusammenfassende Darstellung ist die erste ihrer Art und sehr verdienstlich. Das Buch regt zu allerhand Fragen an."
Juristische Wochenschrift.

Günther, Hermann, **Erbbaurecht.** Taschenformat. 167 Seiten. 1919. (Guttentagsche Sammlung Deutscher Reichsgesetze Bd. 135.) Geb. RM. 2.—

„Günther ist ausführlich, ohne weitschweifig zu sein; ausgezeichnete Vorbemerkungen geben vorzügliche Übersicht und wahren den Zusammenhang. Überall ist der bisherige Rechtszustand, der ja für absehbare Zeit seine Bedeutung behält, mit in das Bereich der Betrachtungen gezogen. Der Praxis wird das Werk von hervorragendem Nutzen sein.“ Beiträge zur Erläuterung des deutschen Rechts.

Arnheim, Hugo, **Grundbuchordnung.** Kommentar zur Grundbuchordnung für das Deutsche Reich nebst den für Preußen erlassenen Ausführungsbestimmungen. Zweite, völlig neubearbeitete Auflage. Lexikon-Oktav. 959 Seiten. 1913 . . . . RM. 15.—

„Der Band weist außerordentliche Gründlichkeit, Klarheit und Übersichtlichkeit auf. Man kann wohl sagen, daß kaum eine Frage auftauchen wird, die nicht wenigstens berührt wäre; die bisher zutage getretenen Fragen aber sind sämtlich in der eingehendsten Weise erörtert.“ Zentralblatt für freiwillige Gerichtsbarkeit.

Fischer, Otto, und **Fischer,** Norbert, **Grundbuchordnung für das Deutsche Reich** nebst den preußischen Ausführungsbestimmungen. Neunte, durchgearbeitete und ergänzte Auflage. Taschenformat. 322 Seiten. 1927. (Guttentagsche Sammlung Deutscher Reichsgesetze Bd. 42.) Geb. RM. 5.—

„Eine der vortrefflichen alteingeführten Handausgaben der Guttentagschen Sammlung, bei der schon die Auflagenziffer für die Brauchbarkeit in der Praxis spricht. Nach wie vor ist das Buch ein vortrefflicher Wegweiser und Berater.“ Juristische Wochenschrift.

Ricks, Gerhard, **Die Grundbuchpraxis.** Ein Handbuch für den täglichen Gebrauch in Grundbuchsachen. Achte Auflage. Groß-Oktav. XII, 412 Seiten. 1929 . . . . RM. 12.—, geb. RM. 14.—

„Das Buch hat einen Anspruch darauf, in der Praxis geradezu verschlungen zu werden. Es ist aus der täglichen Praxis heraus für die Praxis lebensfrisch und unterhaltend geschrieben.“ Mitteilg. a. d. Württemb. Notariats-Praxis.

Friedlaender, Martin, **Hypothekenbeschaffung für Wohn- und Geschäftshäuser.** Handbuch für die Praxis der Grundstückswirtschaft. Groß-Oktav. VIII, 151 Seiten. 1929 . . . . . RM. 6.—, geb. RM. 7.50

„Das Buch gibt einen außerordentlich praktischen Überblick über alle Fragen der Hypothekenbeschaffung. Die anschauliche Art der Zergliederung und die gründliche Darlegung des Statuts sichern dem Buch eine weite Verbreitung.“ Deutsche Sparkassen-Zeitung.

Familienrecht, Erbrecht

Lehmann, Heinrich, **Familienrecht** des Bürgerlichen Gesetzbuches einschließlich Jugendfürsorgerecht. Oktav. XII, 352 Seiten. 1926. (Lehrbücher und Grundrisse der Rechtswissenschaft Bd. IV.) RM. 11.—, geb. RM. 12.50

„Die Schilderung Lehmanns ist überall anregend und fesselnd. Das Werk kann allen Rechtsstudenten und Referendaren zur Anschaffung dringend empfohlen werden.“ Der junge Rechtsgelehrte.

Titze, Heinrich, **Familienrecht.** (BGB. IV.) 169 Seiten. Neudruck. 1924. (Sammlung Göschen Bd. 305.) . . . . Geb. RM. 1.80

Endemann, Fr., **Erbrecht.** Oktav. XII, 166 Seiten. 1923. (Lehrbücher und Grundrisse der Rechtswissenschaft Bd. V.) RM. 3.—, geb. RM. 4.50

„Dieser Leitfaden behandelt den spröden Stoff des schwierigen Erbrechts in meisterhafter, fesselnder Darstellung.“ Zeitschrift des Bundes Deutscher Justizamtmänner.

Blume, Wilh. von, **Erbrecht.** (BGB. V.)

I. Einleitung. Die Grundlagen des Erbrechts. 75 Seiten. 1913. (Sammlung Göschen Bd. 659.) . . . . Geb. RM. 1.80

II. Die Nachlaßbeteiligten. Mit 23 Figuren. 131 Seiten. 1913. (Sammlung Göschen Bd. 660.) . . . . Geb. RM. 1.80

Riesenfeld, S., **Die Erbenhaftung nach dem Bürgerlichen Gesetzbuch.** Groß-Oktav. 2 Bände. 1916 . . . . . RM. 15.—, geb. RM. 18.—
I. Band: Die Grundsätze der Haftung. XII, 461 Seiten.
II. Band: Das Inventar und die Mittel der Haftungsbeschränkung. VIII, 455 Seiten.

„Ein hervorragendes Werk, das in allen Teilen die vollständige Beherrschung des schwierigen Stoffes erkennen läßt und sich dabei durch klare und gemeinverständliche Darstellung auszeichnet.“
Sächsisches Archiv für Rechtspflege.

Aufwertung

Michaelis, Richard, **Das Aufwertungsrecht** nach den Aufwertungsgesetzen und nach allgemeinem bürgerlichem Rechte. Kommentar zu den Gesetzen vom 16. Juli 1925 über die Aufwertung von Hypotheken und anderen Ansprüchen und über die Ablösung öffentlicher Anleihen sowie systematische Darstellung des Aufwertungsrechts außerhalb dieser Gesetze. Zweite, gänzlich umgearbeitete Auflage des Kommentars zur Dritten Steuernotverordnung vom 14. Februar 1924 (Aufwertung). Mit einer Fristentabelle von H. Hoormann. Groß-Oktav. X, 516 Seiten. 1926. Mit Nachtrag 1927. (de Gruytersche Sammlung Deutscher Gesetze. Handkommentare.) . . . . Geb. RM. 16.—

„Es handelt sich um ein ganz erstklassiges Werk, das sich für jeden Aufwertungsinteressenten als unentbehrlich erweisen wird.“
Deutsche Allgemeine Zeitung.

Berliner, Ludwig, und **Pfaffenberger,** Ernst, **Aufwertung von Versicherungsansprüchen** mit Durchführungsbestimmungen.

I. Teil. Oktav. 235 Seiten. 1925. (Guttentagsche Sammlung Deutscher Reichsgesetze Bd. 164.) . . . . Geb. RM. 6.50

II. Teil: Sach- und Transportversicherung; Unfall- und Haftpflichtversicherung. Oktav. 112 Seiten. 1926. Mit Nachtrag. (Guttentagsche Sammlung Deutscher Reichsgesetze Bd. 164a.) . . Geb. RM. 3.50

„Eine ganz ausgezeichnete, wohldurchdachte Darstellung und Erläuterung des Aufwertungsrechtes des gesamten Versicherungswesens, eine unentbehrliche Ergänzung zu jedem Gesamtkommentar über das Aufwertungsgesetz.“ *Zentralblatt für Handelsrecht.*

2. Handelsrecht.

v. Gierke, Jul., **Handelsrecht und Schiffahrtsrecht.** Dritte, ergänzte Auflage. Groß-Oktav. XIV, 744 Seiten. 1929. (Lehrbücher und Grundrisse der Rechtswissenschaft Bd. VI.) RM. 21.—, geb. RM. 22.50

„. . . ein außerordentlich hochstehendes, immer den neuesten Stand der Lehre und der Rechtsprechung widerspiegelndes Lehrbuch des Handelsrechts im weitesten Sinn.“ *Der junge Rechtsgelehrte.*

Lehmann, K., und **Hoeniger,** H., **Lehrbuch des Handelsrechts.** Dritte Auflage. Erster Halbband, enthaltend die Lehre vom Handelsstand und von den Handelsgesellschaften. Groß-Oktav. 432 Seiten. 1921 RM. 10.—

Ein großangelegtes Lehrbuch des Handels- und Schiffahrtsrechts.

Lehmann, K., und Hoeniger, H., Deutsches Handelsrecht.

I. Einleitung. Der Kaufmann und seine Hilfspersonen. Offene Handelsgesellschaft, Kommandit- und stille Gesellschaft. 117 Seiten. 1921. (Sammlung Göschen Bd. 457.) . . . . Geb. RM. 1.80

II. Aktiengesellschaften, Gesellschaften mit beschränkter Haftung, eingetragene Genossenschaften. Handelsgeschäft, 126 Seiten. 1924. (Sammlung Göschen Bd. 458.) . . . . Geb. RM. 1.80

Eine gemeinverständliche Darstellung in gedrängter Form.

Hein, Joh., **Die Zusammenhänge zwischen Steuerrecht und Handelsrecht und ihre Entwicklung,** untersucht an dem Gewinn und an der Bewertung. Eine bilanzrechtliche und bilanzkritische Darstellung mit praktischen Beispielen. Groß-Oktav. X, 280 Seiten. 1928.
RM. 10.—, geb. RM. 12.—

„Das Buch führt in klarer Gestaltung in die Probleme des Bilanzrechts ein. Eine übersichtliche Gliederung ermöglicht eine schnelle und doch gründliche Einführung. Darüber hinaus stellt das Buch eine wesentliche Förderung für die dringend notwendige wissenschaftliche Behandlung des Steuerbilanzrechts und seiner Zusammenhänge mit den verwandten Rechtsmaterien dar." Zeitschrift für Handelsrecht.

Veröffentlichungen der Vereinigung der Handelsrechtslehrer deutscher Hochschulen.

Bericht über die erste Tagung der Vereinigung in Berlin am 7. und 8. März 1927 (Senatssaal der Universität). Mit Beiträgen von **Ernst Heymann, Hans Wüstendörfer, Otto Schreiber** und **Arthur Nußbaum.** Oktav 65 Seiten. 1928. RM. 5.—

Das Handelsrecht zeigt heute unter den privatrechtlichen Materien die meisten wissenschaftlichen und gesetzgeberischen Probleme und entwickelt am meisten Initiative. Unter diesen Verhältnissen werden sich die Veröffentlichungen der Vereinigung der Handelsrechtslehrer deutscher Hochschulen als besonders fruchtbar und förderlich erweisen.

Staubs Kommentar zum Handelsgesetzbuch. Zwölfte und dreizehnte Auflage. Bearbeitet von Heinrich Koenige, Albert Pinner, Felix Bondi. Vier Bände und ein Registerband. Groß-Oktav. 4000 Seiten. 1927 . . . . Zusammen RM. 157.—, in Halbleder RM. 183.60

„Der Staubsche Kommentar ist das klassische Hilfswerk zum Deutschen Handelsgesetzbuch und für die Beurteilung der zahlreichen schwierigen Fragen dieses Gesetzes maßgebend geworden; es stellt ein unentbehrliches Mittel zur Erfassung und zur Anwendung des Gesetzes dar." Frankfurter Zeitung.

Mosse, Albert, und **Heymann,** Ernst, Handelsgesetzbuch (ohne Seerecht). Mit den ergänzenden Vorschriften des Bürgerlichen Gesetzbuchs und einem Anhang, enthaltend das Einführungsgesetz, das Depotgesetz, die Bestimmungen über Börsentermin- und Differenzgeschäfte u. a. Nebst Erläuterungen. Im Anschluß an die Textausgabe von F. Litthauer. Siebzehnte Auflage. Unter Mitwirkung von Karl August Crisolli. Oktav. VIII, 693 Seiten. 1926 (Guttentagsche Sammlung Deutscher Reichsgesetze Bd. 4.) . . . . Geb. RM. 14.—

„Die Litthauer-Mossesche Ausgabe des Handelsgesetzbuches hat bei allen Praktikern seit langem den wohlbegründeten Ruf größter Zuverlässigkeit und übersichtlicher Anordnung, die mit möglichster Knappheit des Ausdrucks gepaart sind. Das Buch ist ein zuverlässiger Führer durch das immer schwieriger werdende Gebiet des Handelsrechts." Vossische Zeitung.

Handelsgesetzbuch nebst Einführungsgesetz und Seerecht. Elfte Auflage. 381 Seiten. 1924. (Guttentagsche Sammlung von Textausgaben ohne Anmerkungen.) . . . . Geb. RM. 2.60

Die handliche Ausgabe enthält den genauen Gesetzestext mit einem das Zurechtfinden sehr erleichternden Sachregister.

Baum, G., Das vertragliche Wettbewerbsverbot (Konkurrenzklausel). Nebst Kommentar zum Gesetze vom 10. Juni 1914. Taschenformat. XII, 231 Seiten. 1914. (Guttentagsche Sammlung Deutscher Reichsgesetze Bd. 115.) . . . . Geb. RM. 3.—

Gesellschaften

Brodmann, Erich, **Aktienrecht.** Kommentar. Groß-Oktav. XII, 580 Seiten. 1928. (Gewerbe- und Industrie-Kommentar Bd. IV.)
RM. 28.—, geb. RM. 30.—

„Mit unvergleichlichem Geschick hat der Verfasser Großartiges geleistet — Brodmann ist Trumpf!" Zeitschrift für Aktiengesellschaften.

Solmssen, Georg, **Probleme des Aktienrechts** unter besonderer Berücksichtigung ihrer Entwicklung in den Vereinigten Staaten von Amerika. Zweite Auflage. Oktav. I, 127 Seiten. 1928 . . RM. 2.50

„Sämtliche Momente, die bei der Prüfung der Frage, ob und inwieweit das geltende deutsche Aktienrecht änderungsbedürftig ist, haben eine eingehende und umfassende Erörterung gefunden. Allen, die sich mit dieser recht heiklen Frage befassen, kann die Anschaffung des Werkes wärmstens empfohlen werden." Badische Wirtschafts-Zeitung.

Hachenburg, Max, **Kommentar zum Gesetz, betr. die Gesellschaften mit beschränkter Haftung.** (Früher **Staub-Hachenburg.**) Fünfte Auflage unter Mitarbeit von Fritz Bing und Walter Schmidt. 2 Bände . . . . RM. 43., geb. RM. 47.—
I. Band: §§ 1—34. Groß-Oktav. VI, 527 Seiten. 1926.
II. Band: §§ 35—84. Groß-Oktav. II, 452 Seiten. 1927.

„Was Hachenburg in seinen Neubearbeitungen aus diesem Buche gemacht hat, ist erstaunlich. Sein reiches juristisches Wissen, sein überlegener und kritischer Verstand, seine vorzügliche Gestaltungskraft und seine nur wenigen Juristen eigene vielseitige Auslegungskunst haben etwas Großes, Unvergleichliches geschaffen. Man findet selten ein literarisches Werk, in welchem Rechtsgelehrsamkeit und praktisches Können vereint einem Spezialgesetz so zugute kamen wie hier."
Zeitschrift für Aktiengesellschaften.

Brodmann, Erich, **Gesetz, betr. die Gesellschaften mit beschränkter Haftung.** Kommentar. Groß-Oktav. VIII, 304 Seiten. 1930. Gewerbe- und Industrie-Kommentar Bd. I.) . . . . RM. 16.—, geb. RM. 18.—

„Übersichtliche, klare Anordnung der Erläuterungen, tiefes Eindringen in die Einzelheiten des Gesetzes unter steter Berücksichtigung des Wirtschaftslebens, erschöpfende Wiedergabe der Rechtsprechung, namentlich des Reichsgerichts, sind die besonderen Vorzüge des Werkes, das damit ein unentbehrliches Rüstzeug werden wird." Badische Rechtspraxis.

Parisius, Ludolf, und **Crüger,** Hans, **Das Reichsgesetz, betr. die Gesellschaften mit beschränkter Haftung.** Textausgabe mit Anmerkungen und Sachregister. Achtzehnte Auflage, bearbeitet von Adolf Crecelius und Fritz Citron. Taschenformat. 244 Seiten. 1929. (Guttentagsche Sammlung Deutscher Reichsgesetze Bd. 32.)
Geb. RM. 3.50

„Die äußerst sachkundig erläuterte Ausgabe wird von den interessierten Kreisen freudig begrüßt werden. Wir können das Bändchen der bekannten Sammlung bestens empfehlen."
Badische Wirtschafts-Zeitung.

Klumpp, Hermann, **Beiträge zur Rechtsstellung der Geschäftsführer einer G. m. b. H. nach deutschem und französischem Recht.** Oktav. XVI, 180 Seiten. 1928 . . . . RM. 6.—

Im G.m.b.H.-Recht hat die Stellung des Geschäftsführers besondere Bedeutung. Die vorliegende Arbeit, die unter Auswertung der umfangreichen Literatur eine eingehende Untersuchung dieser so wichtigen Frage nach deutschem und französischem Recht darstellt, wird in juristischen und geschäftlichen Kreisen Interesse finden.

Starke, Arthur, **Offene Handelsgesellschaften, Kommanditgesellschaften und stille Gesellschaften** von der Errichtung bis zur Auflösung. Nebst Vertrags- und Anmeldeformularen und mit Berücksichtigung des Steuerrechts. Oktav. XIV, 167 Seiten. 1928 . . . . RM. 5.—

Eine systematische Darstellung für Studium und Praxis.

Wechselordnung und Scheckrecht

Staubs Kommentar zur Wechselordnung. Fortgesetzt von J. Stranz und M. Stranz. Zwölfte Auflage, bearbeitet von M. Stranz und Martin Stranz. Groß-Oktav. 432 Seiten. 1929.
RM. 16.—, geb. RM. 18.—

„Staub-Stranz ist der Kommentar zur Wechselordnung. Auch die jüngste Auflage des Kommentars gibt einen echten Staub-Stranz. Weiterer Kommentar dazu ist überflüssig.“ Juristische Wochenschrift.

Stranz, J., und **Stranz,** M., **Wechselordnung** vom 3. Juni 1908. Kommentar. Zwölfte Auflage von M. und M. Stranz. Taschenformat. VIII, 396 Seiten. 1923. Mit Nachtrag 1926. (Guttentagsche Sammlung Deutscher Reichsgesetze Bd. 5.) . . . Geb. RM. 3.50

„Die Ausgabe der Wechselordnung mit ihrem äußerst nützlichen, guten Kommentar ist sehr zu empfehlen. Erfreulicherweise enthält das Bändchen auch die Bestimmungen der Zivilprozeßordnung über Urkunden- und Wechselprozesse im Anhang.“ Badische Wirtschaftszeitung.

Wechselordnung in der Fassung der Bekanntmachung vom 3. Juni 1908 (RGBl. S. 326 ff.). Mit einem Anhang, enthaltend den Wechselprozeß und Nebengesetze. Textausgabe mit Einleitung und Sachregister. Taschenformat. 102 Seiten. 1928. (Guttentagsche Sammlung von Textausgaben ohne Anmerkungen.) . . . . Geb. RM. 1.50

Vorteilhafte Anordnung, ein zuverlässiges Sachregister, das das Gesetz erschließt, Handlichkeit und sauberer Druck zeichnen auch die neue Auflage der Wechselordnung aus, deren Einleitung den letzten Stand dieser Materie erfaßt und deren Anhang „Nebengesetze“ bis auf die letzte Zeit ergänzt ist.

Michaelis, Richard, **Scheckgesetz** mit allen einschlägigen Nebengesetzen, den ausländischen Gesetzen und dem Deutschen Postscheckgesetz mit Postscheckordnung. Kommentar. Groß-Oktav. VII, 339 Seiten. 1927. (Gewerbe- und Industrie-Kommentar Bd. II.) RM. 16.—, geb. RM. 18.—

„Wenn irgendein Buch, so entspricht dieses einem Bedürfnis.“ Berliner Tageblatt.

Schiffahrtsrecht

Schaps, Georg, **Das deutsche Seerecht.** Kommentar zum vierten Buche des Handelsgesetzbuches (als Ergänzung zu Staub's Kommentar nebst Erläuterungen zu den seerechtlichen Nebengesetzen. Zweite, vollständig umgearbeitete Auflage herausgegeben von Max Mittelstein † und Julius Sebba.

I. Band. (Handelsgesetzbuch: Viertes Buch.) Groß-Oktav. VIII, 1041 Seiten. 1921 . . . . RM. 25.—, geb. RM. 28.—

II. Band. (Seerechtliche Nebengesetze.) **Bearbeitet von J. Sebba.** XVI, 1108 Seiten. 1929 . . . . RM. 52.—, geb. RM. 55.—

„Die alte, auf der Staubschen Kommentierungsmethode beruhende Auflage erfreute sich mit Recht schon großen Ansehens. In diesen bewährten Bahnen leistet die zweite Auflage an Vollständigkeit, Übersichtlichkeit und Genauigkeit das Höchste, was Wissenschaft und Praxis nur wünschen können." *Juristische Wochenschrift.*

Brandis, Otto, **Das deutsche Seerecht** (mit Ausschluß des Seeversicherungsrechts.) I. Allgem. Lehren: Personen und Sachen des Seerechts. 130 Seiten. 1908. II. Die einzelnen seerechtlichen Schuldverhältnisse: Verträge des Seerechts und außervertragliche Haftung. 156 Seiten. 1908. (Sammlung Göschen Bd. 386/87.) . . . . . Geb. je RM. 1.80

Knitschky, W. E., **Die Seegesetzgebung.** Fünfte Auflage, bearbeitet von O. Rudorff. XXIV, 1024 Seiten. 1913. (Guttentagsche Sammlung Deutscher Reichsgesetze Bd. 19.) . . . . . . Vergriffen.

Sieveking, Gustav, **Das deutsche Seeversicherungsrecht.** Kommentar zum zehnten Abschnitt des vierten Buches des Handelsgesetzbuches. Lexikon-Oktav. 218 Seiten. 1912 . . . . RM. 5.—, geb. RM. 6.80

„Der Kommentar ruht auf einer vortrefflichen Grundlage und zeigt sich auch in seinem Inhalte dieser Grundlage durchaus würdig. Er ersetzt ein Lehrbuch und kann daher auch zur Einführung in das Seeversicherungsrecht empfohlen werden."

Leipziger Zeitschrift für deutsches Recht.

Ritter, Carl, **Das Recht der Seeversicherung.** Ein Kommentar zu den Allgemeinen Deutschen Seeversicherungsbedingungen. Groß-Oktav. 2 Bände. 1494 Seiten. 1924. (Friederichsen, de Gruyter & Co., m. b. H., Hamburg.) . . . . Geb. RM. 100.—

Allgemeine Deutsche Seeversicherungs-Bedingungen. Im Jahre 1919 herausgegeben von den deutschen Seeversicherern nach Beratung mit deutschen Handelskammern und Fachverbänden unter Vorsitz der Handelskammer Hamburg. 16.—20. Tausend. 50 Seiten. 1925. (Friederichsen, de Gruyter & Co., m. b. H., Hamburg.) . . . . RM. 2.—

General Rules of Marine. Insurance 1919 adopted by the German Underwriters. Authorind Translation by Dr. Alfred Sieveking, larger in Hamburg. 64 Seiten. 1920. (Friederichsen, de Gruyter & Co., m. b. H., Hamburg.) . . . . RM. 3.—

Materialien zu den Allgemeinen Deutschen Seeversicherungs-Bedingungen. Im Auftrag der vereinigten Handelskammern herausgegeben von Prof. Dr. E. Bruck. Groß-Oktav. 2 Bände. 678 Seiten. 1920. (Friederichsen, de Gruyter & Co., m. b. H., Hamburg.) . . . . RM. 10.—

Bene, F., **Der Begriff des Versicherungsfalles in der Seeversicherung.** (Hamburger Rechtsstudien, herausgegeben von Mitgliedern der Rechts- und Staatswissenschaftlichen Fakultät der Hamburgischen Universität, Heft 1.) Groß-Oktav. 75 Seiten. 1928. (Friederichsen, de Gruyter & Co., m. b. H., Hamburg.) . . . . RM. 4.50

Elkan, H. H., **Die Bedeutung des Interesses für die Veräußerung der versicherten Sache.** (Hamburger Rechtsstudien, herausgegeben von Mitgliedern der Rechts- und Staatswissenschaftlichen Fakultät der Hamburgischen Universität, Heft 2.) Oktav. 58 Seiten. 1928. (Friederichsen, de Gruyter & Co., m. b. H., Hamburg.) . . . . . . RM. 4.—

Makower, H., **Gesetze, betreffend die privatrechtlichen Verhältnisse der Binnenschiffahrt und der Flößerei.** Nach den Materialien erläutert. Sechste, vermehrte Auflage, bearbeitet von E. Loewe. Taschenformat. 458 Seiten. 1923. (Guttentagsche Sammlung Deutscher Reichsgesetze Bd. 36.) . . . . Geb. RM. 4.—

„Das vorzüglich bearbeitete Buch dürfte mit seinen klaren und verständlichen Erläuterungen für jeden, der in irgendeiner Weise mit der Binnenschiffahrt und der Flößerei zu tun hat, ein nie versagender Ratgeber sein." Schiffbau.

Sebba, Jul., **Seewasserstraßenordnung.** (Polizeiverordnung zur Regelung des Verkehrs auf den deutschen Seewasserstraßen vom 31. März 1927.) Taschenformat. 493 Seiten. 1928. (Guttentagsche Sammlung Deutscher Reichsgesetze Nr. 171.) . . . . Geb. RM. 8.50

Die vorliegende Ausgabe ist für die an dem neuen Gesetz interessierten beiden Fachgruppen, die der Nautiker und der Juristen, von gleich großer Bedeutung. Diese Verbindung zweier Kenntnisgebiete gibt dem vorliegenden Kommentar seine besondere Note und seinen großen Wert.

Genossenschaften

Parisius, Ludolf, **Crüger,** Hans, **Crecelius,** Adolf, und **Citron,** Fritz, **Reichsgesetz, betreffend die Erwerbs- und Wirtschaftsgenossenschaften.** Kommentar zum praktischen Gebrauch für Juristen und Genossenschaften. Elfte, neubearbeitete Auflage. Groß-Oktav. XV, 598 Seiten. 1928 . . . . RM. 28.—, geb. RM. 30.—

„Crüger beherrscht wie kein anderer Theorie und Praxis des Genossenschaftswesens, auch nach der wissenschaftlichen Seite hin." Juristische Wochenschrift.

Parisius, Ludolf, und **Crüger,** Hans, **Das Reichsgesetz, betreffend die Erwerbs- und Wirtschaftsgenossenschaften.** Textausgabe mit Anmerkungen und Sachregister. Zwanzigste, neubearbeitete und erweiterte Auflage von Hans Crüger, Adolf Crecelius und Fritz Citron. Taschenformat. 297 Seiten 1930. (Guttentagsche Sammlung Deutscher Reichsgesetze Bd. 29.) . . . . Geb. RM. 4.—

„In knapper und klarer Form werden die gesetzlichen Bestimmungen abgehandelt und alles zum Verständnis unbedingt Erforderliche in den Anmerkungen beigebracht. Das Werk kann nur empfohlen werden." Ministerialblatt f. d. Preuß. innere Verwaltung.

Verschiedenes

Schreiber, Otto, **Handelsrechtliche Nebengesetze.** Taschenformat. VIII, 1002 Seiten. 1926. (Guttentagsche Sammlung Deutscher Reichsgesetze Bd. 162.) . . . . Geb. RM. 14.—

„Die Sammlung ist ein unentbehrliches Hilfsmittel für den Praktiker. Die Zusammenstellung ist sehr zuverlässig; auch das Sachregister von Kleffel verdient volle Anerkennung." Zentralblatt für Handelsrecht.

Staffel, W., **Verordnung gegen Mißbrauch wirtschaftlicher Machtstellungen** vom 2. November 1923. Kommentar. Oktav. 108 Seiten. 1927. (Guttentagsche Sammlung Deutscher Reichsgesetze Bd. 167.) Geb. RM. 3.50

„Die für das Wirtschaftsrecht so wichtige Kartellverordnung findet hier eine eingehende Kommentierung. Die Erläuterungen werden daher um so unentbehrlicher für die wirtschaftliche Praxis auf diesem Gebiete sein." Industrie- und Handelszeitung.

Lusensky, F., Gesetz über die Handelskammern. Taschenformat. (Guttentagsche Sammlung Preußischer Gesetze Bd. 21.)

Neue Auflage in Vorbereitung.

„Das Buch ist ein vortrefflicher Berater aller derer, die in der Handelskammerorganisation sind oder zu ihr in Beziehung stehen. Es kann warm empfohlen werden."

Zeitschrift für Polizei- und Verwaltungsbeamte.

Göppert-Seydel, Hypothekenbankgesetz vom 13. Juli 1899 (mit den Änderungen durch die Gesetze vom 14. Juli 1923, vom 26. Januar 1926 und 21. Dezember 1927). Textausgabe mit Einleitung, Anmerkungen und Sachregister. Dritte Auflage bearbeitet von Dr. **Martin Friedländer.** Taschenformat. VIII, 202 Seiten. 1929. (Guttentagsche Sammlung Deutscher Reichsgesetze Nr. 51.) . . . . RM. 5.—

Die vorliegende Auflage des bekannten „Göppert-Seydel" ist den veränderten Verhältnissen entsprechend vollkommen umgearbeitet worden; sie berücksichtigt sowohl die nach dem Kriege erfolgten Änderungen und Ergänzungen des Gesetzes und des Aufwertungsrechtes wie auch die Judikatur und das Schrifttum bis auf die letzte Zeit. Damit kommen die Vorzüge des „Göppert-Seydel" der Praxis und Wissenschaft wieder in ihrem ganzen Umfange zugute.

Bank und Börse

Koch, R., und **Schacht,** Hjalmar, **Die Reichsgesetzgebung über das Münz- und Notenbankwesen.** Textausgabe mit Anmerkungen und Sachregister. Siebente, völlig neubearbeitete Auflage. Taschenformat. XVIII, 617 Seiten. 1925. (Guttentagsche Sammlung Deutscher Reichsgesetze Bd. 26.) . . . . Geb. RM. 14.—

„Dieser Kommentar zeichnet sich durch Vollständigkeit und Reichhaltigkeit aus und bietet außerdem in der Einleitung einen vortrefflichen Überblick über die Entwicklung des deutschen Noten- und Geldwesens während der letzten Jahrzehnte."

Monatsschrift für Handelsrecht und Bankwesen.

Nußbaum, Arthur, **Bank- und Börsenrecht.** Eine Sammlung von Gesetzen und Geschäftsbedingungen. Taschenformat. XII, 622 Seiten. 1927. (Guttentagsche Sammlung Deutscher Reichsgesetze Bd. 169)

Geb. RM. 11.—

Die vorliegende Sammlung der verstreuten bank- und börsenrechtlichen Vorschriften fehlte bisher in der kaufmännischen und juristischen Bankpraxis ebenso wie im handelsrechtlichen und betriebswirtschaftlichen Unterricht. Ihr Erscheinen wurde daher vielseitig begrüßt. Die Sammlung berücksichtigt auch die dem freien Verkehr entstammenden Rechtsbildungen.

Kommentar zum Börsengesetz. Im Auftrage des Centralverbandes des Deutschen Bank- und Bankiergewerbes (E. V.) bearbeitet von H. Rehm, H. Trumpler, Heinrich Dove, Ernst Neukamp, R. Schmidt-Ernsthausen, James Breit. Mit einem Vorwort von J. Rießer. Lexikon-Oktav. VIII, 464 Seiten. 1909.

RM. 12.—, geb. RM. 13.50

„Einen so guten Kommentar zum Börsengesetz hat es noch nie gegeben. Wer sich darein vertieft, wird reiche Belehrung daraus schöpfen über das Börsenwesen im allgemeinen und über seine Rechtsübung und Rechtsprechung im besonderen."

Sächsisches Archiv für Rechtspflege.

Hemptenmacher, Th., **Börsengesetz.** Dritte Auflage von O. Meyer. Taschenformat. XXIII, 373 Seiten. 1915. (Guttentagsche Sammlung Deutscher Reichsgesetze Bd. 41.) . . . . Geb. RM. 3.50

„Das Bändchen bringt neben einem kurzen Überblick und einem vorteilhaft erweiterten Anhang das Börsengesetz nebst Ausführungs-

bestimmungen. Alles in allem schließt sich auch dieses Bändchen wieder den übrigen Textausgaben der wegen ihrer unbedingten und erschöpfenden Sachlichkeit bekannten Guttentagschen Sammlung Deutscher Reichsgesetze würdig an." Bayrische Handelszeitung.

Lusensky, F., Gesetz, betreffend die Pflichten der Kaufleute bei Aufbewahrung fremder Wertpapiere (Depotgesetz). Neue Auflage in Bearbeitung. (Guttentagsche Sammlung Deutscher Reichsgesetze Bd. 40.)

„Die beste Bearbeitung des sogenannten Depotgesetzes." Zeitschrift für Aktiengesellschaften.

Frohner, G., Aktiensonderdepot und Legitimationsübertragung. (Hamburger Rechtsstudien, herausgegeben von Mitgliedern der Rechts- und Staatswissenschaftlichen Fakultät der Hamburgischen Universität, Heft 3.) Groß-Oktav. VII, 114 Seiten. 1929. (Friederichsen, de Gruyter & Co., m. b. H., Hamburg.) . . . . RM. 7.—

Schwerin, Frh. Cl. von, Recht der Wertpapiere (einschließlich Wechsel- und Scheckverkehr). Oktav. X, 234 Seiten. 1924. (Lehrbücher und Grundrisse der Rechtswissenschaft Bd. 7.) RM. 7.—, geb. RM. 8.50

„Das Buch löst seine Aufgabe, den Studierenden eine Einführung in die Materie des Wertpapierrechts zu geben, ausgezeichnet, vor allem deshalb, weil es eine gute theoretische Fundierung mit einer dem Lehrzweck entsprechenden Darstellung des praktischen Rechts und der Rechtstatsachen verbindet." Deutsche Juristenzeitung.

Bank-Archiv. Zeitschrift für Bank- und Börsenwesen. Unter Mitwirkung von hervorragenden Fachmännern herausgegeben von Geh. Justizrat Prof. Dr. Rießer, Berlin. Schriftleitung: Rechtsanwalt Otto Bernstein, geschäftsführendes Mitglied des Centralverbands des Deutschen Bank- und Bankiergewerbes. Quart. Jährlich 24 Nummern. XXIX. Jahrgang. 1929/30 . . . . Pro Halbjahr RM. 12.—

„Ein von sachverständigen Mitarbeitern unterstütztes Organ, das in der glücklichen Vermischung von wissenschaftlichen Aufsätzen mit Mitteilungen aus der bankmännischen und gerichtlichen Praxis einen Berater von exzeptionellem Werte bildet." Frankfurter Zeitung.

Zeitgemäße Bankrechtsfragen. Festgabe der Rechtsabteilung der Disconto-Gesellschaft zum 70. Geburtstage des Herrn Dr. jur. Arthur Salomonsohn. Quart. 126 Seiten. 1929 . . . RM. 8.—, geb. RM. 10.—

„Der Band enthält 8 vorzügliche Aufsätze. Die Verfasser befassen sich mit Problemen, die in der Rechtsabteilung einer Großbank oft zur Debatte stehen und deren endgültige Klärung ein praktisches Bedürfnis ist." Wirtschaftl. Nachrichten.

Verhandlungen des VII. allgemeinen deutschen Bankiertages. Köln 9.—11. September 1928 auf Grund stenographischer Berichte. Groß-Oktav. 436 Seiten . . . . RM. 10.—

III. Grenzgebiete des Bürgerlichen Rechts

1. Privat- und Sozialversicherung

Koenige, Heinrich, und **Petersen, A., Gesetz über die privaten Versicherungsunternehmungen** vom 12. Mai 1901. Textausgabe mit Anmerkungen und Sachregister. Dritte, umgearbeitete Auflage. Taschenformat. 856 Seiten. 1927. (Guttentagsche Sammlung Deutscher Reichsgesetze Bd. 62.) . . . . Geb. RM. 20.—

„Der Verfasser hat es meisterhaft verstanden, reiche Literatur und Judikatur zu dem wichtigen Grundgesetz der Privatversicherung mit seiner eigenen selbständigen Auffassung von der Bedeutung der Gesetzesbestimmungen in Verbindung zu bringen. Für Theorie und Praxis der Privatversicherung wird das Werk dadurch zu einem unentbehrlichen Hilfsmittel." Deutsche Versicherten-Zeitung.

Bruck, E., **Reichsgesetz über den Versicherungsvertrag** nebst dem zugehörigen Einführungsgesetz vom 30. Mai 1908. Sechste, vollkommen neubearbeitete Auflage. Taschenformat. 708 Seiten. 1929. (Guttentagsche Sammlung Deutscher Reichsgesetze Bd. 83.) Geb. RM. 14.—

„Die Vorzüge, welche die früheren Auflagen schon zeigten, die Fülle des Gebotenen, die Beherrschung des Stoffes, die anschauliche und doch knappe Sprache, und dies alles in dem engen Rahmen einer Textausgabe, kleinen Handausgabe mit Anmerkungen, sind auch dieser vierten Auflage in hohem Maße eigen."

Mitteilungen für die öffentlichen Feuerversicherungs-Anstalten.

Moldenhauer, Paul, **Das Versicherungswesen.**

I. Allgemeine Versicherungslehre. Vierte Auflage. 152 Seiten. 1925. (Sammlung Göschen Bd. 262.) . . . . Geb. RM. 1.80

II. Die einzelnen Versicherungszweige. Zweite Auflage. 130 Seiten. 1923. (Sammlung Göschen Bd. 636.) . . . . Geb. RM. 1.80

„Das Buch ist für jeden, der sich mit dem Versicherungswesen und seinen Zweigen vertraut machen will, ein trefflicher Führer."

Versicherungspost.

Veröffentlichungen des Reichs-Aufsichtsamts für Privatversicherung. Groß-Oktav. Jahrg. 1—2, je 2.50. Jahrg. 3—16, je 6.—. Jahrg. 17—21, je 7.50. Jahrg. 22, 15.—. Jahrg. 23, 18.—. Jahrg. 24, 21.—. Jahrg. 25, 50.—. Jahrg. 26, 51.50. Jahrg. 27, Heft 1—3, 28.—. Jahrg. 28, Heft 1, 6.—; 2, 13.—; 3, 9.—.

Versicherungsstatistik für 1902 über die unter Reichsaufsicht stehenden Unternehmungen. Herausgegeben vom Reichsaufsichtsamt für Privatversicherung. Lexikon-Oktav. LXXVII, 384 Seiten. 1905. RM. 10.—

— für 1903 bis 1917 . . . . Je Jahrgang RM. 10.—

Berliner, Ludwig, und **Pfaffenberger,** Ernst, **Aufwertung von Versicherungsansprüchen** mit Durchführungsbestimmungen.

I. Teil. Oktav. 235 Seiten. 1926. Mit Nachtrag. (Guttentagsche Sammlung Deutscher Reichsgesetze Bd. 164.) . . . . Geb. RM. 6.50

II. Teil: Sach- und Transportversicherung; Unfall- und Haftpflichtversicherung. Oktav. 112 Seiten. 1926. (Guttentagsche Sammlung Deutscher Reichsgesetze Bd. 164a.) . . . . Geb. RM. 3.50

„Ein bedeutsamer Kommentar, durch den die gesetzlichen Bestimmungen von der juristischen und versicherungstechnischen Seite aus eingehend erläutert werden. In seinem straffen, systematischen Aufbau, der Geschlossenheit der Darstellung muß man das Buch als ein Standardwerk für das gesamte versicherungsrechtliche Aufwertungsgebiet bezeichnen.

Ein unentbehrlicher Ratgeber in allen interessierten Kreisen."

Versicherungs-Post, Berlin.

Lippmann, Karl, **Die Reichsversicherungsordnung** in der Fassung der Bekanntmachung vom 15. Dezember 1924 und des Gesetzes über das Reichsschiedsamt vom 22. Januar 1925 nebst dem Einführungsgesetze, den wichtigsten Ausführungsvorschriften, den ergänzenden Gesetzen und Verordnungen sowie den Verordnungen über das Verfahren. Oktav. XV, 589 Seiten. 1925. (Guttentagsche Sammlung Deutscher Reichsgesetze Bd. 161.) . . . . Geb. RM. 11.—

Ergänzungsband, enthaltend den vollständigen Wortlaut der neuen Fassung des Unfallversicherungsgesetzes sowie die Ergänzungen der übrigen Bücher der RVO. Oktav. 224 Seiten. 1926. (Guttentagsche Sammlung Deutscher Reichsgesetze Bd. 161a.) . . . Geb. RM. 4.—

Zweiter Ergänzungsband, enthaltend weitere Änderungen und Ergänzungen durch die in der Zeit von Anfang 1926 bis Mitte 1928 erlassenen Gesetze und Verordnungen. Zweite, vermehrte Ausgabe, Stand vom 1. Juli 1928. Oktav. 71 Seiten. 1928. (Guttentagsche Sammlung Deutscher Reichsgesetze Bd. 161b.) . . . . . RM. —.80

Dritter Ergänzungsband, enthaltend weitere Änderungen und Ergänzungen durch die bis Mitte 1929 erlassenen Gesetze und Verordnungen. Oktav. 81 Seiten. 1929. (Guttentagsche Sammlung Deutscher Reichsgesetze Bd. 161 c.) . . . . RM. 1.—

„Das Buch dürfte sich in der Bibliothek eines jeden finden, der sich mit der Reichsversicherungsordnung befaßt. Es gehört zu den praktisch wertvollsten." *Deutsche Allgemeine Zeitung.*

Reuß, Max, und **Hense,** Fritz. **Das Reichsknappschaftsgesetz** vom 1. Juli 1926 nebst Einführungsgesetz. 2. Aufl. Taschenformat. XVI, 640 Seiten. 1926. (Guttentagsche Sammlung Deutscher Reichsgesetze Bd. 155.) . . . . Geb. RM. 12.—

„Die Herausgabe des Gesetzes bedarf keiner besonderen Empfehlung. Das Buch kann allen, die auf dem Gebiete des Knappschaftswesens tätig sind, aufs wärmste empfohlen werden."

Zeitschrift für Bergrecht.

Angestelltenversicherungsgesetz vom 28. Mai 1924. Zweite Auflage. Taschenformat. 143 Seiten. 1927. Mit Nachtrag. (Guttentagsche Sammlung Deutscher Reichsgesetze. Textausgaben ohne Anmerkungen.) Geb. RM. 2.50

Diese neue Ausgabe entspricht der neuesten Fassung des Gesetzes unter Berücksichtigung der letzten Änderungen und Verordnungen. Das beigefügte Sachregister erleichtert das rasche Zurechtfinden in den einzelnen Bestimmungen des Gesetzes.

Manes, Alfred, **Sozialversicherung.** 7., ergänzte Aufl. 1928. Kl.-Oktav. 139 Seiten. (Sammlung Göschen Bd. 267.) . . . . Geb. RM. 1.80

„Es gibt keine andere Darstellung der geltenden Sozialversicherung, die in solch erfreulicher Kürze und Sachlichkeit durch die annähernd 2400 Paragraphen führt."

Hanseatische Rechts- und Gerichts-Zeitschrift.

Schmeißer, Herbert, **Handbuch der Arbeitslosenversicherung.** Mit einer Einführung und Erläuterungen. Taschenformat. 2. Aufl. im Druck. (Guttentagsche Sammlung Deutscher Reichsgesetze Bd. 165.)

„Das Buch gibt in kurzer, aber ausreichender Form eine Darstellung des gesamten Rechtsstoffes der Erwerbslosenfürsorge unter Anpassung an die praktischen Bedürfnisse." *Kommunalpolitische Blätter.*

2. Arbeitsrecht

Depéne, Hans, **Das Arbeitsgerichtsgesetz.** Taschenformat. 180 Seiten. 1927. (Guttentagsche Sammlung Deutscher Reichsgesetze Bd. 168.) Geb. RM. 3.60

„Zur Einarbeitung ist das vorliegende Buch besonders brauchbar, weil es sich nicht um einen Kommentar mit vielen Details handelt, sondern um eine Textausgabe mit einer ausführlichen, von einem hervorragenden Sachkenner verfaßten Einleitung. Daß die entsprechenden Bestimmungen anderer einschlägiger Gesetze gleich mit abgedruckt sind, ist ein großer Vorteil." *Wirtschaftliche Rundschau.*

Arbeitsrechtliche Spruchsammlung. Beiträge zum Deutschen Handwerksblatt . . . . Pro Quartal RM. 0.90

Günther, Adolf, und **Schneider,** Richard, **Arbeiterschutz und Arbeitsrecht.** Zweite Auflage. Taschenformat.

I. Teil: **Arbeitszeitschutz.** Das Arbeitszeitnotgesetz und die übrige arbeitszeitrechtliche Gesetzgebung des Reichs seit dem 9. November 1918. 386 Seiten. 1927 . . . . Geb. RM. 7.50

„Der Kommentar umfaßt die gesamte arbeitszeitrechtliche Gesetzgebung von der Staatsumwälzung bis zur Gegenwart. Er ist ein Führer durch das weite und unübersichtliche Gebiet der arbeitszeitrechtlichen Gesetzgebung. Ein ausführliches Sachregister soll die praktische Benutzung erleichtern." Die Wirtschaftsgenossenschaft.

II. Teil: Gesetz über die **Beschäftigung Schwerbeschädigter** nebst den einschlägigen gesetzlichen Bestimmungen. 404 Seiten. 1928. (Guttentagsche Sammlung Deutscher Reichsgesetze Bd. 138a/138c.)
Geb. RM. 8.—

„Das Buch stellt nicht nur beim Studium des Gesetzes ein wertvolles Hilfsmittel dar, sondern ist auch für den Handgebrauch des Arbeitsrechtspraktikers unentbehrlich." Berliner Wohlfahrtsblatt.

IV. Teil: **Betriebsstillegungsverordnung.** 240 Seiten. 1929. (Guttentagsche Sammlung Deutscher Reichsgesetze. Bd. 138d.) Geb. RM. 6.50

Tilly, Dr. Helmuth Tczerclas von, **Internationales Arbeitsrecht.** Unter besonderer Berücksichtigung der Internationalen Arbeitsorganisation. 120 Seiten. 1924. (Sammlung Göschen Bd. 882.) . . . . Geb. RM. 1.80

Es ist das erste Werk, das in klarer, kurzer und allen leicht verständlicher Weise das gesamte grundlegende Tatsachenmaterial — und zwar nur dieses — auf dem umfassenden Gebiete des internationalen Arbeiterschutzes von dessen ersten Anfängen bis in die neueste Zeit bietet.

3. Gewerberecht

Hiller, Fr., und **Luppe,** H., **Gewerbeordnung für das Deutsche Reich nebst Kinderschutzgesetz und Hausarbeitsgesetz** sowie den für das Reich und Preußen erlassenen Ausführungsbestimmungen. Einundzwanzigste, veränderte Auflage. (143. bis 148. Tausend.) Taschenformat. 931 Seiten. 1928. Mit Nachtrag vom 11. 2. 1929. (Guttentagsche Sammlung Deutscher Reichsgesetze Bd. 6.) . . . . Geb. RM. 11.—

„Ein Wort der Empfehlung für dieses Buch zu sagen, erübrigt sich. Hervorgehoben sei, daß diese Auflage alle Vorzüge der früheren Auflagen in sich schließt. Die zahlreichen neuen Gesetze sind erschöpfend berücksichtigt." Zeitschrift des Deutschen Notarvereins.

Brassert, H., **Allgemeines Berggesetz** für die preußischen Staaten mit Kommentar. Zweite Auflage, bearbeitet von Hans Gottschalk. Groß-Oktav. XXIX, 1291 Seiten. 1914. RM. 27.—, geb. RM. 30.—

Sonnenfeld, Hugo, **Die reichsrechtlichen Bestimmungen, betreffend den Handel mit Drogen und Giften.** Dritte, veränderte Auflage. Taschenformat. 435 Seiten. 1926. (Guttentagsche Sammlung Deutscher Reichsgesetze Bd. 64.) . . . . Geb. RM. 12.—

„Die Arbeit gehört einem Spezialgebiet an, mit dem nicht jeder Jurist zu tun hat. Wird er einmal genötigt, sich auf dieses Gebiet zu begeben, so ist er um so dankbarer für eine Arbeit, die sofort den Eindruck größter Sachkunde und vollständiger Materialsammlung macht, und deren Führung man sich unbedenklich anvertrauen kann."

Vossische Zeitung.

Lebbin, Georg, **Nahrungsmittelgesetze** mit Erläuterungen. Zweite, stark vermehrte Auflage in zwei Bänden.

I. Band: Das Lebensmittelgesetz vom 5. Juli 1927 mit Nebengesetzen (Margarine, Fleisch, Milch, Süßstoff, Essigsäure usw.). Erläutert von G. Lebbin und R. Gießner. Taschenformat. XVI, 419 Seiten. 1928. Geb. RM. 8.50

II. Band: Getränkegesetze und Getränkesteuergesetze (Wein, Bier, Branntwein, Mineralwasser). Unter Mitarbeit von Rechtsanwalt Dr. Kniebe. Taschenformat. XII, 400 Seiten. 1926. (Guttentagsche Sammlung Deutscher Reichsgesetze Bd. 54b.) . . . . Geb. RM. 10.—

„Das Werk ist für unsere Leser und überhaupt die ganze Fachwelt der Getränkeindustrie unentbehrlich, muß doch jedermann mit den einschlägigen Gesetzesbestimmungen sich soweit wie irgend möglich vertraut machen, wenn er nicht in Nachteile geraten will. Die Anschaffung des Buches kann bestens empfohlen werden."

Branntweinmonopol.

Voß, Werner, **Die reichs- und landesrechtlichen Bestimmungen auf dem Gebiete des Gesundheitswesens. Taschenformat** 608 Seiten. 1929. (Guttentagsche Sammlung Deutscher Reichsgesetze Bd. 172.) Geb. RM. 11.—

„Das Buch wird seiner Aufgabe, fast den gesamten Gesetzesstoff in einem einzigen kleinen Bande in die Hand zu geben, gewiß gerecht und wird sich schnell als unentbehrliches Hilfsmittel für jeden erweisen, der öfter mit dem Gesundheitswesen zu tun hat." Reichsverwaltungsblatt.

4. Geistig-gewerblicher Rechtsschutz.

Pietzcker, Eduard, **Patentgesetz und Gebrauchsmusterschutzgesetz.** Kommentar unter Berücksichtigung der vorgeschlagenen und weiter beantragten Abänderungen des Patentgesetzes. Erster Halbband: §§ 1—12 PatG. Groß-Oktav. 427 Seiten. 1929. (Gewerbe- und Industrie-Kommentar Bd. V, 1.) . . . . . RM. 26.—, geb. RM. 28.—

„Die überall zutage tretende geistige Leistung macht Pietzckers Kommentar für jeden, der sich mit diesem Rechtsgebiet zu beschäftigen hat, zum unentbehrlichen Rüstzeug."

Markenschutz und Wettbewerb.

Seligsohn, Arnold, **Patentgesetz und Gesetz, betr. den Schutz von Gebrauchsmustern.** Siebente Auflage. Oktav. 1930. In Bearbeitung.

„Die Vorzüge des Buches sind bekannt. Klare, leichtfaßliche Sprache, wissenschaftliche Vertiefung, dabei starke Betonung der Praxis, lückenlose Behandlung aller Probleme sind die Vorzüge, die den Seligsohnschen Kommentar zum unentbehrlichen Rüstzeug jedes im gewerblichen Rechtsschutz Tätigen gemacht haben."

Mitteilungen vom Verband Deutscher Patentanwälte.

Lutter, R., **Patentgesetz.** Nebst Ausführungsbestimmungen, völkerrechtlichen Verträgen und Patentanwaltsgesetz, unter eingehender Berücksichtigung der Rechtsprechung des Reichsgerichts und der Praxis des Reichspatentamts. Neunte Auflage. Taschenformat. XV, 467 Seiten. 1928. (Guttentagsche Sammlung Deutscher Reichsgesetze Bd. 22.) Geb. RM. 10.—

„Der jetzige Verfasser hat einen völlig neuen Kommentar geschaffen, der in seiner Knappheit und Sparsamkeit dem ursprünglichen Zweck gerecht wird, aber an wissenschaftlicher Durcharbeitung und Gründlichkeit die vorangegangenen Auflagen weit überragt."

Gewerblicher Rechtsschutz und Urheberrecht.

Elster, Alexander, **Urheber- und Erfinder-, Warenzeichen- und Wettbewerbsrecht.** (Gewerblicher Rechtsschutz.) Zweite, stark erweiterte und völlig umgearbeitete Auflage. Mit Abdruck der Gesetzestexte. Oktav. XII, 611 Seiten. 1928. (Lehrbücher und Grundrisse der Rechtswissenschaft Bd. VIII.) . . . . RM. 18.—, geb. RM. 19.50

„Seit Kohler und Osterrieth endlich wieder das lang entbehrte Lehrbuch. Hier unternimmt ein wahrhaft selbständiger und ideenreicher Kopf den Versuch, eine wirkliche Synthese zu schaffen."

Juristische Rundschau.

Neuberg, J., **Der internationale gewerbliche Rechtsschutz.** 2. Auflage. 128 Seiten. 1923. (Sammlung Göschen Bd. 271.) . . . Geb. RM. 1.80

Neuberg, Johannes, **Gesetz, betr. das Urheberrecht an Mustern und Modellen,** und Gesetz, betr. den Schutz von Gebrauchsmustern, nebst den zu beiden Gesetzen ergangenen Ausführungsverordnungen und abgeschlossenen internationalen Verträgen. Textausgabe mit Einleitung, Anmerkungen und Sachregister. Taschenformat. 192 Seiten. 1911. (Guttentagsche Sammlung Deutscher Reichsgesetze Bd. 102.) Geb. RM. 2.40

„Die Anmerkungen sind kurz, klar, treffend, mit Nachweisungen aus der Judikatur und aus der Literatur versehen. Sie ermöglichen auch dem mit der Materie nicht vertrauten Praktiker eine schnelle Orientierung über den Stand der Frage."

Zeitschrift für das gesamte Handelsrecht.

Daude, Paul, **Die Reichsgesetze über das Urheberrecht an Werken der Literatur und der Tonkunst und das Verlagsrecht** vom 19. Juni 1901 in der Fassung des Gesetzes vom 22. Mai 1910 zur Ausführung der revidierten Berner Übereinkunft. Oktav. VIII, 293 Seiten. 1910. RM. 6.—

„Der Zusammenhang der erläuterten Gesetze mit dem Strafgesetzbuch, dem Bürgerlichen Gesetzbuch und anderen Gesetzen ist in leichtverständlicher Weise praktisch dargestellt. Es wird vorzügliche Dienste leisten." *Deutsche Literatur-Zeitung.*

Lindemann, O., **Gesetz, betr. das Urheberrecht** an Werken der Literatur und der Tonkunst. Vierte Auflage. Taschenformat. 171 Seiten. 1921. (Guttentagsche Sammlung Deutscher Reichsgesetze Bd. 60.) Geb. RM. 1.80

„Die Arbeit ist nicht bloß eine Gesetzesausgabe, sondern ein wertvoller Kommentar des Gesetzes. Das Werk sei jedermann auf das beste empfohlen." *Juristische Wochenschrift.*

Fuld, Ludwig, **Gesetz, betr. das Urheberrecht an Werken der bildenden Künste und der Photographie.** Zweite Auflage. Taschenformat. 192 Seiten. 1925. (Guttentagsche Sammlung Deutscher Reichsgesetze Bd. 81.) . . . . Geb. RM. 6.—

„Der zwar kleine, aber inhaltreiche und daher sehr beliebte Kommentar von Fuld erscheint in zweiter, völlig neubearbeiteter Auflage. Überall ist dem Stande der heutigen Rechtsprechung und wissenschaftlichen Auffassungen Rechnung getragen. In einem Anhang sind die einschlägigen internationalen Übereinkommen abgedruckt. Alle Interessenten werden mit Freuden die neue Auflage begrüßen."

Danziger Juristische Monatsschrift.

Heinitz, Ernst, und **Marwitz**, Bruno, **Das Reichsgesetz über das Verlagsrecht.** Textausgabe mit Einleitung, Anmerkungen und Sachregister. Dritte Auflage. Taschenformat. 136 Seiten. 1922. (Guttentagsche Sammlung Deutscher Reichsgesetze Bd. 61.) . . . . Geb. RM. 1.60

„Dieser kurze Kommentar ist durch seine knappen, das Wichtige klar vortragenden Darlegungen dazu berufen, eine Lücke auszufüllen, die sich für den Praktiker des Verlagsrechts seit Jahren ergab. Man darf deshalb das Erscheinen dieser neuen Auflage aus der Feder des Spezialisten des Verlagsrechts mit größter Freude begrüßen."
Börsenblatt für den Deutschen Buchhandel.

Elster, A., **Das deutsche Urheber- und Verlagsrecht.** 128 Seiten. 1923. (Sammlung Göschen Bd. 863.) . . . . Geb. RM. 1.80

„Erstaunlich ist, wie Elster diese beiden so viel umstrittenen Gesetze auf so engem Raum in vortrefflicher Weise zur Darstellung gebracht hat." *Deutscher Journalistenspiegel.*

Heymann, E., **Die zeitliche Begrenzung des Urheberrechts.** Oktav. 74 Seiten. 1927. (Sitzungsberichte der Preußischen Akademie der Wissenschaften zu Berlin.) . . . . RM. 5.—

Elster, A., **Das deutsche Erfinderrecht.** (Patent- und Musterschutzrecht). 118 Seiten. 1924. (Sammlung Göschen Bd. 891.) . . Geb. RM. 1.80

„Die Aufgabe, einen Überblick über das deutsche Erfinderrecht zu geben, ist im Rahmen der kurzen Erörterungen mit viel Geschick gelöst. Deshalb wird das Büchlein auch bei allen Gruppen der am Patentrecht interessierten Personen seine Freunde finden."
Gewerblicher Rechtsschutz und Urheberrecht.

Seligsohn, Jul., **Geheimnis und Erfindungsbesitz.** Groß-Oktav. 147 Seiten. 1921 . . . . RM. 3.—

Reininger, G., **Der Schutz des Urheberrechts im deutschen Rundfunk.** Oktav. 88 Seiten. 1929 . . . . RM. 4.—

„Eine interessante, zeitgemäße, namentlich auch für geistige Neuschöpfer wichtige Studie." *Badische Rechtspraxis.*

Wolff, F., und **Crisolli**, K.-A., **Das Recht der Reklame.** Lexikon-Oktav. 424 Seiten. 1929 . . . . RM. 20.—, geb. RM. 22.—

Mit diesem Buch ist erstmalig eine systematische erläuternde Zusammenstellung der hauptsächlichsten Bestimmungen gegeben, die von Reklame handeln, bzw. mit Reklame in irgendeinem Zusammenhang stehen. In der Praxis macht sich das Fehlen einer solchen Bearbeitung sehr bemerkbar, da die Reklame in der Gesetzgebung kein in sich abgeschlossenes Gebiet bildet, sondern ihre gesetzlichen Grundlagen in den mannigfachen Bestimmungen des privaten und öffentlichen Rechts findet. Die Verfasser haben die einschlägige Rechtsprechung und Literatur bis in die neueste Zeit berücksichtigt.

Pinner-Elster, Gesetz gegen den unlauteren Wettbewerb. Achte, sehr vermehrte und umgestaltete Auflage. Taschenformat. 254 Seiten. 1927. (Guttentagsche Sammlung Deutscher Reichsgesetze Bd. 37.) Geb. RM. 5.—

„Das Buch ist mehr als eine bloße ‚Textausgabe mit Anmerkungen', nämlich ein richtiger Kommentar, und wird in der Praxis ausgezeichnete Dienste tun."
Senatspräsident am Reichsgericht Dr. Lobe, Leipzig, i. d. Jurist. Wochenschrift.

Wassermann, Martin, **Der unlautere Wettbewerb** nach deutschem Recht. I. Generalklausel, Reklameauswüchse, Ausverkaufswesen, Angestelltenbestechung. 160 Seiten. 1911. II. Kreditschädigung, Firmen- und Namenmißbrauch, Verrat von Geheimnissen, Ausländerschutz. 151 Seiten. 1911. (Sammlung Göschen Bd. 339 u. 535.) . . . Geb. je RM. 1.80

Born, A., **Reichspreßgesetz** vom 7. Mai 1874 nebst den einschlägigen Bestimmungen der Reichsverfassung, des Reichsstrafgesetzbuches, der Gewerbeordnung usw. Mit Kommentar und Sachregister. Dritte Auflage. Taschenformat. 176 Seiten. 1924. (Guttentagsche Sammlung Deutscher Reichsgesetze Bd. 53.) . . . . Geb. RM. 4.—

„Das Werk bringt eine sehr reichhaltige Kommentierung des Stoffes, die um so wertvoller ist, als den Entscheidungen der Wortlaut der Urteilsbegründungen beigefügt ist. Sämtliche einschlägigen Bestimmungen der das Pressewesen berührenden Gesetze sind aufgeführt, eingehend besprochen und in Beziehung zueinander gebracht worden. Als Nachschlagewerk in Zweifelsfällen wird das Buch von großem Nutzen sein." Ministerialblatt für die preußische innere Verwaltung.

Hagens, Alfred, **Warenzeichenrecht.** Kommentar. Groß-Oktav. VIII, 408 Seiten. 1927. (Gewerbe- und Industrie-Kommentar Bd. III.)
RM. 22.—, geb. RM. 24.—

„Eine ausführliche Darstellung, die zeigt, daß der Verfasser das gesamte Fachschrifttum und die reichhaltige Rechtsprechung restlos beherrscht. Ich habe gefunden, daß nicht ein einziger Fall von Bedeutung fehlt." Markenschutz und Wettbewerb.

Seligsohn, Arnold, **Gesetz zum Schutz der Warenbezeichnungen.** Dritte Auflage, bearbeitet in Gemeinschaft mit Martin Seligsohn in Berlin. Groß-Oktav. IV, 416 Seiten. 1925. RM. 15.—, geb. RM. 16.50

„Der Kommentar zeigt alle Vorzüge des in der Wissenschaft und Praxis des gewerblichen Rechtsschutzes gleich ausgezeichneten Juristen: volle theoretische und praktische Beherrschung des Stoffes, klare Darstellungsgabe, sorgsame Behandlung und treffsicheres Urteil."
Badische Rechtspraxis.

Freund, G. S., **Magnus**, Julius, und **Jüngel**, Friedrich, **Das deutsche Warenzeichenrecht.** Sechste, neubearbeitete Auflage. Teil I: Die internationalen Verträge. VI, 247 Seiten. Mit 4 Tafeln. 1924. (Guttentagsche Sammlung Deutscher Reichsgesetze Bd. 87a.) Geb. RM. 9.—

„Das ganze Werk mit seiner Fülle von Gesetzen, Verordnungen, Verträgen, Bekanntmachungen bildet eine Quellensammlung für das internationale deutsche Zeichenrecht, ohne die man fortan nicht mehr auskommen kann." Gewerblicher Rechtsschutz und Urheberrecht.

IV. Zivilprozeß

Fischer, Otto, **Lehrbuch des deutschen Zivilprozeß- und Konkursrechts.** Groß-Oktav. XII, 488 Seiten. 1918 . . . RM. 8.—, geb. RM. 10.—

Kisch, Wilh., **Deutsches Zivilprozeßrecht.**

I. Band. Vierte, verbesserte Auflage. 115 Seiten. 1929. (Sammlung Göschen Bd. 428.) . . . . Geb. RM. 1.80

II. Band. Vierte, verbesserte Auflage. 168 Seiten. 1929. (Sammlung Göschen Bd. 430.) . . . . Geb. RM. 1.80

III. Band. Vierte, verbesserte Auflage. 148 Seiten. 1929 (Sammlung Göschen Bd. 430.) . . . . Geb. RM. 1.80

Diese Auflage wird jedem, der sich auf gemeinverständliche Weise über unser geltendes Zivilgerichtswesen unterrichten will, gute Dienste leisten, und kann namentlich den Studierenden des Rechts als Einführung bestens empfohlen werden.

Sydow, R., **Busch,** L., und **Krantz,** W., **Zivilprozeßordnung und Gerichtsverfassungsgesetz** nebst Anhang, enthaltend Entlastungsgesetze. Handkommentar unter besonderer Berücksichtigung der Entscheidungen oberster Gerichte. Neubearbeitete, zwanzigste Auflage.
Erster Band: Einführungsgesetz und Zivilprozeßordnung §§ 1—703. Groß-Oktav. VIII, 872 Seiten. 1930. (de Gruytersche Sammlung Deutscher Gesetze, Handkommentare.) . . . . . Geb. RM. 18.—
Der Bezug des ersten Bandes verpflichtet zur Abnahme des zweiten Bandes.

„Der Wert des Werkes ist längst anerkannt. Es gibt wohl keinen Praktiker, der sich seiner nicht mit besonderer Vorliebe bedient. Vollständigkeit, Übersichtlichkeit, Zuverlässigkeit und Ausführlichkeit der Erläuterungen sind auch diesmal dem allgemein beliebten Buche als seine hervorstechendsten Vorzüge treugeblieben. Für die Praxis ist es unentbehrlich."

Zeitschrift des Bundes Deutscher Justizamtmänner.

Zivilprozeßordnung mit Gerichtsverfassungsgesetz und Einführungsgesetzen in der Fassung der Bekanntmachung vom 13. Mai 1924 mit den bis 1. April 1929 ergangenen Abänderungen. Textausgabe mit Sachregister. Taschenformat. 440 Seiten. 1929. (Guttentagsche Sammlung von Textausgaben ohne Anmerkungen.) . . . Geb. RM. 3.50

Die handliche Ausgabe enthält den genannten Gesetzestext mit einem das Zurechtfinden sehr erleichternden Sachregister.

Sydow, R., **Busch,** L., und **Krantz,** W., **Gerichtsverfassungsgesetz** mit Einführungsgesetz. Unter besonderer Berücksichtigung der Entscheidungen des Reichsgerichts. Zehnte Auflage. Taschenformat. 347 Seiten. 1925. (Guttentagsche Sammlung Deutscher Reichsgesetze Bd. 14.) Geb. RM. 6.—

„Das Buch bedarf keiner Empfehlung, es empfiehlt sich selbst durch die Fülle dessen, was es bietet. Gesetzgebung und Rechtsprechung sind bis in die neueste Zeit berücksichtigt."

Leipziger Zeitschrift für Deutsches Recht.

Rausnitz, Julius, **Gebührenordnung für Notare** vom 28. Oktober 1922 (GS. 404) nebst den einschlägigen Vorschriften des Preußischen Gerichtskostengesetzes vom 28. Oktober 1922 (GS. 363), beide in der Fassung der Gesetze vom 12. April 1923 (GS. 107), 18. Dezember 1923 (GS. 556) und der Verordnung vom 28. Juni 1924 (GS. 573). Sechste, umgearbeitete Auflage. Oktav. 158 Seiten. 1925. (Guttentagsche Sammlung Preußischer Gesetze Bd. 4.) . . . Geb. RM. 7.—

„Der in seiner äußeren Form sehr handlich und gut ausgestaltete Kommentar kann nur auf das wärmste empfohlen werden. Er wird sehr bald ein unentbehrlicher, weil nie versagender Ratgeber werden, der die Berufsarbeit sehr erleichtern wird." Juristische Wochenschrift.

Sydow, R., **Busch,** L., und **Krieg,** O., **Die Deutsche Gebührenordnung für Rechtsanwälte,** das Gesetz, betreffend die Erstattung von Rechtsanwaltsgebühren in Armensachen, und die Preußische Landesgebührenordnung mit Erläuterungen. Auf der Grundlage der Sydow-Busch'schen Textausgabe mit Anmerkungen in dreizehnter Auflage unter Mitaufnahme des Gesetzes über die Erstattung in Armensachen neubearbeitet. Taschenformat 496 Seiten. 1929. (Guttentagsche Sammlung Deutscher Reichsgesetze Bd. 17.) . . . . Geb. RM. 9.—

„Die Erläuterung der Gebührenordnung bietet besonders Wertvolles. Sie steht schon lange unter den Anmerkungsausgaben mit an erster Stelle. Und das mit Recht."

Zeitschrift des Bundes Deutscher Justizamtmänner.

Sydow, R., **Busch,** L., und **Krieg,** O., **Deutsches Gerichtskostengesetz nebst Gebührenordnung** für Gerichtsvollzieher und für Zeugen und Sachverständige in den neuesten Fassungen. Auf der Grundlage der Sydow-Busch'schen Textausgabe mit Anmerkungen neubearbeitet in elfter Auflage. Taschenformat. XI, 433 Seiten. 1928. (Guttentagsche Sammlung Deutscher Reichsgesetze Bd. 15.) . . . . Geb. RM. 7.50

„Die neue Auflage bietet unter gründlicher Berücksichtigung der gesamten einschlägigen Rechtsprechung eine zeitgemäße, übersichtliche und erschöpfende Erläuterung des Gesetzes. Für den täglichen Gebrauch in der Praxis erscheint diese Textausgabe mit Anmerkungen als unentbehrlich."

Dr. Natter in der „Württembergischen Zeitschrift für Rechtspflege".

Lindemann, Otto, **Preußisches Gerichtskostengesetz** (neueste Fassung). Nach dem Tode des früheren Herausgebers P. Siméon erläutert. Achte, völlig umgearbeitete Auflage. Taschenformat. 439 Seiten. 1928. (Guttentagsche Sammlung Preußischer Gesetze Bd. 17.) Geb. RM. 8.—

„Die achte Auflage dieser bekannten Ausgabe des Preußischen Gerichtskostengesetzes ist entsprechend den bedeutsamen Änderungen der letzten Jahre völlig umgearbeitet. Die gesamte Rechtsprechung wurde eingehend berücksichtigt, so daß hier eine Erläuterung vorliegt, die Zuverlässigkeit und Vollständigkeit in sich verbindet."

Mitteilungen des Preußischen Richtervereins.

Freiwillige Gerichtsbarkeit

Jastrow, Hermann, und **Günther,** Hermann, **Die Gesetze des Reiches und Preußens über die freiwillige Gerichtsbarkeit.** Textausgabe mit Einleitung, Anmerkungen und Sachregister. Siebente, vermehrte Auflage. Taschenformat. 548 Seiten. 1928. (Guttentagsche Sammlung Deutscher Reichsgesetze Bd. 46.) . . . . Geb. RM. 9.—

„Die Anmerkungen unterrichten in zuverlässiger Weise über die wichtigste Rechtsprechung des Reichsgerichts und der deutschen Oberlandesgerichte auf dem Gebiete der freiwilligen Gerichtsbarkeit. Ein ausführliches Sachregister erhöht die Brauchbarkeit des bewährten Buches, das auch in der neuen Auflage seinen Zweck auf das beste erfüllen wird." *Juristische Wochenschrift.*

Die Gesetze des Reiches und Preußens über die freiwillige Gerichtsbarkeit. Textausgabe mit Sachregister. Taschenformat. 168 Seiten. 1930. (Guttentagsche Sammlung von Textausgaben ohne Anmerkungen mit Sachregister.) . . . . RM. 3.—

Das Buch enthält in der bekannten Art der Guttentagschen Gesetzesausgaben außer dem „Gesetz über die Angelegenheiten der freiwilligen Gerichtsbarkeit" alle in dieses Gebiet fallenden sonstigen Gesetze, Ausführungsbestimmungen, Abkommen, Verordnungen usw. in absolut zuverlässigem Abdruck und ein das Zurechtfinden sehr erleichterndes Sachregister.

Szkolny, Felix, und **Kober,** Leopold, **Das Notariatsrecht,** unter besonderer Berücksichtigung des materiellen Rechts und des Steuer- und Stempelrechts erläutert. Oktav. 236 Seiten. 1926. (Guttentagsche Sammlung Deutscher Reichsgesetze Bd. 163.) . . . . Geb. RM. 8.50

„Die Darlegung des materiellen Rechts, soweit es in der täglichen Anwendung den Notar hauptsächlich beschäftigt. Es wird die Beurkundung einzelner Rechtsgeschäfte und anderer Rechtsvorgänge behandelt. Die Ausführungen verwerten die neueste Lehre und Rechtsprechung eingehend, die Darstellung ist leicht faßlich und klar, einzelne Muster vervollkommnen das anschauliche Bild."

Zeitschrift des Deutschen Notarvereins.

Szkolny, Felix, **Die Belehrungspflicht des Notars.** Oktav. 52 Seiten. 1927. . . . . RM. 2.—

„Ein trotz seines geringen Umfanges sehr nützliches Buch, für das wir dem Verfasser Dank wissen müssen. Es ist zu begrüßen, daß die Beschäftigung mit dem Notariatsrecht zunimmt, und es besteht die Hoffnung, daß dies eine günstige Einwirkung auf die Handhabung des Notariats nicht verfehlen wird."

Zeitschrift des Deutschen Notarvereins.

Konkursordnung und Zwangsvollstreckung

Jaeger, Ernst, **Kommentar zur Konkursordnung** und den Einführungsgesetzen. Mit einem Anhang, enthaltend das Anfechtungsgesetz, die Vergleichsordnung, Auszüge aus den Kostengesetzen, Ausführungsgesetze und Geschäftsordnungen. Sechste und siebente, neubearbeitete Auflage. Groß-Oktav. Der Umfang des Gesamtwerkes umfaßt etwa 100 Bogen. Die Ausgabe erfolgt in Lieferungen.

Gesamtpreis etwa RM. 80.—

Erster Band. Erste Lieferung (§§ 1—16). 296 Seiten. 1928. RM. 16.—

Erster Band. Zweite Lieferung (§§ 17—27). Seite 297—472. 1929. RM. 10.—

Erster Band. Dritte Lieferung. Im Druck.

„Das Jaegersche Werk ist ohne Zweifel der beste von den mehreren guten Kommentaren zur Konkursordnung, die wir besitzen."

Zeitschrift für Deutschen Zivilprozeß.

Sydow, R., **Busch,** L., und **Krieg,** O., **Konkursordnung** und Anfechtungsgesetz mit Erläuterungen. Auf der Grundlage der Sydow-Busch-schen Textausgabe mit Anmerkungen in fünfzehnter Auflage unter Mitaufnahme der Vergleichsordnung neubearbeitet. Taschenformat. 816 Seiten. 1929. (Guttentagsche Sammlung Deutscher Reichsgesetze Nr. 13.) . . . . Geb. RM. 12.—

„Die Erläuterungsbücher von Sydow-Busch sind als Kommentare mittleren Umfanges seit vielen Jahren in der Juristenwelt rühmlichst bekannt." *Juristische Rundschau.*

Fischer, K., und **Schäfer,** L., **Die Gesetzgebung, betr. die Zwangsvollstreckung in das unbewegliche Vermögen** im Reiche und in Preußen. Bearbeitet von J. Krech und O. Fischer. Zweite Auflage. Lexikon-Oktav. XVI, 728 Seiten. 1910 . . . RM. 15.—, geb. RM. 18.—

„Unter den zahlreichen Bearbeitungen des Zwangsvollstreckungsgesetzes ist der Kommentar von Fischer und Schäfer wohl der wissenschaftlich bedeutendste. Überall sind die Erläuterungen systematisch, manchmal geradezu lehrbuchartig aufgebaut, die leitenden Gedanken treten trotz der Fülle der behandelten Einzelfragen klar und deutlich hervor."

Zeitschrift für Rechtspflege in Bayern.

Krech, J., und **Fischer,** O., **Die Gesetzgebung, betr. die Zwangsvollstreckung in das unbewegliche Vermögen** im Reiche und in Preußen. Textausgabe mit Einleitung, Anmerkungen und Sachregister. Zehnte Auflage, bearbeitet von O. Fischer. Taschenformat. 266 Seiten. 1929. (Guttentagsche Sammlung Deutscher Reichsgesetze Bd. 43.)

Geb. RM. 5.—

„Einer besonderen Empfehlung dieser handlichen Ausgabe, deren Hauptteil das Gesetz über die Zwangsversteigerung und Zwangsverwaltung bildet, bedarf es nicht. Gesetzgebung, Rechtsprechung und Rechtslehre sind bis zur Gegenwart berücksichtigt."

Sächsisches Archiv für Rechtspflege.

Samter, M. K., **Handbuch zum Verfahren der Zwangsversteigerung und Zwangsverwaltung** nach dem Reichsgesetz vom 24. März 1897 (Fassung vom 20. Mai 1898). Zweite Auflage, vermehrt durch einen Nachtrag und ein Selbstexaminatorium. VIII, 400 Seiten. 1912. RM. 5.—

Im ersten Teil dieses Handbuches sind, seinem Einführungszweck entsprechend, die allgemeinen und materiellrechtlichen Grundlagen des Verfahrens kurz dargestellt, deren Aneignung jüngeren Juristen besonders schwer fällt. Im zweiten Teil ist das Verfahren in organischer Plastik zur Darstellung gelangt, um auch älteren Juristen, in strepitu fori, eine leichte und doch voll ausreichende Übersicht der in Betracht kommenden Vorschriften und Rechtsgrundsätze zu gewähren.

Kretzschmar, F., **Die Zwangsversteigerung und die Zwangsverwaltung.** 110 Seiten. 1911. (Sammlung Göschen Bd. 523.) . . Geb. RM. 1.80

V. Strafrecht und Strafprozeß

Strafgesetzbuch

Ebermayer, Ludwig, **Lobe,** Adolf und **Rosenberg,** Werner, **Das Reichsstrafgesetzbuch,** Leipziger Kommentar mit besonderer Berücksichtigung der Rechtsprechung des Reichsgerichts. Vierte, vermehrte und verbesserte Auflage. Lexikon-Oktav. X, 1282 Seiten. 1929. RM. 56.—, in Halbleder geb. RM. 63.—

„Zusammenfassend wird man sagen müssen, daß der Kommentar nun wohl endgültig an die Spitze der großen Kommentare zum StGB. getreten ist." Zeitschrift für Rechtspflege in Bayern.

Kohlrausch, Eduard, **Strafgesetzbuch für das Deutsche Reich mit Nebengesetzen.** Textausgabe mit Anmerkungen und Sachregister. Früher von Dr. Fr. v. Liszt u. Dr. E. Delaquis. Neunundzwanzigste Auflage. Taschenformat. X, 562, *48 Seiten. 1930. (Guttentagsche Sammlung Deutscher Reichsgesetze Bd. 2.) . . . Geb. RM. 8.—

„Ein Buch, an Hand dessen eine schnelle und zuverlässige Orientierung über die wichtigsten Auslegungsfragen möglich ist. Es dient in gleicher Weise dem Studierenden zur Einführung in eine Lektüre des Gesetzes wie dem Praktiker zur schnellen Auffindung einer Entscheidung."
Rechtsanwalt Dr. Max Alsberg in der „Juristischen Wochenschrift".

Liszt, Fr. v., **Lehrbuch des deutschen Strafrechts.** Fünfundzwanzigste, vollkommen durchgearbeitete und zum Teil umgestaltete Auflage, besorgt von Dr. E. Schmidt, Professor an der Universität Breslau. Groß-Oktav. XXXIV, 976 Seiten. 1927. RM. 27.50, geb. RM. 30.—

„Das Lisztsche Lehrbuch wird auch in dieser neuen Bearbeitung seinen ersten Platz und seinen Weltruf sich bewahren."
Zeitschrift des Deutschen Notarvereins.

Gerland, H. B., **Das deutsche Reichsstrafrecht.** Oktav. 600 Seiten. 1922. (Lehrbücher und Grundrisse der Rechtswissenschaft Bd. XVI.) RM. 10.—, geb. RM. 11.50

„Durch knappe, geradezu klassische Kürze zeigende Darstellung gelang es Gerland auf engem Raume eine ungeheure Fülle des Stoffes zu bieten und auf jede Frage Antwort zu geben."
Juristische Wochenschrift.

Gerland, H., **Der Entwurf 1925.** Allgemeiner Teil. Kritische Bemerkungen. Oktav. 96 Seiten. 1925 . . . . RM. 5.—

„Eine außerordentlich interessante Abhandlung. Die Schrift stellt ein fast unentbehrliches Hilfsmittel für jeden dar, der sich mit den einschlägigen Fragen zu beschäftigen hat.“

Mitteilungen des Preußischen Richtervereins.

Aschrott, P. F. u. **Kohlrausch,** Ed., **Reform des Strafrechts.** Kritische Besprechung des Amtlichen Entwurfs eines Allgemeinen Deutschen Strafgesetzbuchs. Auf Veranlassung der Deutschen Landesgruppe der Internationalen Kriminalistischen Vereinigung unter Mitwirkung erster Fachgenossen herausgegeben. Gr.-Oktav. V, 415 S. 1926. RM. 18.—

„Die gestellte Aufgabe ist glänzend gelöst. Kaum ein Punkt ist übersehen worden, der die Kritik herausfordert. — Niemand, der an der endgültigen Gestaltung unseres Strafrechts Anteil nimmt, darf an dieser Sammelkritik achtlos vorübergehen.“

Geh. Hofrat Prof. Dr. v. Lilienthal in der „Deutschen Juristen-Zeitung“.

Zeitschrift für die gesamte Strafrechtswissenschaft. Gegründet von **Fr. von Liszt** und **A. Dochow.** Unter ständiger Mitarbeiterschaft hervorragender Fachmänner herausgegeben von Dr. K. von Lilienthal, Professor in Heidelberg, Dr. Ed. Kohlrausch, Professor in Berlin, und Dr. W. Gleispach, Professor in Wien. Der Jahrgang besteht aus 8—9 Heften. Quart.

Bd. 1—43. 1881—1922. Je RM. 15.—. Bd. 44. 1922. RM. 25.—. Bd. 45. 1924. RM. 21.—. Bd. 46—49. 1925—1929. Je RM. 30.—.

Sammlung außerdeutscher Strafgesetzbücher in deutscher Übersetzung. Herausgegeben von den Schriftleitungen der Zeitschrift für die ges. Strafrechtswissenschaft u. d. Mitteilungen der Internationalen Kriminalistischen Vereinigung. Nr. 1—43. 1881—1914 . . Preise auf Anfrage.

Nr. 44:

Japanische Strafgesetze. I. Schwurgerichtsordnung vom 18. April 1923 und strafrechtliche Nebengesetze. Übersetzt von Hyoichiro Kusano, Reichsgerichtsrat in Tokio, Tadao Sugiura, Oberlandesgerichtsrat in Sapporo, und Dr. jur. Fritz Bartelt in Berlin. II. Strafvollzugsgesetz vom 28. März 1908 nebst Ausführungsverordnung vom 16. Juni 1908. Übersetzt von Dr. jur. Toshita Tokiwa, Gerichtsassessor in Tokio, und Dr. jur. Werner Gentz, Justizrat beim Strafvollzugsamt in Kiel. Oktav. 55 Seiten. 1927. RM. 3.—

Nr. 45:

Die Auslieferungsgesetze Norwegens, Schwedens und Finnlands. Mit einer systematischen Darstellung der Grundzüge des nordischen Auslieferungsrechts im Hinblick auf den Erlaß eines deutschen Auslieferungsgesetzes Von Dr. jur. Ernst Wolgast, Privatdozent in Königsberg i. Pr. Groß-Oktav. VIII, 487 Seiten. 1928. . . RM. 20.—

Nr. 46:

Das Türkische Strafgesetzbuch vom 1. März 1926. Gesetz Nr. 765. (Türkisches Gesetzblatt Nr. 320 vom 13. März 1926.) Das Ausführungsgesetz zum Türkischen Strafgesetzbuch vom 26. April 1926. Deutsche Übersetzung von Dr. K. Ziemke. Oktav. 138 S. 1927. RM. 5.—

Nr. 47:

Entwurf eines griechischen Strafgesetzbuches. Übersetzt und eingeleitet von Demetrius G. Venturas, Rechtsanwalt in Korfu, Griechenland. Oktav. 123 Seiten. 1928 . . . . RM. 7.—

Nr. 48:
Italienischer Vorentwurf zu einem neuen Strafgesetzbuch. (Progetto di un nuovo codice penale.) In deutscher Übersetzung von Dr. K. Bunge, Landgerichtsrat in Berlin. Oktav. XXXII, 244 Seiten. 1928 RM. 10.—

Nebengesetze

Lindemann, Otto, **Sammlung der wichtigsten preußischen Strafgesetze.** Zweite Auflage. Taschenformat. 372 Seiten. 1912. (Guttentagsche Sammlung Preußischer Gesetze Bd. 34.) . . . . . Geb. RM. 3.50

„Die durch mehrere wichtige Gesetze erweiterte zweite Auflage dieses unentbehrlichen Ergänzungsbandes zu den in Einzelausgaben erschienenen Preußischen Gesetzen ist durch die Wiedergabe der noch geltenden vereinzelten alten Strafvorschriften nebst trefflich unterrichtenden Vorbemerkungen und Erläuterungen besonders wertvoll. Nur mittels einer solchen ausgezeichneten Sammlung ist es möglich, auch die zerstreuten Gebiete des Strafrechts völlig zu beherrschen." Deutsche Juristen-Zeitung.

Fraustädter, Werner, **Deutsches Auslieferungsgesetz** vom 23. Dezember 1929 und andere neuere Vorschriften der Rechtshilfe in Strafsachen, einschließlich der Auslieferung. Textausgabe mit Einleitung, Erläuterungen und Sachregister. Etwa 150 Seiten. 1930. (Guttentagsche Sammlung Deutscher Reichsgesetze Bd. 86.) . . . . Geb. RM. 4.—

Das Auslieferungsgesetz hat durch die Neufassung vom 25. 12. 1929 eine starke Umgestaltung erfahren, die zur Hearusgabe der vorliegenden Neubearbeitung geführt hat. Diese enthält eine ausführliche Erläuterung der neuen Bestimmungen sowie einen Abdruck der wichtigsten Verträge und Vorschriften und ermöglicht einen vollständigen Überblick über den gegenwärtigen Stand des deutschen Auslieferungsrechtes.

Kirchner, Rudolf, **Gesetz über den Verkehr mit Kraftfahrzeugen.** Vierte Auflage. (Guttentagsche Sammlung Deutscher Reichsgesetze Bd. 92.) In Vorbereitung.

„Ein sehr wertvolles Hilfsmittel für Anwendung und Auslegung des wichtigen Gesetzes." Leipziger Zeitschrift für deutsches Recht.

Lindemann, Otto, **Polizeiverordnungen in Preußen.** Zweite Auflage. Taschenformat. 189 Seiten. 1912. (Guttentagsche Sammlung Preußischer Gesetze Bd. 36.) . . . . Geb. RM. 2.50

Abhandlungen des Kriminalistischen Instituts an der Universität Berlin. Herausgegeben von Dr. **Franz von Liszt,** o. Professor der Rechte. Sonderverzeichnis kostenlos. Vierte Folge. I. Band.

Heft 1:

Dannenberg, Herbert, **Liberalismus und Strafrecht im 19. Jahrhundert unter Zugrundelegung der Lehren Karl Georg von Waechters.** Oktav. IV, 66 Seiten. 1925 . . . . RM. 3.—

Heft 2:

Tarnowski, Dr. Hans, **Die systematische Bedeutung der adäquaten Kausalitätstheorie für den Aufbau des Verbrechensbegriffs.** Oxtav. X, 340 Seiten. 1927 . . . . RM. 18.—

Heindl, Robert, **System und Praxis der Daktyloskopie** und der sonstigen technischen Methoden der Kriminalpolizei. Dritte, neubearbeitete und vermehrte Auflage. 900 Abbildungen im Text und 21 Bildertafeln. 780 Seiten. Groß-Oktav. 1927 . . . . . RM. 36, geb. RM. 40.—

„Ein Werk, mit dem wohl für geraume Zeit die Literatur dieses Gebiets ihren krönenden Abschluß gefunden haben dürfte. — Es darf erwartet werden, daß jeder Richter, Rechtsanwalt und Verteidiger sich dieses vorzüglichen Werkes bedient." Deutsche Juristenzeitung.

Kleine kriminalistische Bücherei.

Band 1:

Schneickert, Hans, Die strafrechtlichen Aufgaben der Polizei. Für den Polizeiunterricht und die Polizeipraxis. Taschenformat. 182 Seiten. 1921. RM. 2.—

Band 2:

Philipp, Lothar, **Beobachtungs- und Ermittlungspraxis im Polizei- und Detektivdienst.** Taschenformat. 180 Seiten. 1923 . . . . RM. 2.—

„Alles in allem: ein Buch, für den Fachmann lesenswert, für den Anfänger ein guter Leitfaden, für den Laien interessant."
Zeitschrift für gerichtliche Schriftvergleichung.

Band 3:

Manteuffel, H. v., **Falschspieler.** Formen und Technik des Spielbetruges, nebst einem Anhange: Der Spielprofessor und sein angeblich sicheres System beim Spiele gegen eine öffentliche Roulettebank. Taschenformat 90 Seiten. 1923 . . . . RM. 2.—

Gerade heutzutage, wo die Spielleidenschaft so weite Kreise zieht, ist es von besonderem Reiz, diese klare, flüssige und lehrreiche Darstellung zu verfolgen.

Band 4:

Schneickert, Hans, **Kriminalistische Spurensicherung.** Sammlung dienstlicher Anweisungen und sachverständiger Ratschläge für den Dienstgebrauch und für Polizeischulen. Zweite, vermehrte und verbesserte Auflage. Taschenformat. 96 Seiten. Mit 2 Abbildungen. 1925. Geb. RM. 3.—

„Alle Einzelheiten werden hervorgehoben und als möglicherweise wichtige Beweismomente in einem vielarmigen System zusammengefaßt. In der Durchführung seiner Aufgabe hat der Verfasser tatsächlich alles berücksichtigt, was für das Beweisverfahren von Bedeutung ist und sein könnte." *Archiv für Kriminologie.*

Band 5:

Rehfeld, P., **Gerichtsärztliche Tatbestandsfeststellungen** im Dienste der Polizei. Ein Leitfaden für Polizei- und Kriminalbeamte. Taschenformat. 133 Seiten. 1927 . . . . Geb. RM. 3.50

„Die Bearbeitung gibt eine geschlossene, einheitliche Behandlung des Stoffgebietes durch einen Arzt, wie sie anderweitig in der kriminalistischen Literatur nicht vorhanden ist." *Deutsches Polizeiarchiv.*

Strafprozeßordnung

Kohlrausch, Eduard, **Strafprozeßordnung** und Gerichtsverfassungsgesetz. Textausgabe mit Einleitung, Anmerkungen und Nebengesetzen. In Verbindung mit Dr. Hermann Mannheim, Landgerichtsrat und Professor in Berlin, bearbeitet von Dr. Eduard Kohlrausch, Professor der Rechte in Berlin. Zweiundzwanzigste Auflage (101. bis 104. Tausend). Taschenformat. XI, 510 Seiten. 1930. (Guttentagsche Sammlung Deutscher Reichsgesetze Bd. 12.) RM. 7.50

„Das Buch ist nicht nur für den Praktiker, der sich rasch unterrichten will, sondern auch für den Studierenden, zumal wenn ihm die wirtschaftlichen Verhältnisse die Anschaffung umfangreicher Kommentare nicht ermöglichen, von größtem Wert."
Oberreichsanwalt Dr. Ebermayer in der „Juristischen Wochenschrift".

Feisenberger, Albert, **Strafprozeßordnung und Gerichtsverfassungsgesetz.** Handkommentar. Groß-Oktav. IX, 517 Seiten. 1926. Mit Nachtrag. 1927. (de Gruytersche Sammlung Deutscher Gesetze. Handkommentare.) . . . . Geb. RM. 17.—

„Eine glänzende Arbeit, die bald in der Hand jedes Strafrichters und Rechtsanwalts sein wird. Geradezu vorbildlich ist der Handkommentar für den Umfang der Heranziehung der Rechtsprechung. Alles Wesentliche ist berücksichtigt." *Danziger Juristische Monatsschrift.*

Beling, E., **Deutsches Reichsstrafprozeßrecht** mit Einschluß des Strafgerichtsverfassungsrechts. Oktav. XIV, 568 Seiten. 1928. (Lehrbücher und Grundrisse der Rechtswissenschaft Bd. XVII.)
RM. 15, geb. RM. 16.50

Die Eigenart des vorliegenden Lehrbuches des Reichsstrafprozeßrechts ist, daß es dem Verständnis der Gesetzestexte vorarbeiten und zu ihnen hinführen will. Gerade das, was nicht im Gesetz steht, ist die Hauptsache; die Gesetzesparagraphen sind Ziel, nicht Ausgangspunkt. Insbesondere aber stellt der Verfasser die Regelungsinhalte des geltenden Rechts in die heutige rechtspolitische Gedankenwelt hinein und gibt ein auch äußerlich scharf hervortretendes System, das den Lernenden befähigt, die Fülle der Einzelheiten unter allgemeinen Ordnungsgesichtspunkten zusammenzusetzen.

Rosenfeldt, E. H., **Deutsches Strafprozeßrecht.** 2 Bände. 128 und 148 Seiten. 1926. (Sammlung Göschen Bd. 938/939.) Geb. je RM. 1.80

„Eine wissenschaftlich hochstehende, auf einem knappen Raum zusammengedrängte, klar und originell geschriebene Einführung in den deutschen Strafprozeß." *Schweizer. Zeitschrift für Strafrecht.*

Löwe, F., und **Rosenberg,** Werner, **Die Strafprozeßordnung für das Deutsche Reich** vom 22. März 1924 nebst dem Gerichtsverfassungsgesetz. Kommentar. Achtzehnte, neubearbeitete Auflage. Lexikon-Oktav. 1332 Seiten. 1929 . . . . RM. 44.—, in Halbleder geb. RM. 50.—

„Der Löwesche Kommentar hat sich in Wissenschaft und Rechtsprechung eine so hervorragende Stellung erworben, daß er zum unentbehrlichen Ratgeber für Theoretiker und Praktiker geworden ist. Der Kommentar steht nach wie vor an erster Stelle und ist ein Meisterwerk in der Kunst einer klaren, übersichtlichen und erschöpfenden Darstellung dieses außerordentlich spröden Stoffes."
Zeitschrift des deutschen Notarvereins.

Feisenberger, Albert, **Strafprozeßordnung und Gerichtsverfassungsgesetz,** in alter und neuer Fassung synoptisch gegenübergestellt. Mit ausführlichem Sachregister. Taschenformat. 265 Seiten. 1924. Mit Nachtrag. 1927. (Guttentagsche Sammlung Deutscher Reichsgesetze Bd. 158.) . . . . Geb. RM. 4.50

„Die Ausgabe ist für die Praxis auf längere Zeit unentbehrlich. Die synoptische Darstellung erleichtert die Arbeit und schützt vor Gedächtnisfehlern." *Juristische Wochenschrift.*

Aschrott, P. F., **Die Reform des Strafprozesses.** Kritische Besprechungen der von der Kommission für die Reform des Strafprozesses gemachten Vorschläge. Auf Veranlassung der Internationalen Kriminalistischen Vereinigung, Gruppe Deutsches Reich. Groß-Oktav. XII, 120 und 784 Seiten. 1906 . . . . RM. 12.—

Beiträge zur Reform des Strafprozesses. Herausgegeben von Dr. Franz **Adickes,** Dr. P. F. **Aschrott,** Dr. K. **von Lilienthal,** Dr. Fr. **von Liszt.** 2 Bände. Groß-Oktav. I. Bd. Heft 1—6. 1908. RM. 9.70. — II. Bd. Heft 1—5. 1909. RM. 15.10.

Frede, L. u. **Grünhut,** M., **Reform des Strafvollzuges.** Kritische Beiträge zu dem Amtlichen Entwurf eines Strafvollzugsgesetzes. Oktav. VII, 264 Seiten. 1927 . . . . RM. 10.—

Die in dem vorliegenden Buch zusammengefaßten Beiträge üben nicht nur eine Einzelkritik an den Bestimmungen des Entwurfs, sondern dienen zugleich unter dem Gesichtspunkt der gegenwärtigen gesetzgeberischen Aufgabe der wissenschaftlichen Grundlegung des ganzen Strafvollzugsproblems.

VI. Öffentliches Recht.

1. Staats- und Völkerrecht.

Fischbach, O. G., **Allgemeine Staatslehre.** Zweite Auflage. 136 Seiten. 1928. (Sammlung Göschen Bd. 358.) . . . . . Geb. RM. 1.80

„Das Buch darf einer breiten Öffentlichkeit als ausgezeichnete Einführung, den Fachgenossen aber, jung und alt, als Musterbeispiel wissenschaftlichen Bemühens um die denkbar beste Leistung anempfohlen werden, wie man ihm heute nicht allzu häufig mehr begegnet." *Reichsverwaltungsblatt.*

Fischbach, O. G., **Allgemeines Staatsrecht.**
1. Teil. 139 Seiten. 1923. (Sammlung Göschen, Bd. 415.) Geb. RM. 1.80
II. Teil. 151 Seiten. 1923. (Sammlung Göschen Bd. 416.) Geb. RM. 1.80

Diese Bearbeitung bringt nicht bloß einen leicht faßlichen gemeinverständlichen Überblick über alle Zweige des Staatsrechtes, sondern auch in den einzelnen Partien viele gründliche wissenschaftliche Erörterungen der einschlagenden Probleme und kritischen Beleuchtung der verschiedenen Rechtsansichten.

Stier-Somlo, Fritz, **Deutsches Reichs- und Landesstaatsrecht I.** Oktav. XVI, 726 Seiten. 1924. (Lehrbücher und Grundrisse der Rechtswissenschaft Bd. XVIII.) . . . . RM. 16.50, geb. RM. 18.—

„. . . Von den zurzeit vorhandenen größeren Lehrbüchern des Reichsstaatsrechts das geeignetste." *Juristische Wochenschrift.*

Stier-Somlo, Fritz, **Reichsstaatsrecht.** I. Grundbegriffe des Staatsrechts. Verfassungsgeschichte vom Ende des 18. Jahrhunderts bis zur Reichsverfassung vom 11. August 1919. 108 Seiten. 1927. (Sammlung Göschen Bd. 967.) . . . . Geb. RM. 1.80
II. Das geltende Reichsstaatsrecht. 114 Seiten. 1927. (Sammlung Göschen Bd. 968.) . . . . Geb. RM. 1.80

Stier-Somlo, Fritz, **Preußisches Staatsrecht.** Zweite Auflage. 136 Seiten. 1927. (Sammlung Göschen Bd. 298.) . . . . Geb. RM. 1.80

„Die drei schmalen Bändchen werden nicht allein als wünschenswertes Orientierungsmittel für den Laien und den angehenden Juristen zu begrüßen sein, sondern auch dem im praktischen Berufsleben stehenden Juristen Anregung und Belehrung bieten." *Juristische Wochenschrift.*

Arndt, Adolf, **Die Verfassung des Deutschen Reiches.** Dritte Auflage. Taschenformat. 1927. (Guttentagsche Sammlung Deutscher Reichsgesetze Bd. 137.) . . . . RM. 8.—

„Für alle, die sich auf dem schwierigen Gebiet der Reichverfassung orientieren wollen, liegt hier ein vorzügliches Nachschlagewerk von gediegener Wissenschaftlichkeit vor." *Staats- und Selbstverwaltung.*

Stier-Somlo, Fritz, **Kommentar zur Verfassung des Freistaates Preußen.** Groß-Oktav. 319 Seiten. 1921 . . . . Geb. RM. 3.—

„Die Darstellung ist flüssig und knapp und ist als treffliche Orientierung über das neue Verfassungswerk, eine Orientierung, die ihre notwendige Ergänzung in dem vorzüglichen Kommentar Stier-Somlos findet, sehr zu empfehlen." *Zeitschrift für öffentliches Recht.*

Arndt, Adolf, **Die Verfassung des Freistaats Preußen** vom 30. November 1920. Mit Einleitung, vollständigem Kommentar, Landeswahlgesetz und Sachregister. Taschenformat. 158 Seiten. 1921. (Guttentagsche Sammlung Preußischer Gesetze Bd. 1.) Geb. RM. 2.—

„Die Einleitung ist eine vortreffliche staatsrechtliche Abhandlung, die unter Berücksichtigung und Verwertung der einschlägigen Literatur in die Entstehungsgeschichte und in die Bedeutung der Verfassungsurkunde einführt. Der Kommentar wird denjenigen, die sich mit den einzelnen Bestimmungen der Verfassung vertraut machen wollen, ein willkommener Ratgeber sein.“
Zeitschrift für Polizei- und Verwaltungsbeamte.

Veröffentlichungen der Vereinigung deutscher Staatsrechtslehrer.

Heft 1: Der deutsche Föderalismus. Oktav. 1924 . . . RM. 5.—
Heft 2: Der Schutz des öffentlichen Rechts. Oktav. 1925. RM. 12.—
Heft 3: Die Gleichheit vor dem Gesetz. Der Einfluß des Steuerrechts auf die Begriffsbildung des öffentlichen Rechts. Oktav. 1927. RM. 7.—
Heft 4: Das Recht der freien Meinungsäußerung. — Der Begriff des Gesetzes in der Reichsverfassung. Oktav. 1928 . . . . . RM. 10.—
Heft 5: Wesen und Entwicklung der Staatsgerichtsbarkeit. — Überprüfung von Verwaltungsakten durch die ordentlichen Gerichte. Oktav. 1929 . . . . RM. 12.—
Heft 6: Bundesstaatliche und gliedstaatliche Rechtsordnung. Verwaltungsrecht der öffentlichen Anstalt. Berichte von Fritz Fleiner, Josef Lukas, Lutz Richter und Arnold Köttgen. Verhandlungen der Tagung der deutschen Staatsrechtslehrer zu Frankfurt a. M. am 25. und 26. April 1929. Mit einem Auszug aus der Aussprache. Oktav. IV, 166 Seiten. 1929 . . . . RM. 9.—

Sehling, Emil, **Kirchenrecht.** Zweite Auflage.

I. Teil. Einleitung. Quellen, Verfassung und Verwaltung der katholischen Kirche. Anhang: Die griechisch-orthodoxe Kirche. 119 Seiten. 1922. (Sammlung Göschen Bd. 377.) . . . . Geb. RM. 1.80

II. Teil: Das evangelische Kirchenrecht. Die Stellung des Staates zur Kirche und das Verhältnis der Religionsgesellschaften zueinander. 87 Seiten. 1927. (Sammlung Göschen Bd. 954.) . . . Geb. RM. 1.80

Edler v. Hoffmann, H., **Deutsches Kolonialrecht.** 150 Seiten. 1907. (Sammlung Göschen Bd. 318.) . . . . Geb. RM. 1.80

Reier, Otto, **Sozialisierungsgesetze.** Taschenformat. 214 Seiten. 1920. (Guttentagsche Sammlung Deutscher Reichsgesetze Bd. 141.) Geb. RM. 2.20

„Das Werk stellt die erste zusammenfassende kommentarische Darstellung der Sozialisierungsgesetzgebung dar und ist für alle Interessenten unentbehrlich.“ *Zentralblatt der Reichsversicherung.*

Delius, H., **Die Beamtenhaftpflichtgesetze** des Reiches und der Länder. Vierte, vermehrte und vollkommen neubearbeitete Auflage. Taschenformat. 384 Seiten. 1929. (Guttentagsche Sammlung Deutscher Reichsgesetze Bd. 94.) . . . . Geb. RM. 10.—

Hohenstein, Adolf, und **Goldbaum,** Wenzel, **Reichsschädengesetze.** Textausgabe mit Anmerkungen. Oktav. 360 Seiten. 1922. (Guttentagsche Sammlung Deutscher Reichsgesetze Bd. 150.) . . . Geb. RM. 4.—

„Im ganzen ist das vorliegende Werk nicht nur ein wertvolles Hilfsmittel für den Fachmann, sondern ist besonders jedem Geschädigten zu empfehlen, der sich über seine Ansprüche orientieren will.“
Auslandswarte.

Wörterbuch des Völkerrechts und der Diplomatie. Begonnen von Professor Dr. Julius **Hatscheck** †. Fortgesetzt und herausgegeben von Dr. Karl **Strupp,** Professor an der Universität Frankfurt a. M., Associé de l'institut de droit international, membre de l'Academie Diplomatique Internationale. Lexikon-Oktav.

Band I: Aachen—Lynchfall. VI, 860 Seiten. 1924.
RM. 35.—, in Halbleder geb. RM. 40.—

Band II: Maas—Utschiali. 779 Seiten. 1925.
RM. 35.—, in Halbleder geb. RM. 40.—

Band III (Schluß): Vasallenstaaten—Zwangsverschickung. Ferner Anhang: Abessinien—Weltgerichtshof; Sachverzeichnis und Mitarbeiterregister. II, 1316 Seiten. 1929.
RM. 62.—, in Halbleder geb. RM. 67.—

„Der Vorsprung, den entsprechende Werke in französischem Sprachgewande bisher hatten, ist nunmehr in Deutschland eingeholt. Die Form der alphabetischen Zergliederung des Stoffes ermöglicht eine breitere Behandlung der Einzelfälle, die im internationalen Rechtsleben nicht selten von größerer Bedeutung als vorzeitig aufgestellte Abstraktionen sind." Zeitschrift für Völkerrecht.

Anzilotti, Lehrbuch des Völkerrechts. Übersetzt und herausgegeben vom Institut für ausländisches öffentliches Recht und Völkerrecht, Berlin. I. Band. Groß-Oktav. 444 Seiten. 1929. RM. 19.—, geb. RM. 20.—

Mit der Herausgabe der Übersetzung dieses Lehrbuches des berühmten Völkerrechtlers ist das Institut für ausländisches öffentliches Recht und Völkerrecht einem in Deutschland außerordentlich fühlbaren Bedürfnis entgegengekommen. Das Buch ist nicht schlechthin eine Übersetzung der italienischen Originalausgabe, sondern berücksichtigt auch die gesamte Rechtsprechung und Literatur der letzten Zeit und stellt somit das zurzeit modernste Lehrbuch des Völkerrechts überhaupt dar.

Niemeyer, Theodor, **Völkerrecht.** 168 Seiten. 1925. (Sammlung Göschen Bd. 865.) . . . . Geb. RM. 1.80

Dieses Bändchen gibt in gedrängter Form eine vollständige Übersicht über das Völkerrecht.

Beiträge zum ausländischen öffentlichen Recht und Völkerrecht. Herausgegeben im Auftrage des Instituts für ausländisches öffentliches Recht und Völkerrecht in Berlin in Gemeinschaft mit Friedrich Glum, Ludwig Kaas, Rudolf Smend, Heinrich Triepel von Viktor **Bruns.** Groß-Oktav.

Eine Sammlung einschlägiger wissenschaftlicher Abhandlungen, Materialsammlungen, Übersetzungen besonders wertvoller ausländischer Werke u. a.

Heft 1:

Staatsrecht und Politik. Rede beim Antritt des Rektorats der Friedrich-Wilhelms-Universität zu Berlin am 15. Oktober 1926. Von Heinrich **Triepel.** 40 Seiten. 1927 . . . . RM. 2.—

Heft 2:

Volksentscheid und Volksbegehren. Ein Beitrag zur Auslegung der Weimarer Verfassung und zur Lehre von der unmittelbaren Demokratie. Von Dr. Carl **Schmitt,** o. ö. Professor der Rechte an der Universität Bonn. 54 Seiten. 1927 . . . . RM. 2.60

Heft 3:

Der Aufbau des britischen Reiches. (Der Verhandlungsbericht der Reichskonferenz von 1926.) Eingeleitet und herausgegeben von Gerichtsassessor Dr. K. **Heck,** Referent am Institut für ausländisches öffentliches Recht und Völkerrecht. 152 Seiten. 1927 . . RM. 6.—

Heft 4:

Die Souveränität. Ein Beitrag zur Theorie des Staats- und Völkerrechts. Von Dr. H. **Heller,** Privatdozent und Referent am Institut für ausländisches öffentliches Recht und Völkerrecht. 177 Seiten. 1927 RM. 8.50

Heft 5:

Die Missionsfreiheit nach den Bestimmungen des geltenden Völkerrechts. Von Dr. Theodor **Grentrup,** S. V. D. 112 Seiten. 1928. RM. 5.50

Heft 6:

Das Minoritätenproblem und seine Literatur. Kritische Einführung in die Quellen und die Literatur der europäischen Nationalitätenfrage der Nachkriegszeit, unter besonderer Berücksichtigung des völkerrechtlichen Minderheitenschutzes.

Allgemeiner Teil. Von Jakob **Robinson,** Rechtsanwalt in Kaunas (Litauen). 265 Seiten. 1928 . . . . RM. 9.—

Heft 7:

Der Reichssparkommissar. Von Dr. Karl **Bilfinger,** o. ö. Professor der Rechte an der Universität Halle. 68 Seiten. 1928 . . . RM. 3.60

Heft 8:

Die völkerrechtliche Stellung der fremden Truppen im Saargebiet. Von Dr. jur. J. M. **Bumiller,** Referent am Institut für ausländisches öffentliches Recht und Völkerrecht, Berlin. 156 Seiten. 1928. RM. 9.—

Heft 9:

Das Recht des Ausnahmezustands im Auslande (Frankreich, Belgien, Niederlande, Italien, England, Irland). Bearbeitet im Institut für ausländisches öffentliches Recht und Völkerrecht. 296 Seiten. 1928. RM. 14.—

Heft 10:

Die Beziehungen zwischen dem Parlament und den Gerichten in England. Eine rechtsvergleichende Studie. Von Heinrich B. **Gerland.** 137 Seiten 1928 . . . . RM. 8.—

Heft 11:

Zu den Problemen des fascistischen Verfassungsrechts. Akademische Antrittsvorlesung. Von Dr. Gerhard **Leibholz,** Privatdozent an der Universität Berlin, Referent am Institut für ausländisches öffentliches Recht und Völkerrecht. 112 Seiten. 1928 . . . . RM. 5.—

Heft 12:

Der deutsche und der französische Reichswirtschaftsrat. Ein Beitrag zu dem Problem der Repräsentation der Wirtschaft im Staat. Von Dr. Friedrich **Glum,** Privatdozent an der Universität Berlin, Wissenschaftliches Mitglied des Instituts für ausländisches öffentliches Recht und Völkerrecht. 188 Seiten. 1929 . . . . RM. 9.—

Heft 13:

Das Wesen der Repräsentation unter besonderer Berücksichtigung des Repräsentativsystems. Ein Beitrag zur allgemeinen Staats- und Verfassungslehre. Von Dr. Gerhard **Leibholz,** Privatdozent an der Universität Berlin, Referent am Institut für ausländisches öffentliches Recht und Völkerrecht. Groß-Oktav. 214 Seiten. 1929 . . . . RM. 14.—

Zeitschrift für ausländisches öffentliches Recht und Völkerrecht. Im Auftrage des Instituts für ausländisches öffentliches Recht und Völkerrecht herausgegeben von Dr. Viktor **Bruns,** Professor an der Universität Berlin, Leiter des Instituts.

Band I, Teil 1: Abhandlungen. 43 Bogen . . . . RM. 43.—

Band I, Teil 2: Urkunden. 5 1/2 Bogen . . . . RM. 54.—

Der neuen Zeitschrift für ausländisches öffentliches Recht und Völkerrecht ist es als Aufgabe gesetzt, die wichtigsten, die Wissenschaft und die Praxis beschäftigenden Probleme des Völkerrechts und des außerstaatlichen öffentlichen Rechts zu behandeln. Sie wird zu all diesen Fragen eingehend Stellung nehmen und über alle wichtigen Ergebnisse der Gesetzgebung und der Rechtsprechung auf diesem Gebiete im In- und Ausland eingehend berichten. Der I. Jahrgang der Zeitschrift wird in zwei Bänden herausgegeben; künftig erfolgt das Erscheinen vierteljährlich.

Kraus, H., **Internationale Schiedssprechung.** Eine Sammlung der für das Deutsche Reich verbindlichen Verträge und Vertragsbestimmungen, die sich auf internationale Gerichtsbarkeit, Schiedsgerichtsbarkeit, sowie Vergleichsverfahren beziehen, nebst den dazugehörigen deutschen Regierungsdenkschriften. Taschenformat. XXXVI, 348 Seiten. 1929. (Guttentagsche Sammlung Deutscher Reichsgesetze Bd. 174. . . . . Geb. RM. 10.—

„Die vorliegende Dokumentensammlung füllt eine Lücke aus, da es bisher schwer war, alle schiedsrichterlichen Verpflichtungen des Deutschen Reiches auf einmal einzusehen." Friedenswarte.

Strupp, Karl, **Das Werk von Locarno.** Eine völkerrechtlich-politische Studie. Oktav. 180 Seiten. 1926 . . . . RM. 10.—

„Die lückenlose Mitteilung aller für das Verständnis und die Auslegung wichtiger Urkunden macht das aktuelle Buch zu einem außerordentlich wertvollen Mittel der Erkenntnis des Inhalts und der Tragweite dieser grundlegenden Staatsverträge." D. A. Z.

Deutschland unter dem Dawes-Plan. Entstehung, Rechtsgrundlagen, wirtschaftliche Wirkungen der Reparationslasten. Von Professor Max **Sering,** Universität Berlin. Oktav. VIII, 237 Seiten. 1928. RM. 10.—

„Nicht nur dem Juristen und Volkswirtschaftler, sondern auch dem Laien verständlich, gibt das Werk einem jeden wertvollen Einblick in Deutschlands wirtschaftspolitische Abhängigkeit, die sich bis in die kleinsten Betriebe hineinzieht, die jedes einzelne Glied des deutschen Volkes betrifft." Prakt. Rundschau.

2. Verwaltungsrecht.

Reichsrecht

Blume, E., und **Weirauch,** W., **Die Eisenbahn-Verkehrsordnung** vom 16. Mai 1928 mit Allgemeinen Ausführungsbestimmungen sowie dem Internationalen Übereinkommen über den Eisenbahnfrachtverkehr vom 30. Mai 1925 und dem Internationalen Übereinkommen über den Eisenbahn-Personen- und Gepäckverkehr vom 12. Juni 1925. Textausgabe mit Anmerkungen. Vierte Auflage. Taschenformat. X, 482 Seiten. 1928. (Guttentagsche Sammlung Deutscher Reichsgesetze Bd. 91.) Geb. RM. 9.—

„Ein treffliches Hilfsbuch für alle, die sich mit dem Eisenbahnverkehrsrecht theoretisch und praktisch zu beschäftigen haben. Der Kommentar wird besonders auch den Gerichten und den Anwälten

gute Dienste leisten, da die Ausführungsbestimmungen zur Eisenbahnverkehrsordnung, die vollständig abgedruckt werden, sonst nur in den Tarifen veröffentlicht werden, die in den Kreisen der Juristen weniger bekannt sind. Allen, die es angeht, kann daher die Anschaffung der neuen Auflage dringend empfohlen werden."

Juristische Wochenschrift.

Fischer, D., und **Staedler,** E., **Die deutsche Post- und Telegraphengesetzgebung.** Teil I: Postrecht (mit Ausschluß des internationalen Rechts). Siebente Auflage. 47°, 586 Seiten. 1929. (Guttentagsche Sammlung Deutscher Reichsgesetze Bd. 7.) . . . . Geb. RM. 15.—

Mit der vorliegenden Neuauflage dieser lange Zeit vergriffen gewesenen Ausgabe wird dem Wunsche zahlreicher Interessenkreise entsprochen: Die neue Bearbeitung ist gegenüber der letzten Auflage wesentlich vermehrt und in allen Teilen neugestaltet. Sie enthält die Quellen des Postrechts, wobei die Postordnung in ihrer letzten Fassung (vom Januar 1929) erscheint.

Dem Ganzen wurde erstmalig eine Systematik des geltenden Postrechts vorangestellt; die Gesetzestexte wurden sorgfältig erläutert, Rechtsprechung und die einschlägige Literatur bis auf die letzte Zeit berücksichtigt.

Sebba, Julius, **Seewasserstraßenordnung.** (Polizeiverordnung zur Regelung des Verkehrs auf den deutschen Seewasserstraßen vom 31. März 1927.) Taschenformat. 493 Seiten. 1928. (Guttentagsche Sammlung Deutscher Reichsgesetze Bd. 171.) . . . . Geb. RM. 8.50

„Es bedarf hierbei wohl nicht der besonderen Hervorhebung, daß die Kommentierungsmethode des rühmlichst bekannten Neu-Herausgebers von Schaps-Seerecht auch in dem vorliegenden Werke eine knappe und doch gründliche geworden ist."

Verkehrsrechtliche Praxis.

Busse, Rudolf, **Luftrecht einschließlich Luftverkehrsgesetz und Pariser Luftverkehrsabkommen.** Taschenformat. XVIII, 448 Seiten. 1928. (Guttentagsche Sammlung Deutscher Reichsgesetze Bd. 170.)

Geb. RM. 10.—

Das vorliegende Buch sucht in einem nationalen und internationalen Teil einen klaren Überblick über das gesamte Luftrecht zu geben; der neueste Stand der Rechtsprechung ist hierbei berücksichtigt. Den erläuterten Gesetzesabkommenstexten ist eine systematische Einführung in das gesamte Luftrecht mit seinen vielseitigen Rechtsdisziplinen vorausgeschickt.

Zeitschrift für das gesamte Luftrecht (ZLR.). Herausgegeben von Dr. jur. Otto **Schreiber,** o. Professor an der Universität Königsberg i. Pr., Geh. Regierungsrat, Leiter des Instituts für Luftrecht. Erscheint in Bänden zu je vier Heften.

Band I 1926/28 . . . . RM. 50.—, geb. RM. 55.—
Band II, Heft 1 . . . . RM. 10.—

„Organisation und Inhalt der Zeitschrift machen einen vorzüglichen Eindruck. Im Interesse ihres hohen sachlichen Zieles sind ihr weite Verbreitung und bester Erfolg zu wünschen."

Weltwirtschaftliches Archiv.

Volkmann, Kurt, **Die Straßenverkehrsordnungen** nebst den einschlägigen Nebenbestimmungen. Taschenformat. 312 Seiten. 1929. (Guttentagsche Sammlung Deutscher Reichsgesetze Bd. 175.) . . . Geb. RM. 7.—

„Das übersichtliche Werkchen, das uns eine schnelle Information über auftauchende Rechtsfragen auf diesem besonderen Verkehrgebiete verschafft, kann Polizeibeamten, Gerichten, Anwälten, Fuhrwerksbesitzern, Kraftfahrern und Radfahrern zur Anschaffung empfohlen werden."

Verkehrsrechtl. Rundschau.

Kirchner, Rudolf, **Gesetz über den Verkehr mit Kraftfahrzeugen** vom 3. Mai 1909. Vierte, völlig neubearbeitete Auflage. (Guttentagsche Sammlung Deutscher Reichsgesetze Bd. 92.) . . In Vorbereitung.

„Der Verfasser hat sich mit der nicht unschwierigen Materie auf das beste vertraut gemacht und seine Kenntnisse mit großer Gewandtheit in logischen, klaren und ausführlichen Erläuterungen zum Gesetze verwertet." Zeitschrift für Polizei- und Verwaltungsbeamte.

Aumer, Georg, **Der Kraftfahrzeugverkehr.** Richtlinien für Polizeibeamte und Kraftfahrer. Mit 79 Abbildungen und Figuren. Zweite Auflage. Taschenformat. 208 Seiten. 1928 . . . . Geb. RM. 4.50

„Ein kleines, aber nicht nur für jeden Polizeibeamten, sondern für jeden bei einem Kraftfahrzeugunfall — sei es nur als Zeugen — Beteiligten interessantes Kapitel über Hinweise auf Feststellungen bei Unglücksfällen und eine Übersicht über den Kraftfahrzeugbestand schließen die interessante Schrift, die — wenn sie sich auch ihrem Zweck entsprechend von juristischen Erörterungen fernhält — doch auch dem Juristen eine Fülle rechtstatsächlichen Materials, das gerade auf diesem Gebiete besonders wichtig ist, bietet."
Juristische Wochenschrift.

Holzapfel, W., **Die Siedlungsgesetzgebung** im Reich und in Preußen. 347 Seiten. 1920. (Guttentagsche Sammlung Deutscher Reichsgesetze Bd. 140.) . . . . Geb. RM. 3.—

„Die zur Ausführung jener Gesetze bestimmten Behörden und auch die literarische Forschung wird dem Verfasser für seine mühevolle Arbeit Anerkennung zollen." Archiv für öffentliches Recht.

Behrend, Ernst, und **Stranz-Hurwitz,** Helene, **Sammlung von Wohlfahrtsgesetzen** des Deutschen Reichs und Preußens nebst den allgemeinen Wohlfahrtsgesetzen von Sachsen, Thüringen, Hamburg, Mecklenburg-Schwerin und -Strelitz, Oldenburg, Lippe und Lübeck.
Teil I: Taschenformat. 560 Seiten. 1923 . . . . . Geb. RM. 5.—
Teil II: Nebst Ausführungsgesetzen sämtlicher Länder zum Reichsjugendwohlfahrtsgesetz. Taschenformat. XVI, 551 Seiten. 1925. (Guttentagsche Sammlung Deutscher Reichsgesetze Bd. 152 und 152a.)
Geb. RM. 9.—
Teil I und II zus. RM. 12.—

„Die kurzen, alles Wesentliche zusammenfassenden Einleitungen zu den einzelnen Gesetzen sind mit außerordentlicher Sachkunde und Klarheit geschrieben; sie genügen zusammen mit den Literaturangaben völlig für den Praktiker, um die Gesetzestexte richtig handhaben zu können. Das Werk ist für alle in der Wohlfahrtspflege Arbeitenden unentbehrlich und sehr praktisch."
Nachrichtendienst des Deutschen Vereins für öffentliche Fürsorge.

Wegner, Arthur, **Jugendrecht.** Ein Lehrbuch zur Einführung. Oktav. IX, 219 Seiten. 1929 . . . . RM. 6.—, geb. RM. 7.50

„Ein gleichartiges und gleichwertiges Werk über das Jugendrecht gibt es noch nicht." Breslauer Zeitung.

Drewes, Paul, und **Sandré,** Emil, **Das Reichsgesetz für Jugendwohlfahrt** vom 9. Juli 1922 und **Jugendgerichtsgesetz** vom 16. Februar 1923 nebst Nebengesetzen. Zweite Auflage. Taschenformat. XVI, 496 Seiten. 1928. (Guttentagsche Sammlung Deutscher Reichsgesetze Bd. 154.)
Geb. RM. 11.—

„Eine sehr handliche Gesetzesausgabe. Sie bietet in ausführlichen geschichtlichen und rechtlichen Vorbemerkungen und Einleitungen wertvolles Material zur Einführung in den Willen und Geist beider Gesetze und gibt in knappen, aber ausreichenden Erläuterungsbemerkungen zu den einzelnen Bestimmungen dem Praktiker die erforderlichen Unterlagen zur richtigen Anwendung. Das Werk dürfte sich in der Praxis beliebt machen." Blätter für öffentliche Fürsorge

Sandré, Emil **Verordnung über die Fürsorgepflicht.** Vom 14. Februar 1924. Mit Einschluß der für die Durchführung dieser Verordnung in Frage kommenden reichs- und landesgesetzlichen Bestimmungen. Taschenformat. 342 Seiten. 1925. (Guttentagsche Sammlung Deutscher Reichsgesetze Bd. 160.) . . . . Geb. RM. 6.—

„Die Zusammenstellung der bis in die jüngste Zeit ergangenen gesetzlichen Bestimmungen, die in Beziehung zur Fürsorgepflichtverordnung stehen, gibt der Sandréschen Arbeit ihre besondere Bedeutung. Die Anmerkungen sind zahlreich und zeichnen sich durch einen feinen, klaren Stil aus. Das Buch ist übersichlich geordnet und leicht zu handhaben.“ Schleswig-Holsteinsche Wohlfahrtsblätter.

Szczesny, Viktor, **Das Lichtspielgesetz** vom 12. Mai 1920 mit der Ausführungsverordnung Einleitung, Gebührenordnung und Sachregister. Taschenformat. 106 Seiten. 1920. (Guttentagsche Sammlung Deutscher Reichsgesetze Bd. 147.) . . . . Geb. RM. 1.50

„Das neue Lichtspielgesetz hat hier eine ausführliche Kommentierung gefunden. Das Buch kann bei der gründlichen Behandlung des Stoffes als ein geeignetes Hilfsmittel für die Praxis bezeichnet werden.“ Preußische Gemeinde-Zeitung.

Wündisch, Ernst, **Das Gesetz über Schußwaffen und Munition** vom 12. April 1928 (RGBl. I S. 143) nebst der Ausführungsverordnung der Reichsregierung vom 13. Juli 1928 (RGBl. I S. 198) und dem Preußischen Erlaß zur Durchführung des Gesetzes vom 7. September 1928 (MBliV. S. 925). Taschenformat. 139 Seiten. 1928. (Guttentagsche Sammlung Deutscher Reichsgesetze Bd. 173.) . . . . Geb. RM. 5.—

Durch das neue Gesetz über Schußwaffen und Munition vom 12. April 1928 sind auf diesem für die Öffentlichkeit so wichtigen Gebiet neue Rechtsverhältnisse geschaffen worden, für die die Praxis exakte Erläuterungen wünscht. Eine solche Erläuterung stellt das vorliegende Buch dar, das, von einem auf diesem Gebiet besonders erfahrenen Sachkenner bearbeitet, eine absolut zuverlässige Darstellung der neuen Bestimmungen enthält. Außer dem Gesetzestext sind die für die Praxis wichtigen Ausführungsbestimmungen des Reiches und Preußens abgedruckt. Auf Übersichtlichkeit, Leichtverständlichkeit und Vollständigkeit der Erläuterungen, die die Hauptvorzüge der Guttentagschen Sammlung sind, wurde auch bei diesem Gesetze Wert gelegt.

Fraustädter, W., und **Kreutzberger**, M., **Das deutsche Ausländerrecht.** Die Bestimmungen des Reichsrechts und preußischen Landesrechts. Textausgabe mit Erläuterungen und Sachregister. Taschenformat. 396 Seiten. 1927. (Guttentagsche Sammlung Deutscher Reichsgesetze Bd. 166.) Geb. RM. 9.—

„Eine höchst begrüßenswerte Veranstaltung, aus dem Bedürfnis der Praxis hervorgegangen und mit vollendetem Sachverständnis unternommen. Sowohl die Vollständigkeit der mannigfach verstreuten gesetzlichen Bestimmungen als deren Anordnung, Registrierung und Erläuterung durch Ausführungsbestimmungen, Gerichtsentscheidungen, Verwaltungspraxis ist vortrefflich.“ Niemeyers Zeitschrift für internationales Recht.

Voß, Werner, **Die reichs- und landesrechtlichen Bestimmungen auf dem Gebiete des Gesundheitswesens.** Zusammengestellt und mit Anmerkungen versehen. Taschenformat. 608 Seiten. 1929. (Guttentagsche Sammlung Deutscher Reichsgesetze Bd. 172.) . . . . . . Geb. RM. 11.—

„Der Band enthält eine Sammlung der Gesetze, Verordnungen und Bestimmungen auf dem Gebiete des Gesundheitswesens, wie sie in dieser Vollständigkeit sonst nicht besteht. Dadurch erst ist ein zuverlässiger und rascher Überblick über die einschlägigen weit verstreuten Bestimmungen gewährleistet.“ Württ. Zeitschr. f. Rechtspflege.

Hippel, W. von, **Reichsviehseuchengesetz** vom 26. Juni 1909 nebst Ausführungsvorschriften und dem preußischen Ausführungsgesetz. Zweite Auflage. Taschenformat. 486 Seiten. 1913. (Guttentagsche Sammlung Deutscher Reichsgesetze Bd. 103.) . . . . Geb. RM. 4.—

Boxberger, L. von, **Vogelschutzgesetz** vom 30. Mai 1908 nebst den das Flugwild betreffenden Bestimmungen der Preußischen Jagdordnung. Taschenformat. 57 Seiten. 1909. (Guttentagsche Sammlung Deutscher Reichsgesetze Bd. 89.) . . . . Geb. RM. 1.—

Landesrecht

Bitter, von, **Handwörterbuch der Preußischen Verwaltung.** Dritte, vollständig umgearbeitete Auflage. Unter Mitwirkung zahlreicher hoher Reichs- und preußischer Staatsbeamten herausgegeben von Dr. Bill Drews, Staatsminister a. D., Präsident des Pr. Oberverwaltungsgerichts, und Dr. Franz Hoffmann, Wirklicher Geheimer Oberregierungsrat, Berlin. Lexikon-Oktav. 1928.
RM. 120.—, in Halbleder geb. RM. 132.—

Erster Band, 1. Halbband: Abbaugerechtigkeiten—Fleisch- und Viehagenten. 552 Seiten.

2. Halbband: Fleischvergiftung—Kyffhäuserbund. Seite 553 bis 1134 und IX Seiten.

Zweiter Band: Lackfabriken—Zwischenkredit. VII, 1220 Seiten.
(Im Verlage der Firmen: Walter de Gruyter & Co., Berlin; Carl Heymanns Verlag, Berlin; Roßberg'sche Verlagsbuchhandlung, Leipzig.)

Das zentrale Werk der Praxis des Verwaltungsrechts.

Reichelt, H., **Verwaltungsgesetzbuch für Preußen.** Systematische Zusammenstellung der wichtigsten Verwaltungsgesetze und Verordnungen für Praxis und Unterrichtszwecke. Lexikon-Oktav. VII, 1302 Seiten. 1914 . . . . Geb. RM. 7.60

„Das Buch ist sehr wertvoll, dem Praktiker unentbehrlich und leistet demjenigen, der sich auf eine Prüfung vorbereitet, vorzügliche Dienste. Allen Verwaltungsbehörden wird das Buch warm empfohlen."
Preußische Verwaltungs- und Finanz-Zeitung.

Friedrichs, K., **Die Gesetzgebung über die allgemeine Landesverwaltung** und Zuständigkeit der Verwaltungs- und Verwaltungsgerichtsbehörden. Dritte, durchgesehene Auflage. Taschenformat. XXIII, 295 Seiten. 1927. (Guttentagsche Sammlung Preußischer Gesetze Bd. 42.)
Geb. RM. 5.—

„Der Wert dieser Arbeit liegt darin, daß er eine erschöpfende und klare Übersicht über das tatsächlich geltende Verwaltungsrecht bringt. Das Werk ist ein vorzügliches und nie versagendes Hilfsmittel."
Gesetz und Recht.

Fischbach, Das Reichbeamtengesetz vom 31. März 1873 in der Fassung der Bekanntmachung vom 18. Mai 1907 mit allen Abänderungen und Ergänzungen. Taschenformat. 311 Seiten. 1930. (Guttentagsche Sammlung Deutscher Reichsgesetze Bd. 82.) . . . . . . Geb. RM. 6.—

Die vorliegende Erläuterung des Beamtengesetzes durch den bekannten Staatsrechtlehrer kommt einem besonderen Bedürfnis der Praxis entgegen, die s. Zt. eine den neuesten Fortschritten der Wissenschaft und Rechtsprechung entsprechende Handausgabe sehr entbehrt. Bemerkenswert ist, daß auch verwandte Gesetze und Verordnungen der einheitlichen Erläuterung unterzogen wurden, so daß dieses Buch für die Praxis ein der Sache wie der Erläuterungsart wichtiges Hilfsmittel darstellt.

Pfafferoth, Carl, **Preußische Beamtengesetzgebung.** Fünfte Auflage. XIV, 280 Seiten. 1916. (Guttentagsche Sammlung Preußischer Gesetze Bd. 2.) . . . . Geb. RM. 2.40

Dultzig, Eugen von, **Das preußische Disziplinargesetz für die nichtrichterlichen Beamten.** Taschenformat. XIV, 364 Seiten. 1914. (Guttentagsche Sammlung Preußischer Gesetze Bd. 51.) . . . . Geb. RM. 4.20

„Der Verfasser kennt das Disziplinarrecht aus eigener Tätigkeit und aus langer Erfahrung. Diese hat er zu einem praktischen Nachschlagebuch für alle praktischen Fragen des Disziplinarrechts ausgestaltet. Bei tunlichster Kürze sind doch recht erschöpfende, klare und anschauliche Erläuterungen entstanden, die das Verständnis und die Anwendung des Disziplinarrechts in zweckmäßiger Weise erleichtern. Das Büchlein verdient volle Beachtung."
Zeitschrift für Polizei- und Verwaltungsbeamte.

Hagemann, Rudolf, **Hinterlegungsordnung** vom 21. April 1913. Taschenformat. 175 Seiten. 1914. (Guttentagsche Sammlung Preußischer Gesetze Bd. 53.) . . . . Geb. RM. 2.20

„Das in der vorteilhaft bekannten Guttentagschen Sammlung erschienene Buch darf als ein Hilfsmittel zu dem nicht immer ganz einfachen Verständnis der neuen Hinterlegungsvorschriften bestens empfohlen werden; es ist klar, übersichtlich und ausführlich."
Zentralblatt für freiwillige Gerichtsbarkeit.

Aschrott, P. F., **Gesetz über die Fürsorgeerziehung Minderjähriger.** Vom 2. Juli 1900. Nebst Ausführungsanweisungen. Dritte Auflage. Taschenformat. 374 Seiten. 1917. (Guttentagsche Sammlung Preußischer Gesetze Bd. 28.) . . . . Geb. RM. 2.80

„Das Buch gewährt nicht nur einen klaren Einblick in die gegenwärtige Gestaltung der Fürsorgeerziehung in Preußen, sondern es gibt auch über die Zweifelsfragen, welche bei der Auslegung des technisch ziemlich unvollkommenen Fürsorgeerziehungsgesetzes in besonders reicher Fülle auftauchen, durchweg eine erschöpfende und zutreffende Auskunft." *Das Recht.*

Marcks, A., **Gesetz, betr. die Unterhaltung der öffentlichen Volksschulen.** Taschenformat. 194 Seiten. 1906. (Guttentagsche Sammlung Preußischer Gesetze Bd. 39.) . . . . Geb. RM. 1.80

„Das handliche Büchlein wird, von sachkundiger Seite herrührend und praktisch angelegt, Verwaltungsbeamten, Schulvorständen, Lehrern beim Gebrauch gute Dienste leisten."
Schulblatt der Provinz Brandenburg.

Ledermann, W., und **Brühl,** L., **Die Städteordnung für die sechs östlichen Provinzen Preußens.** Zweite Auflage. Taschenformat. 593 Seiten. 1913. (Guttentagsche Sammlung Preußischer Gesetze Bd. 32.) Geb. RM. 6.—

„Der Kommentar, eine hervorragende Arbeit, ist von der Kritik und der Praxis so einmütig günstig aufgenommen worden, daß er auch in seiner zweiten durch Gesetzgebung, Literatur und Rechtsprechung der letzten zehn Jahre bereicherten Ausgabe keiner weiteren Empfehlung bedarf." *Kommunale Praxis.*

Wölbling, P., **Bildung der neuen Stadtgemeinde Berlin.** Zweite Auflage. Taschenformat. 114 Seiten. 1920. (Guttentagsche Sammlung Preußischer Gesetze Bd. 59.) . . . . Geb. RM. 1.40

„Die Ebenmäßigkeit mit den Kommentaren anderer Gesetze der Guttentagschen Sammlung erringt der Verfasser durch seine strenge Sachlichkeit. Damit muß seinem Werk die Beachtung bei der Durchführung des Gesetzes und bleibender Wert gesichert erscheinen."
Soziale Praxis.

Holzapfel, W., **Umlegungsordnung.** Taschenformat. 144 Seiten. 1921. (Guttentagsche Sammlung Preußischer Gesetze Bd. 60.) . . RM. 1.80

„Holzapfel, der hervorragende Kenner der Auseinandersetzungsgesetze, erläutert die Vorschriften der Umlegungsordnung in seiner scharfsinnigen Art in durchaus erschöpfender Weise und gibt in diesen Erläuterungen ein außerordentlich anschauliches Bild von der Umlegung der Grundstücke. Das Buch ist auch für Laien leicht und gut verständlich und kann jedem, der für die Umlegung Interesse hat, zur Benutzung angelegentlich empfohlen werden."

Preußisches Verwaltungsblatt.

Holzapfel W., **Gesetz über Landeskulturbehörden.** Taschenformat. 176 Seiten. 1919. (Guttentagsche Sammlung Preußischer Gesetze Bd. 57.) Geb. RM. 2.—

„Der Titel gibt den Inhalt des Werkchens vollständig an, hinzuzufügen ist aber, daß die Erläuterung, die umfangreich und eingehend ist und der praktischen Handhabung des Gesetzes Schritt für Schritt folgt, aus der Feder eines Mannes herrührt, der durch seine sachliche Qualifikation als gründlicher Kenner der Materie für eine zuverlässige Führung die größte Gewähr bietet. Dankenswert ist die Gründlichkeit der im bescheidenen Rahmen geleisteten Arbeit."

Verwaltungs-Archiv.

Meyer, O., **Gesetz, betr. die Anlegung und Veränderung von Straßen und Plätzen in Städten und ländlichen Ortschaften.** Taschenformat. 211 Seiten. 1913. (Guttentagsche Sammlung Preußischer Gesetze Bd. 50.) RM. 3.—

Strauß-Torney, Hugo von und **Saß,** Carl, früher **Friedrichs,** R., **Gesetz, betr. Anlegung und Veränderung von Straßen und Plätzen** in Städten und ländlichen Ortschaften. (Straßen- und Baufluchtengesetz.) Kommentar. Sechste Auflage. Groß-Oktav. 211 Seiten. 1920. RM. 8.—, geb. RM. 9.50

„Das Werk zeigt eine Reichhaltigkeit und Vollständigkeit, die sonst wenigen Kommentaren eigen ist, und übertrifft hierin noch weit die früheren Auflagen. Besonders erwähnenswert ist die geschickte Anordnung der Erläuterungen und das praktische Inhaltsverzeichnis."

Wochenschrift des Architektenvereins zu Berlin.

Heine, H. **Die preußischen Baupolizeigesetze** nebst den sonstigen einschlägigen Reichs- und Landesgesetzen. Taschenformat. 404 Seiten. 1928. (Guttentagsche Sammlung Preußischer Gesetze Bd. 64.) Geb. RM. 8.—

Diesem Band ist die Aufgabe gestellt, die in erster Linie in Betracht kommenden Gesetze und sonstigen Vorschriften und die im Zusammenhang hiermit entstehenden Rechtsfragen in übersichtlicher Weise zusammenzufassen und zu erörtern. Die Rechtsprechung des Oberverwaltungsgerichts und anderer Gerichte ist hierbei berücksichtigt worden.

Goldschmidt, O., **Gesetze gegen die Verunstaltung landschaftlich hervorragender Gegenden mit Ausführungsanweisungen.** Taschenformat. 152 Seiten. 1912. (Guttentagsche Sammlung Preußischer Gesetze Bd. 49.) Geb. RM. 2.40

„Der Kommentar bietet eine sachgemäße, sorgfältige und erschöpfende Erläuterung der einzelnen gesetzlichen Bestimmungen. Er wird als ein durch Vollständigkeit und Zuverlässigkeit ausgezeichnetes Hilfsmittel jedem Freunde des Heimatschutzes ein willkommener Ratgeber sein." *Jahrbuch des Verwaltungsrechts.*

Wulff, G., und **Herold**, F., **Wassergesetz** vom 7. April 1913. Mit Einleitung, Erläuterungen und Sachregister. Zweite, umgearbeite Auflage von G. Wulff. Taschenformat. XVI, 665 Seiten. 1928. (Guttentagsche Sammlung Preußischer Gesetze Bd. 52.) . . Geb. RM. 12.—

„Gründlichkeit und trefflichere Kürze bilden einen besonderen Vorzug des Werkes.“ Ministerialblatt f. d. preuß. innere Verwaltung.

Lohmann, W., **Gesetz, betr. die Feuerbestattung**. Taschenformat. 79 Seiten. 1912. (Guttentagsche Sammlung Preußischer Gesetze Bd. 47.) Geb. RM. 1.50

„Der Verfasser, der als Mitglied der Kommission des Abgeordnetenhauses an dem Zustandekommen des Gesetzes hervorragend beteiligt war, konnte als zuständiger Bearbeiter des Gesetzes in erster Linie gelten. Der kleine Kommentar ist besonderer Aufmerksamkeit sicher.“
Jahrbuch des Verwaltungsrechts.

Holtgreven, A., und **Wolff**, Th., **Das Wildschadengesetz** vom 11. Juli 1891. Kommentar. Vierte, vermehrte und verbesserte Auflage. Oktav. VIII, 216 Seiten. 1902 . . . . RM. 4.—

„Dieses Werkchen will einerseits die juristisch zweifelhaften Punkte des Wildschadengesetzes wissenschaftlich erörtern und klarstellen und andererseits allen denjenigen, welche bei der Handhabung dieses Gesetzes in irgendeiner Weise, sei es als Private, Beamte, Grundbesitzer oder als Jagdberechtigte, beteiligt sind, ein praktischer Berater sein.“
Allgemeine Forst- und Jagdzeitung.

Born, A., **Das preußische Fischereigesetz** vom 11. Mai 1916 in der geltenden Fassung. Taschenformat. 428 Seiten. 1928. (Guttentagsche Sammlung Preußischer Gesetze Nr. 62.) . . . . Geb. RM. 7.50

Die Ausgabe bietet eine bis jetzt fehlende neue Darstellung des Fischereigesetzes, in der vor allem die neue Rechtsprechung eingehend verwertet ist. Außer dem Fischereigesetz, das eine ausführliche Erläuterung gefunden hat, sind die wichtigen Ausführungsverordnungen und im Anhang die einschlägigen Bestimmungen anderer für die Anwendung des Fischereigesetzes in Frage kommenden Gesetze berücksichtigt.

Born, A., **Die preußischen Jagdgesetze** in ihrer geltenden Fassung. Mit Erläuterungen versehen. Taschenformat. 433 Seiten. 1928. (Guttentagsche Sammlung Preußischer Gesetze Nr. 63.) . . . Geb. RM. 8.—

„Das Buch kann zur Belehrung und Handgebrauch den Gerichten, Landratsämtern, Gemeinden und Forstbehörden sowie allen jagdlich interessierten Personen warm empfohlen werden.“
Leipziger Ztsch. f. dtsch. Recht.

Kunze, F., **Das Jagdscheingesetz**. Zweite Auflage. Taschenformat. 157 Seiten. 1899. (Guttentagsche Sammlung Preußischer Gesetze Bd. 19.) . . . . Geb. RM. 2.—

„Die eingehenden Anmerkungen und die im Titel hervorgehobenen Beigaben machen den kleinen Kommentar zu einem vortrefflichen, in der Praxis schwer entbehrlichen Hilfsmittel zur Auslegung des Gesetzes.“ Zeitschrift für die gesamte Strafrechtswissenschaft.

Caro, H., **Gesetz, betr. Austritt aus der Landeskirche**, vom 14. Mai 1873. Taschenformat. 190 Seiten. 1911. (Guttentagsche Sammlung Preußischer Gesetze Bd. 46.) . . . . Geb. RM. 2.40

„Ein sehr praktisches Buch, das in den Anmerkungen zum Wortlaut des Gesetzes eine reiche Fülle von Material bietet für alle möglichen Fragen, die mit Aus- und Übertritt zusammenhängen. Das genau gearbeitete Inhaltsverzeichnis ermöglicht bei gelegentlicher Benutzung ein leichtes Auffinden des Nötigen.“
Deutsch-Protestantische Bücherschau.

Kollenscher, M., **Rechtsverhältnisse der Juden in Preußen.** Taschenformat. VIII, 199 Seiten. 1910. (Guttentagsche Sammlung Preußischer Gesetze Bd. 45.) . . . . RM. 2,40

„Eine zusammenfassende, erschöpfende Darstellung der in den verschiedensten Quellen zerstreuten zahlreichen Judengesetze und Verordnungen. Jede Synagogengemeinde und jeder, der sich mit jüdischen Angelegenheiten beschäftigt, müßte dieses Buch besitzen."
Jüdische Rundschau.

3. Steuerrecht

Nieberl, A., **Reichsabgabenordnung** vom 13. Dezember 1919 nebst Einführungsverordnung vom 18. Dezember 1919 und Übergangsverordnung vom 11. Oktober 1921. Textausgabe mit Anmerkungen und ausführlichem Sachregister. Zweite, neubearbeitete Auflage. Taschenformat. 1927. (Guttentagsche Sammlung Deutscher Reichsgesetze Bd. 143.) . . . . Geb. RM. 12.—

„Die Darstellung ist leicht verständlich und klar. Das Sachregister ist gründlich bearbeitet. Jedenfalls wird das Buch, das einen mit der praktischen Handhabung der RAbgO. vertrauten Verfasser erkennen läßt, nicht nur den Steuerbeamten, sondern auch dem rechtsuchenden Publikum und seinen Beratern ein willkommener guter Führer auf diesem Gebiet sein." *Juristische Wochenschrift.*

Michaelis, Richard, **Die Dritte Steuernotverordnung** vom 14. Februar 1924. Mit besonders ausführlicher Berücksichtigung der Vorschriften über die Aufwertung und die öffentlichen Anleihen. Taschenformat. VIII, 388 Seiten. 1924. (Guttentagsche Sammlung Deutscher Reichsgesetze Bd. 157.) . . . . Geb. RM. 7.—

„Ganz besonders zu rühmen ist der Kommentar von Michaelis, der dank seiner eingehenden und gründlichen Bearbeitungsweise erheblichen Einfluß auf die Praxis gewonnen hat." *Juristische Wochenschrift.*

Hollaender, Adolf, **Einkommensteuergesetz und Körperschaftsteuergesetz** nebst den zugehörigen Aus- und Durchführungsbestimmungen, Verordnungen und Erlassen. Taschenformat. XXXIX, 697 Seiten. 1926. Mit Nachtrag. 1928. (Guttentagsche Sammlung Deutscher Reichsgesetze Bd. 151.) . . . . Geb. RM. 24.—

„Das auf die Bedürfnisse der Praxis abgestellte und ihnen gerecht werdende Buch wird jedem gute Dienste leisten, der sich handelnd oder leitend auf dem äußerst unsicheren, ohne Hilfsmittel überhaupt nicht begehbaren Boden der heutigen Einkommensteuer zurechtfinden muß." *Juristische Rundschau.*

Pick, Reichsbewertungsgesetz. Textausgabe mit Anmerkungen. In Bearbeitung.

Wrzeszinski, Richard, und **Simon**, H. Veit, **Vermögenssteuergesetz und Reichsbewertungsgesetz.** Kommentar . . . . . . In Bearbeitung.

Schachian, Herbert, **Erbschaftsteuergesetz**, Fassung vom 22. August 1925, mit Anmerkungen. Vierte Auflage. Oktav. 65 Seiten. 1926. RM. 2.50

„Eine vollständige Darstellung des Erbschaftssteuerrechts und der zugrunde liegenden bürgerlich-rechtlichen Vorschriften des Erbrechts. Als wissenschaftliche und praktische Leistung steht der klar und scharf geschriebene Kommentar in vorderster Reihe unter seinen Rivalen; er ist als Wegweiser besonders zu empfehlen."
Juristische Wochenschrift.

Hoffmann, U., **Die preußischen Erbschaftsteuergesetze.** Taschenformat. 561 Seiten. 1905. (Guttentagsche Sammlung Preußischer Gesetze Bd. 20.) . . . . RM. 3.—

Lindemann, Otto, **Umsatzsteuergesetz** (neueste Fassung) mit Ausführungsbestimmungen. Vierte, vermehrte und verbesserte Auflage. Taschenformat. 518 Seiten. 1926. (Guttentagsche Sammlung Deutscher Reichsgesetze Bd. 132.) . . . . Geb. RM. 10.—

„Es handelt sich um einen ausführlichen, gediegenen und klar abgefaßten Kommentar, der den weiteren Vorzug besitzt, auf dem laufenden zu sein. Das Werk kann allen Interessenten nur warm empfohlen werden." Industrie- und Handelszeitung.

Meyer, E. H., **Gesetzgebung über Steuer- und Kapitalflucht.** Zweite Auflage. Taschenformat. 129 Seiten. 1921. (Guttentagsche Sammlung Deutscher Reichsgesetze Bd. 145.) . . . . . . Geb. RM. 1.60

„Das Büchlein enthält den Text der einschlagenden vier Gesetze samt den vier Verordnungen gegen die Kapitalabwanderung bzw. Kapitalflucht, eine kurze Übersicht über den Inhalt der Gesetze und sehr knapp gehaltene Anmerkungen. Sein Wert liegt in der handlichen Zusammenfassung der einschlagenden Vorschriften."
Juristische Wochenschrift.

Lindemann, Otto, **Grunderwerbsteuergesetz** (neueste Fassung) mit den Ausführungsbestimmungen. Zweite, völlig umgearbeitete Auflage. Taschenformat. 186 Seiten. 1926. Mit Nachtrag 1927. (Guttentagsche Sammlung Deutscher Reichsgesetze Bd. 139.) . . . . Geb. RM. 4.—

„Das Buch wird manchem in den mannigfachen Streitfragen des in der Praxis sehr einschneidenden Gesetzes ein willkommener Ratgeber sein. Die Erläuterungen zeichnen sich durch Klarheit und Gemeinverständlichkeit im besten Sinne aus." Württembergische Industrie.

Hagelberg, E., und **Krämer,** L., **Grunderwerbsteuergesetz** vom 12. September 1919 (RGBl. S. 1617) in der Fassung des Gesetzes vom 11. März 1927 (RGBl. I S. 72) nebst Einleitung, Sachregister und Ausführungsbestimmungen und der einschlägigen Vorschriften des Finanzausgleichs-Steuermilderungsgesetzes und Steuerstrafrechts. Für die Praxis erläutert. Zweite, völlig umgearbeitete und erweiterte Auflage. 1928. Groß-Oktav. 355 Seiten . . . . Geb. RM. 15.—

„Die verhältnismäßige Kürze ihrer Erläuterungen bei großer Vollständigkeit ist zu rühmen. Das Buch ist nicht nur für den Juristen, sondern auch für den gebildeten Laien, namentlich Grundstücksmakler und Hausbesitzer, von großem, praktischen Wert."
Zeitschrift d. Deutsch. Notarvereins.

Hagelberg, E., und **Krämer,** L., **Wertzuwachssteuerrecht.** Kommentar. Groß-Oktav. 256 Seiten. 1929 . . . . . RM. 12.—, geb. RM. 13.50

Die Verfasser kommentieren die neue Wertzuwachssteuerordnung für Berlin und die preußische Mustersteuerordnung. Ihr Buch ist ein Leitfaden für die Steuerpflichtigen und ihre Rechtsberater und die mit der Wertzuwachssteuer befaßten Behörden. Es stellt die rechtliche und wirtschaftliche Bedeutung der Bestimmungen klar: Die Rechtsprechung des Preußischen Oberverwaltungsgerichts wurde erschöpfend berücksichtigt. Auch Spezialfragen wie die Aufwertung und das Schwarzkaufwesen wurden behandelt.

Hoepker, Heinrich, **Die Industriebelastungsgesetze** vom 30. August 1924 nebst den Durchführungsbestimmungen zum Gesetz über die Industriebelastung. Taschenformat. XV, 200 Seiten. 1925. Mit Nachträgen. (Guttentagsche Sammlung Deutscher Reichsgesetze Bd. 159.)
Geb. RM. 4.—

„Die Anmerkungen sind erschöpfend und führen den Leser mit Geschick in die schwierige und neue Materie ein. Rechtsanwälte sowie Kaufleute, für welche die Industriebelastung in Frage kommt, werden das mit einem guten Sachregister ausgestattete Werk mit gleichem Nutzen gebrauchen!" Industrie- und Handels-Zeitung.

Eiffler, Kurt, **Staatliche Verwaltungsgebühren.** Gesetz über staatliche Verwaltungsgebühren vom 29. September 1923 nebst Gebührenordnungen und Ausführungsbestimmungen. Taschenformat. 192 Seiten. Mit Nachtrag. 1925. (Guttentagsche Sammlung Preußischer Gesetze Bd. 61.) Geb. RM. 6.—

„Das Buch ist für alle preußischen staatlichen und kommunalen Behörden unentbehrlich.“ Deutsches Beamtenarchiv.

Loeck, P., und **Eiffler,** K., **Preußisches Stempelsteuergesetz** mit den gesamten Ausführungsbestimmungen. Unter besonderer Berücksichtigung der Entscheidungen der Verwaltungsbehörden und der Gerichte herausgegeben. Zehnte, neubearbeitete Auflage. Taschenformat. 476 Seiten. 1928. (Guttentagsche Sammlung Preußischer Gesetze Bd. 18.) Geb. RM. 13.—

„Die zahlreichen Auflagen zeugen für die Güte und praktische Brauchbarkeit des Buches, das durch den von Eiffler hinzugefügten Anhang auf den gegenwärtigen Rechtsstand gebracht ist.“ Finanz-Ministerialblatt.

Lebbin, Georg, **Nahrungsmittelgesetze** mit Erläuterungen. Zweite, stark vermehrte Auflage in zwei Bänden.
Zweiter Band: **Getränkegesetze und Getränkesteuergesetze** (Wein, Bier, Branntwein, Mineralwasser). Unter Mitarbeit von Rechtsanwalt Dr. Kniebe. Taschenformat. XII, 400 Seiten. 1926. (Guttentagsche Sammlung Deutscher Reichsgesetze Bd. 54b.) . . . . Geb. RM. 10.—

„Die wichtigsten Gesetze sind eingehend kommentiert und so vollständig ergänzt, daß die Sammlung als unentbehrliches Hilfsmittel, wie es in dieser Art bislang noch fehlte, für den Sachbearbeiter bei Behörden und Verbänden sowohl als auch für den Kaufmann der Branche zu begrüßen ist.“ Württembergische Wirtschafts-Zeitschrift.

Wündisch, Friedrich, **Das Tabaksteuergesetz** vom 12. September 1919 nebst den Ausführungsbestimmungen vom 26. Februar 1920. Taschenformat. 286 Seiten. 1920. Mit Nachtrag 1925. (Guttentagsche Sammlung Deutscher Reichsgesetze Bd. 146.) . . . . Geb. RM. 4.—

„Endlich ein Kommentar zum Tabaksteuergesetz! Die Ausgabe kommt den Wünschen der Praxis nach einer erschöpfenden Darstellung des neuen Gesetzes in umfassender Weise entgegen. Das Buch bildet eine ausgezeichnete Informationsquelle für alle Fragen, die in der Praxis vorkommen.“ Deutsche Tabak-Zeitung.

VII. Entscheidungs-Sammlungen und Zeitschriften.

Entscheidungen des Reichsarbeitsgerichts. Herausgegeben von den Mitgliedern des Reichsarbeitsgerichts. Oktav.
Band I. 1928. Band II. 1928/29. Band III. 1929. Band IV. 1929/30. Band V. 1930. . . . . Je RM. 6.50, geb. RM. 8.—

Entscheidungen des Reichsgerichts. Herausgegeben von den Mitgliedern des Gerichtshofes u. d. Reichsanwaltschaft. Oktav. (2 Sammlungen.)

1. **Entscheidungen in Zivilsachen.** (Werden in Heften im Umfange von etwa 5 bis 6 Bogen sowie in vollständigen Bänden, geheftet und gebunden, ausgegeben. Jährlich 4 Bände.) 1.—127. Band. Je RM. 6.50, geb. RM. 8.—

2. **Entscheidungen in Strafsachen.** (Werden in Heften im Umfange von 5 bis 6 Bogen sowie in vollständigen Bänden, geheftet und gebunden, ausgegeben. Jährlich 1 Band.) 1.—63. Band. Je RM. 6.50, geb./ RM. 8.—

Zeitschrift für die gesamte Strafrechtswissenschaft. Gegründet von Fr. von **Liszt** und **A. Dochow.** Unter ständiger Mitarbeiterschaft hervorragender Fachmänner herausgegeben von Prof. Dr. K. **von Lilienthal,** Prof. Dr. Ed. **Kohlrausch** und Prof. Dr. W. **Gleispach.** Der Jahrgang besteht aus 8—9 Heften. Quart.

Bd. 1—43. 1881—1922. Je RM. 15.—. Bd. 44. 1922. RM. 25.—. Bd. 45. 1924. RM. 21.—. Bd. 46—49. 1925—1929. Je RM. 30.—. Bd. 50. 1929/30. RM. 36.—.

Juristische Rundschau. Herausgegeben von Otto **Lindemann,** Ministerialdirektor, Geh. Oberjustizrat, Berlin, Dr. Friedrich **Flad,** Senatspräsident beim Reichsgericht, Leipzig, Fritz **Hartung,** Ministerialrat im preußischen Justizministerium, Berlin, und

Höchstrichterliche Rechtsprechung. Herausgegeben von Eugen **Friedrichs,** Oberlandesgerichtsrat, Naumburg a. d. S., Dr. Albert **Feisenberger,** Reichsanwalt, Leipzig, Benno **Mugdan,** Kammergerichtsrat i. R., Geh. Justizrat, Berlin. — Erscheint am 1. und 15. jeden Monats.
6. Jahrgang. 1930. Vierteljährlich RM. 7.50, Einzelheft RM. 1.50
Beilage „Höchstrichterliche Rechtsprechung" einzeln vierteljährlich 5.—

Judicium. Vierteljahresschrift für die gesamte Zivilrechtspflege. Unter ständiger Mitarbeit von J. Goldschmidt (Berlin), H. Lehmann (Köln), R. Pollak (Wien), L. Rosenberg (Gießen), H. Walsmann (Rostock) herausgegeben von W. **Kisch** (München), H. **Lucas** (Berlin), A. **Mendelssohn-Bartholdy** (Hamburg), M. **Pagenstecher** (Hamburg), J. D. **Sauerländer** (München), H. **Sperl** (Wien), E. **Volkmar** (Berlin). Vierteljährlich erscheint 1 Heft. Der Jahrgang beginnt am 15. November. 2. Jahrgang 1929/30. (Friederichsen, de Gruyter & Co. m. b. H., Hamburg 36.) . . . . RM. 24.—

Zeitschrift für ausländisches und internationales Privatrecht. Herausgegeben in Gemeinschaft mit Ernst **Heymann,** Heinrich **Titze,** Martin **Wolff,** ordentliche Professoren an der Universität Berlin, wissenschaftliche Berater des Instituts, Max **Pagenstecher,** o. Professor an der Universität Hamburg, Franz **Schlegelberger,** Ministerialdirektor im Reichsjustizministerium, Honorarprofessor an der Universität Berlin, von Ernst **Rabel,** o. Professor an der Universität Berlin, Direktor des Instituts. Jährlich 6 Hefte im Umfang von etwa 65 Bogen.
Preis des dritten Jahrganges RM. 50.—

Zeitschrift für Bergrecht. Bis zu seinem Tode herausgegeben von dem Wirkl. Geh. Rat, Berghauptmann a. D. Dr. jur. H. Brassert. Redigiert und herausgegeben von den rechtskundigen Ministerialräten der Bergabteilung des Preußischen Ministeriums für Handel und Gewerbe. Jährlich ein Band von mehreren Heften. Die Hefte erscheinen in zwangsloser Folge. 1928/29. RM. 20.—, Jahrgang 70, Heft 1/2. 1929. RM. 10.—

Zeitschrift für das gesamte Luftrecht (ZLR.). Herausgegeben von weiland Dr. jur. Otto **Schreiber.** Erscheint in Bänden zu je vier Heften.

Band I. 1926/28 . . . . RM. 50.—, geb. RM. 55.—

Band II, Heft 1 . . . . RM. 10.—

Bank-Archiv. Zeitschrift für Bank- und Börsenwesen. Unter Mitwirkung von hervorragenden Fachmännern herausgegeben von Geh. Justizrat Prof. Dr. **Rießer,** Berlin. Schriftleitung: Rechtsanwalt Otto **Bernstein,** geschäftsführendes Mitglied des Centralverbandes des Deutschen Bank- und Bankiersgewerbes. Quart. Jährlich 24 Nummern. XXIX. Jahrgang. 1929/30 . . . . Pro Halbjahr RM. 12.—

FSC
www.fsc.org
MIX
Papier | Fördert gute Waldnutzung
FSC® C083411

Kolibri 360 GmbH
Ferdinand-Jühlke-Straße 7
99095 Erfurt, Deutschland
produktsicherheit@kolibri360.de